Joachim Dettmann

Fullerene

– die Bucky-Balls erobern die Chemie

Mit einem Vorwort von Wolfgang Krätschmer

Birkhäuser Verlag
Basel · Boston · Berlin

Die Deutsche Bibliothek – CIP-Einheitsaufnahme

Dettmann, Joachim:
Fullerene : die Bucky-Balls erobern die Chemie / Joachim
Dettmann. – Basel ; Boston ; Berlin : Birkhäuser, 1994
ISBN 3-7643-2947-5

Umschlaggestaltung: Matlik und Schelenz, Essenheim
Gedruckt auf säurefreiem Papier, hergestellt aus chlorfrei gebleichtem Zellstoff
Printed in Germany
ISBN 3-7643-2947-5

9 8 7 6 5 4 3 2 1

Inhaltsverzeichnis

Der Vorgang des Verstehens in der Natur, sowie auch die Beglückung, die der Mensch beim Verstehen, das heißt beim Bewußtwerden einer neuen Erkenntnis empfindet, scheint auf einer Entsprechung, einem Zur-Deckung-Kommen von präexistenten inneren Bildern der menschlichen Psyche mit äußeren Objekten und ihrem Verhalten zu beruhen.

Wolfgang Pauli

Vorwort

Bisher dachte die Wissenschaft, das Element Kohlenstoff bestehe im wesentlichen nur aus zwei Modifikationen: Graphit und Diamant. Forschungen in den USA und in Europa haben nun aber die Existenz einer dritten Form gesichert, die aus käfigartigen, in sich geschlossenen Molekülen besteht, den Fullerenen.

Den Anstoß zur Fulleren-Forschung gab die Untersuchung der interstellaren Materie, die ein Gebiet der astronomischen Grundlagenforschung ist und eine im wahrsten Sinne des Wortes sehr entfernte Thematik darstellt. Diese Untersuchung hat zwei ganz wesentliche Entwicklungen eingeleitet: Sie hat mit der Entdeckung des C_{60}-Moleküls die Fulleren-Forschung überhaupt erst begründet und dann in einem zweiten Anlauf, nämlich der Synthese des Moleküls, zu einer gewaltigen Expansion in Chemie, Physik und Technologie geführt.

Die Entdeckung von Fulleren ist gewiß eines der aufregendsten wissenschaftlichen Ereignisse unserer Zeit. Die Zahl der Forschungsarbeiten, zu denen sie anregte, ist geradezu verblüffend.

Je zahlreicher aber die Berichte über die ungewöhnlichen Eigenschaften der «Fußball-Moleküle» wurden, desto mehr vermißte der Wissenshungrige eine fachlich präzise und systematische Einführung in einen Bereich, der für den Nicht-Chemiker zunächst einmal schwer zu durchschauen ist. Diese Lücke schließt das vorliegende Buch. Es vermittelt dem interessierten Laien auf unterhaltsame Art und Weise einen hervorragenden Überblick über Geschichte, Grundlagen und Detailfragen der Fulleren-Chemie. Die Spannbreite reicht dabei von der Entdeckung des Kohlenstoffs bis hin zu den neuesten Erkenntnissen in der Cluster-Forschung.

Ich wünsche diesem Buch, daß es Interesse und Verständnis für Grundlagenforschung weckt und fördert sowie dem Leser etwas von der Faszination des Vorstoßes in ein ganz neues Wissensgebiet vermittelt.

Wolfgang Krätschmer

Kapitel 1
Der Fußball, der vom Himmel fiel

Jeden Tag werden in den Laboratorien rund um den Globus Hunderte, vielleicht Tausende neuer Stoffe geschaffen. Dadurch wurde die Natur schon um rund 15 Millionen gut charakterisierte Verbindungen bereichert. Die Synthese einer neuen Substanz ist also zunächst nichts Besonderes.

Um so mehr überrascht es, daß seit 1990 ein einfaches Molekül aus 60 Kohlenstoff-Atomen den Wissenschaftlern den Kopf verdreht. Das Ungewöhnliche an dieser Verbindung (chemische Formel C_{60}) ist ihre «sportliche Figur». Sie erscheint rund und ist jedem, aber auch wirklich jedem vertraut: Es ist exakt die Form eines Fußballs – einmalig für ein Molekül (vgl. Farbtafel 1).

Mit dem *Buckminsterfulleren* – so der Fachterminus – könnte eine ganz neue Chemie entstehen. Bisher bilden ketten- und ringförmige Verbindungen die Grundlage für das riesige Produktangebot der chemischen Industrie: Farben, Kunststoffe, Pharmaka, Insektizide und Düngemittel, um nur einige Beispiele zu nennen. Doch während etwa beim Benzolring, dem Grundgerüst der Aromaten- und modernen Erdölchemie, nur sechs Stellen zum Andocken von Fremdsubstanzen zur Verfügung stehen, sind es beim C_{60} – theoretisch – sechzig! Sechzig Atome in einem einzigen Molekül erlauben eine schier unübersehbare Zahl chemischer Verbindungen.

Es sollte aber nicht nur eine Chemie an der Oberfläche des Mini-Fußballs möglich sein, sondern auch in seinem leeren Innenraum. Mit anderen Worten, es sollte gelingen, nach Art winziger Flaschenschiffe alles Mögliche einzuarbeiten, was unversehrt bleiben soll. Der Hohlraum von C_{60} ist so groß, daß zum Beispiel fast jedes der 92 natürlichen Elemente des Periodensystems darin Platz fände. Tatsächlich haben die Wissenschaftler auch schon eine Reihe von Atomen eingesperrt. Darüber hinaus läßt sich der Ball zu riesigen Ballonen «aufpumpen» und zu äußerst feinen Röhrchen strecken. Die Eigenschaften dieser wohl ungewöhnlichsten Klasse von Kohlenstoff-Verbindungen sind überwältigend in der Zahl und in ihrer Vielfalt.

«König Fußball» ließ auch die Industrie aufhorchen. Supercomputer, medizinische Mikroroboter, optische Schaltelemente – fast kein Gebiet der Hochtechnologie bleibt auf der Suche nach Vorschlägen zu einer technischen Verwertung der Substanz verschont. Vor allem amerikanische Konzerne wie der Telekommunikationsgigant AT & T, Ölmulti Exxon, DuPont, größter Chemiekonzern der Welt, und der Computerriese IBM wetteifern um Patente und Anwendungen in der Mikroelektronik, bei der Kunststoffproduktion oder in der Medizin. Auch die japanischen Elektronikfirmen Fujitsu und NEC sowie der Automobilkonzern Mitsubishi zeigen großes Interesse an dem exotischen Stoff. In Deutschland nahm der Frankfurter Chemiekonzern Hoechst die Forschung auf. Zielsetzung ist auch hier, die Kohlenstoff-Bälle daraufhin abzuklopfen, ob sie sich für technische Anwendungen eignen.

Spätestens seit die Zeitschrift «Capital» in ihrer November-Ausgabe 1991 darüber berichtete, dürfte der «*Stoff der Stoffe*» auch der Öffentlichkeit bekannt sein. Erstaunt liest man dort von einem «*Wundermolekül mit dem geheimnisvollen Kürzel* C_{60}», das «*die Welt verändern*» könnte «*wie einst die Kernspaltung*». Es scheint, man habe den Stein der Weisen gefunden. So erwartet «Capital» unter anderem «*Supercomputer, die in jede Westentasche passen*» oder «*Motoren, die Autos mit Raketenschub ohne Benzin und Öl antreiben*».

Fest steht zumindest, daß sich mit der Entdeckung von C_{60} den Chemikern ein ganz neues, noch voller Überraschungen steckendes Aktionsfeld einer *runden* dreidimensionalen Chemie eröffnet hat. Erste chemische Abkömmlinge von C_{60} konnten bereits präpariert werden, und es gibt Spekulationen, wonach Buckminsterfulleren in der Organischen Chemie eine ähnlich bedeutende Rolle spielen könnte wie Benzol. Für die Physiker erweist sich das Molekül zweifellos als ein faszinierendes und ergiebiges Objekt ihrer Forschung, von der Festkörperphysik über die Hochtemperatur-Supraleitung bis hin zur nichtlinearen Optik. Man stößt dabei auf Besonderheiten, die bisher bei kaum einer Substanz zu beobachten waren.

Buckminsterfulleren ist das Kind reiner Grundlagenforschung. Seine Existenz wurde zwar schon 1970 von einem japanischen Theoretiker vermutet, da es aber seinerzeit niemanden gab, der sagen konnte, wie man einen millionenfach verkleinerten Fußball aus der Retorte zaubert, gerieten diese «Hirngespinste» bald wieder in Vergessenheit. Bis 1985 währte der Dornröschenschlaf des C_{60}-Moleküls. Erst dann wurde das richtige Experiment mit dem richtigen Instrument ausgeführt.

Der Anstoß kam vom Himmel. Die Astrophysiker interessierte die, innerhalb der galaktischen Scheibe unserer Milchstraße konzentrierte, interstellare Materie. Die chemische Zusammensetzung der Materie im Weltraum ist noch nicht genau bekannt – daß Kohlenstoff darin eine Rolle spielt, wissen die Forscher jedoch schon seit längerem. Kohlenstoff ist nach Wasserstoff, Helium und Sauerstoff das häufigste Element im Kosmos. Aus Kohlenstoff können sich feste Staubteilchen bilden. Er ist Bestandteil vieler Moleküle, die in der wolkenartig verteilten Materie zwischen den Sternen nachgewiesen werden konnten. Was die «Himmelswächter» aber am meisten interessierte: Warum verbinden sich Kohlenstoff-Atome im Weltall zu Molekülen? Der Weltraum ist ausgesprochen leer, die einzelnen Atome besitzen dort so große Freiräume, daß sie eigentlich keinerlei Anlaß haben, sich zusammenzuschließen.

Was ihnen der Weltraum vormachte, versuchten an der Rice-University in Houston (Texas/USA) Richard Smalley und sein britischer Kollege Harold Kroto von der University of Sussex (Brighton) im Labor zu simulieren. Dabei gingen die Chemiker recht unsportlich vor: Die harte Strahlung im All ersetzten sie durch eine Laserkanone, als Kohlenstoff-Quelle diente ihnen Graphit. Sie füllten ihre Apparatur mit einem inerten Kühlgas (Helium), und beobachteten, wie «*Flocken aus Kohlenstoff unter dem Laserbeschuß aus der Graphitoberfläche herausgesprengt wurden*»[1]. Waren es einzelne Atome, Moleküle oder gar klumpige Gebilde? Die Wissenschaftler schickten den heißen Kohlenstoff-Dampf durch ein Massenspektrometer. Was sie gesucht hatten, fanden sie nicht, aber was sie entdeckten, war viel aufregender als alles Erwartete: Moleküle mit mehreren hundert Kohlenstoff-Atomen. Seltsam war außerdem, daß nur gerade Verbindungen, das heißt Moleküle mit geradzahliger Anzahl von C-Atomen auftraten. Anhand des intensivsten Peaks im Massenspektrum identifizierten die Forscher ein Molekül von außergewöhnlicher Stabilität: das C_{60}. Der zweitintensivste Peak zeigte sich bei der Masse eines C_{70}-Moleküls.

Das war verwunderlich, denn reiner Kohlenstoff, so stand es in den Lehrbüchern, sei nur in zwei unterschiedlichen Formen existenzfähig: zum einen als Graphit und zum anderen als Diamant. Die eine Variante ist schwarz, metallisch glänzend und weich, die andere durchsichtig, von strahlendem Glanz und das härteste bekannte Material. Äußerlich überwiegen die Unterschiede, doch im Inneren zeigt sich die Verwandtschaft (Abbildung 1). Graphit besteht aus übereinandergestapelten Schichten, in denen Millionen Sechsringe wie Bienenwaben miteinander verknüpft sind. Diamant ist ein ausgeprägtes dreidimensionales Netzwerk. Beide Modifikationen stellen also – völlig im Gegensatz zum Buckminsterfulleren – Riesenmoleküle dar.

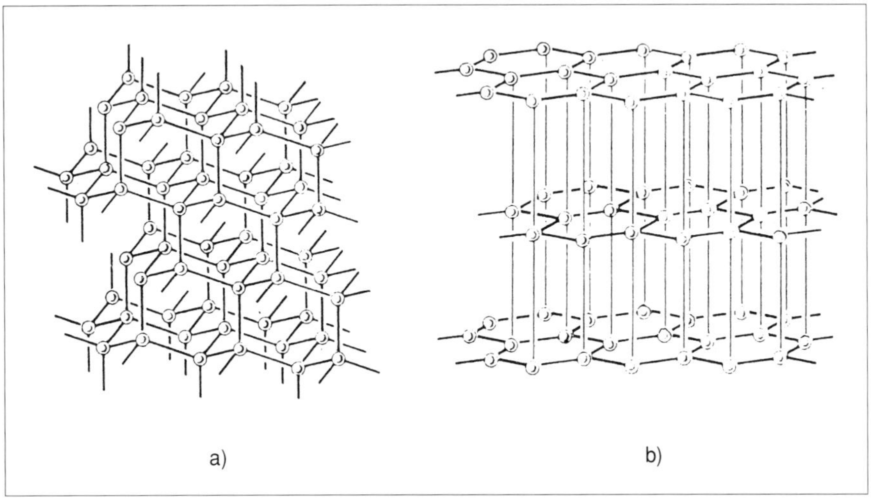

Abb. 1
Modell des (a) Diamant- und (b) Graphit-Kristallgitters.

Diese überraschende Entdeckung ließ sich nicht mit Kettenmolekülen oder Ringstrukturen erklären. Smalley und Kroto faßten daher *Cluster* – wie Chemiker einen Haufen identischer Teilchen nennen – ins Auge und kamen nach umfangreichen Berechnungen und intensivem Grübeln zu der genial-einfachen Erklärung, daß alle geraden Kohlenstoff-Cluster eine räumlich in sich geschlossene Polyederstruktur haben. Für den superstabilen C_{60}-Käfig postulierten sie die Symmetrie eines «gekappten Ikosaeders», das heißt die Form eines Fußballs. Aufgrund der Ähnlichkeit mit dem «Geodätischen Dom» des amerikanischen Architekten Richard Buckminster Fuller (1895 bis 1983) tauften die Forscher ihren Fund *Buckminsterfulleren* oder kurz *Bucky-Ball.*

Smalley und Kroto konnten mit ihrem Laser allerdings nur ein paar Tausend Moleküle herstellen. Ihre zahlreichen Experimente lieferten zwar starke Hinweise, daß die Fußballhypothese zutrifft. Für eine direkte Strukturbestimmung der Cluster etwa durch spektroskopische Methoden oder Röntgenbeugung benötigten sie aber wägbare Substanzmengen und *«nicht nur einen Hauch in einem überschallschnellen Heliumwind, der nur von jenem ultraempfindlichen Sensor, dem Massenspektrometer, detektiert werden kann»*[2]. Unter wägbar versteht der Chemiker heutzutage allerdings schon Nanogramm-Mengen, also milliardstel Gramm. Die bestechend elegante Idee ballförmiger Moleküle blieb daher zunächst reine Theorie.

1990 war es dann soweit. Am Heidelberger Max-Planck-Institut für Kernphysik stieß die Arbeitsgruppe um Wolfgang Krätschmer in Kooperation mit Donald Huffman von der University of Arizona (Tucson, USA) auf ein sensationell einfaches Verfahren zur «Massenproduktion» von C_{60}, indem sie statt eines Lasers einen elektrischen Lichtbogen benutzten.

Bemerkenswert ist, daß auch diesmal, wie schon bei der Entdeckung des Buckminsterfullerens, eine astrophysikalische Frage am Anfang stand. Krätschmer und Huffman versuchten ebenfalls, die Weltallverhältnisse zu simulieren und wollten im Labor «interstellare» Graphit-Teilchen erzeugen. Als Reaktionsprodukt entstand jedoch C_{60}. Das Molekül-Rezept der Grundlagenforscher versetzte die Fachwelt in Erstaunen, weil die Versuchsanordnung schon mit den Mitteln eines Schullabors aufgebaut werden kann: In einer Vakuumglocke postierten sie – ähnlich den alten Kohlebogenlampen – zwei angespitzte Graphitstäbe gegeneinander, füllten die Apparatur mit Heliumgas und schickten anschließend einen starken elektrischen Strom durch die Graphit-Elektroden.

Dann brachen sich die Gesetze der Natur ihre Bahn: Im Lichtbogen, bei einer Temperatur von bis zu 3000 °C, verdampfte der Graphit und waberte, in Gestalt winziger Ruß-Teilchen, *«wie aufsteigender Zigarettenqualm»*[3] durch das Kühlgas. Es kam zu heftigen Zusammenstößen mit dem Helium – die atomare Suppe kühlte rapide ab und kondensierte als schwarze Schicht an den Kammerwänden. Doch bei der spektralen Auswertung der eher unscheinbaren Kohlenstoff-Ablagerungen stießen die Physiker auf Absorptionslinien, die überhaupt nicht zu Graphit-Teilchen passen konnten. Das war natürlich enttäuschend. Doch im nachhinein entpuppte sich dieser scheinbare Mißerfolg als wahres «Heureka-Erlebnis». Huffman zog als Störenfriede die mysteriösen Kohlenstoff-Cluster in Betracht, und das Heidelberger Team konnte tatsächlich aus dem Ruß einen Feststoff isolieren, der ungefähr 75% C_{60}, etwa 23% C_{70} und in geringer Menge die höheren Homologe C_{76}, C_{78}, C_{82} und C_{84} enthält. Die Ausbeute an C_{60} konnte sogar auf nahezu 20% des verdampften Kohlenstoffs gesteigert werden – eine für einen so chaotischen Prozeß erstaunlich hohe Effizienz!

Krätschmer, Huffman und Mitarbeiter waren die ersten, die sichtbare Mengen von C_{60}-Kristallen in der Hand hielten. Das Zünden eines Kohlenstoff-Lichtbogens ist zwar genauso unsportlich, wie mit dem Laser auf Graphit zu feuern. Aber jedenfalls entstehen dabei so große Mengen von C_{60}, daß die Forscher mit einem feingebündelten Röntgenstrahl die Fußballstruktur und damit den «Hauptsatz» der Clusterhypothese zweifelsfrei beweisen konnten: Buckminsterfulleren ist das «Oberhaupt» einer neuen, neben Graphit und Diamant dritten Modifikation von reinem, kristallinem Kohlenstoff, die aus zahlreichen diskreten Molekülen besteht: den *Fullerenen*.

Mit dem Heidelberger Fußballtrick war eine verblüffend einfache Methode zur Herstellung von C_{60} geschaffen, die es praktisch jedermann ermöglicht, Buckminsterfulleren und seine Käfiggenossen gleich grammweise zu erzeugen. Die Nachricht vom erzielten Durchbruch verbreitete sich im Spätsommer 1990 wie ein Lauffeuer. Innerhalb weniger Tage wurde das *Krätschmer-Huffman-Verfahren* per Telefax über die ganze Welt verbreitet und außergewöhnlich schnell von zahlreichen Arbeitsgruppen bestätigt. Der Run auf die «Wundermoleküle» war eröffnet. Buchstäblich über Nacht wurde eine neue, runde Welt der Organischen Chemie und Materialwissenschaften zum Leben erweckt. Nahezu täglich gab und gibt es eine neue Meldung über irgendeinen neuen Aspekt der C_{60}-Forschung. Nie zuvor hat ein Molekül weltweit soviel Aufsehen erregt und die Phantasie der Menschen mehr beflügelt, und dies sowohl in Magazinen und populärwissenschaftlichen Zeitschriften als auch in der

Fachliteratur. In der «Scientific Community» brach ein regelrechtes «Bucky-Fieber» aus. Wie im Rausch fahnden die Wissenschaftler nach unbekannten Eigenschaften. Das renommierte US-Wissenschafts-Fachblatt «Science» kürte C_{60} 1991 zum «Molekül des Jahres» und kommentierte: «*In der Forscherkaste der Chemiker koche es wie im Reagenzglas über dem Bunsenbrenner.*»[4] Als Folge dieser weltweiten Euphorie ist das Buckminsterfulleren vermutlich eines der strukturell und spektroskopisch am besten charakterisierten Moleküle, und es wird vermutlich nicht mehr lange dauern, bis Mengen im Kilogramm-Maßstab in den Regalen der Chemiker, Physiker oder Ingenieure stehen werden.

Inzwischen steht der Begriff *Fulleren* für die ganze Klasse dieser ungewöhnlichen Kohlenstoff-Verbindungen. Cluster mit bis zu annähernd 1000 C-Atomen sind nachgewiesen und zum Teil isoliert worden. Diese Moleküle enthalten stets eine gerade Anzahl von C-Atomen. Man sieht aus alledem, daß der flache Graphit, wie man ihn aus den Lehrbüchern kennt, nur den abstrakten Grenzfall einer einzigen Struktur darstellt. In Wirklichkeit ist das Element Kohlenstoff viel formen- und artenreicher und daher auch viel faszinierender, als man bisher dachte. «*Für jeden, der ein Spielzeug sucht, gibt es Kugeln in allen Formen und Größen.*»[5]

Anhand der Fullerene die grundsätzliche Bedeutung chemischer Forschung für zukünftige Anwendungen und neue Technologien deutlich zu machen und zugleich einen Eindruck von der Schönheit der Natur auf molekularer Ebene zu vermitteln – das ist das Ziel dieses Buches. Es soll versucht werden, etwas von der Faszination wiederzugeben, welche insbesondere vom Studium des C_{60}-Fußballs ausgeht, dem wohl populärsten und ästhetisch sicher ansprechendsten der Kohlenstoff-Bälle.

Dazu muß man jedoch verstehen, wie das Element Kohlenstoff beschaffen ist. Wir werden deshalb zunächst seine Erscheinungsformen kennenlernen. Anschließend werfen wir einen Blick in das lange Zeit von den Wissenschaftlern vernachlässigte, aber hochinteressante Gebiet der *Cluster*. Ausgehend von dieser Thematik geht es über die *Fulleren Story*, die Entdeckungsgeschichte von C_{60}, zu Aspekten wie Symmetrie und Polyederstrukturen.

Schließlich kommen wir zu den beiden wichtigsten Fronten der Fulleren-Forschung: den chemischen Eigenschaften und Innovationspotentialen. Spätestens hier wird deutlich, daß sich die Festkörperchemie mit einer völlig neuen Materialklasse beschäftigen muß. Diese beinhaltet neue Organometalle und Halbleiter sowie Supraleiter mit sphärischer Topologie und faszinierenden Besonderheiten. Man stellt sich Fullerene auch als Polymerbausteine vor, die neue Arten von Kunststoffen ermöglichen. Das «Superteflon» geistert durch die Medien, und die Bucky-Balls sollen auch im Kampf gegen das Aids-Virus von Nutzen sein.

Kapitel 2

Das ABC des Elements Kohlenstoff

Historisches

Kohlenstoff war schon zu prähistorischen Zeiten *in Substanz* (Holzkohle, Ruß) bekannt, auch wenn man erst gegen Ende des 18. Jahrhunderts erkannte, daß es sich um ein *Element* handelt. Seit mehr als sechstausend Jahren dient Kohlenstoff zur Reduktion von Metallerzen, zunächst – in Form von Holzkohle – zur Gewinnung von Blei und Kupfer, später von Bronze und von Eisen. Im Jahre 1708 erfand Abraham Darby* die Substitution der nach weitgehender Abholzung der europäischen Wälder knapp werdenden Holzkohle durch Steinkohlenkoks für die Eisenverhüttung. Heute ist der durch Verkokung von Steinkohle produzierte *Hüttenkoks* zur Stahlproduktion in Hochöfen mit einer Menge von über 350 Millionen Tonnen pro Jahr das technisch bedeutendste Kohlenstoff-Erzeugnis.[6]

In Anbetracht der sechstausendjährigen Erfahrung des Menschen mit Kohlenstoff mag man sich fragen, weshalb seine elementare Natur erst in der jüngeren Vergangenheit, nämlich vor rund zweihundert Jahren, erkannt wurde. Dies wollen wir uns jetzt in Erinnerung rufen und einen Blick in die Entdeckungsgeschichte des Kohlenstoffs werfen.

Vergegenwärtigen wir uns den Stand der Chemie Mitte des 18. Jahrhunderts. Die Chemiker bildeten eine kleine, gesellschaftlich isolierte Clique, die untereinander mittels einer mysteriösen Sprache und rätselhaften Symbolik Rezepturen für Arzneien austauschte. Überhaupt befand sich die Chemie bis dahin – ganz im Gegensatz zur Physik – auf einem eher niedrigen Niveau. *Feuer*, *Wasser*, *Luft* und *Erde* hielt man seit

* Abraham Darby (1677 bis 1717), schottischer Industrieller.

dem Wirken des griechischen Philosophen Empedokles (483 bis 427 v. Chr.) für *Elemente*, die natürlich keiner mathematischen Behandlung zugänglich waren.

Und noch immer herrschte die alles lähmende *Phlogistontheorie*, die um 1700 Georg Ernst Stahl* begründet hatte. Danach sollte jeder brennbare Gegenstand eine Substanz enthalten, eben das *Phlogiston* (griech. phlogistos = verbrannt), die beim Erhitzen oder Verbrennen entweiche. Die führenden Gelehrten Europas schätzten diese Lehre außerordentlich, konnte sie doch als einzige erklären, wieso beim Verbrennen von Kohle nur vergleichsweise wenig Asche übrigbleibt. Damit wurde zwar zum ersten Mal in der Chemiegeschichte der Begriff der *Verbrennung* über das Sichtbare hinaus definiert, und zu der bisher üblichen Frage nach dem WAS – nach dem Endprodukt, also dem Ergebnis einer Reaktion – kam das Fragen nach dem WIE und dem WODURCH – nach dem Reaktionsverlauf und dessen Mechanismus. Ob das Phlogiston aber eine konkrete, wägbare Substanz sei oder eine gewichtslose, abstrakte Materie, darüber machte Stahl sich keine Gedanken. Seine Fähigkeit, Begriffe zu bilden, die sich rasch einbürgerten und mit denen es sich gut arbeiten ließ, machte ihn glaubwürdig.

Metalloxide, *Metallkalk* sagte man damals, wurden als die eigentlichen *Grundstoffe* (nicht Elemente!) angesehen: Nach Hinzutreten von Phlogiston entstünde das Metall. Den wenigen Skeptikern, die nicht übersehen wollten, daß zum Beispiel Eisenoxid (Rost, Eisenerze) schwerer ist als reines Eisen, antworteten die Phlogistiker gar mit einem «negativen Gewicht». Zu Stahls Zeiten hielten es die Chemiker noch nicht für wichtig, Mengen genau zu messen, und sie ignorierten diesen Widerspruch einfach.

Die ersten Versuche, Kohlenstoff-Verbindungen systematisch zu erforschen, unternahm seit 1765 der Apotheker Carl Wilhelm Scheele**. Als Autodidakt betrieb er seine chemischen Studien neben seinem Beruf und eignete sich ein besonderes Geschick in der Handhabung empfindlicher Naturstoffe an. Aus Pflanzen- und Tierextrakten isolierte er zahlreiche

* Georg Ernst Stahl (1659 bis 1734), deutscher Chemiker und Mediziner.

** Carl Wilhelm Scheele (1742 bis 1786), ein gebürtiger Deutscher, der sich später in Schweden als Apotheker niederließ. Seine Entdeckung des Sauerstoffs (1772) trug wesentlich zum Sturz der Phlogistontheorie bei.

organische Verbindungen, darunter so wichtige wie die Wein-, Citronen-, Milch- und Harnsäure. Im Zuge dieser Experimente entdeckte Scheele 1779, daß *Graphit*, der Stoff aus dem seit 1560 die Bleistifte* sind, reiner Kohlenstoff ist. Dessen elementare Natur erkannte er jedoch nicht. Dieser Verdienst gebührt dem großen Antoine Laurent Lavoisier** (Abbildung 2), der die Chemie als exakte Wissenschaft etablierte.

Abb. 2
«Lavoisier spricht vor (von links nach rechts) Vico d'Azir, Guiton de Morveau, Monge, Berthollet, Laplace, Lamarck und Condorcet», Relief am Lavoisier-Denkmal, Paris.

Lavoisiers große Leistungen, wegen derer er unsterblich wurde, sind die Einführung der analytischen Waage bei chemischen Versuchen und der Sturz der Phlogistontheorie. Mit dem Nachweis, daß es sich bei allen Verbrennungsvorgängen um eine Reaktion mit dem Sauerstoff in der Luft handelt, er nannte es *Oxidation*, war Stahls Theorie nicht länger haltbar. Zur Durchsetzung seiner Sauerstofftheorie ging Lavoisier recht radikal

* Der Name *Bleistift* rührt daher, daß man in noch früheren Zeiten mit einem aus Blei gegossenen Stift schrieb, der ebenso wie Graphit die Eigenschaft besitzt, dunkelgrau abzufärben.
** Antoine Laurent Lavoisier (1743 bis 1794), französischer Jurist und Naturforscher.

vor: Er inszenierte 1789 in Paris ein öffentliches Spektakel, bei dem seine weißgekleidete Ehefrau – als Sauerstoff – die Bücher Stahls verbrannte.

Von Lavoisier stammt auch die Versuchsanordnung, eine Probe einer organischen Verbindung in einer kleinen Lampe zu verbrennen, die unter einer mit Luft gefüllten Glasglocke auf Quecksilber schwimmt. Alle untersuchten Stoffe lieferten das bekannte Kohlendioxid, mußten also Kohle enthalten. Die Menge des gebildeten Gases lieferte ihm ein Maß für den Kohlenstoff-Gehalt der verbrannten Probe. Es war somit die erste Methode gefunden, mit der die in Verbindungen organischen Ursprungs vorhandene Menge an Kohlenstoff quantitativ bestimmt werden konnte.

Unter den zahlreichen Stoffen, die Lavoisier seit 1772 mit großem Eifer verbrannte, war auch ein Diamant. Er legte den Edelstein in ein abgeschlossenes Gefäß und erhitzte ihn dann mit Hilfe von Sonnenlicht, das er mit einem Vergrößerungsglas bündelte. Als der Stein genügend heiß war, verschwand er einfach, und Kohlendioxid füllte das Gefäß.* Folglich mußte Diamant allem Augenschein zum Trotz sehr eng mit der Kohle verwandt sein.

Gerade noch rechtzeitig vor dem Ausbruch der Französischen Revolution im Jahre 1789 konnte Lavoisier sein grundlegendes Werk *Traité élémentaire de Chimie* (Elementare Abhandlung über die Chemie), Paris 1789, veröffentlichen.** In diesem ersten modernen Lehrbuch definierte er ein *Element* als die «*tatsächliche Grenze, bei der die chemische Analyse angelangt ist*». Auf dieser Grundlage führte er dreiundzwanzig echte elementare Substanzen auf, darunter erstmals den Kohlenstoff, dem er

* Noch um 1660 soll ein Alchemist geköpft worden sein, weil er bei dem Versuch, kleine Diamanten zusammenzuschmelzen, scheiterte.

** Lavoisier hatte als Generalsteuerpächter der sogenannten Ferme, dem verhaßten Stand der Steuer- und Zolleinzieher, angehört und zählte zu den reichsten Bürgern Frankreichs. Obwohl er zum Zeitpunkt der Revolution schon einige Jahre nichts mehr mit der Ferme zu tun gehabt hatte, wurde er mit allen anderen Fermiers 1793 verhaftet. Am 7. Mai 1794 fand der Prozeß gegen sie statt, alle wurde zum Tode verurteilt und am nächsten Morgen guillotiniert. Revolutionsführer Maximilien de Robespierre soll, als jemand für Lavoisier zu bitten wagte, gesagt haben: «*Wir brauchen keine Gelehrten mehr.*» Der Mathematiker und Physiker Joseph Louis Lagrange, der mit einigen Freunden der Exekution beiwohnte, äußerte, als der Kopf fiel: «*Eine Sekunde brauchten sie nur, um seinen Kopf zu nehmen, vielleicht werden hundert Jahre nötig sein, bis ein ähnlicher wieder wächst.*»

den französischen Namen *carbone* (vom lateinischen carbo = Holzkohle) gab.

1791 gelang es dann Smithson Tennant*, chemisch reinen Kohlenstoff herzustellen, indem er Phosphor-Dämpfe über erhitzten Kalk leitete. Zugleich bewies er damit endgültig dessen elementaren Charakter. Tennant bestätigte 1798 außerdem Lavoisiers Vermutung, daß Diamant neben Graphit eine weitere Form reinen Kohlenstoffs ist: Er konnte nachweisen, daß beim Verbrennen von Diamant die für das Vorliegen von Kohlenstoff «richtige» Menge Kohlendioxid entsteht, daß also der begehrte Edelstein wirklich nur aus Kohlenstoff besteht. Seitdem haben Scharlatane ebenso wie Wissenschaftler alles daran gesetzt, diesen Prozeß umzukehren und kohlenstoffhaltige Substanzen in Diamant umzuwandeln. Weshalb das erst 1955 gelingen konnte, werden wir noch erfahren.

Die Entwicklung der synthetischen Organischen Chemie begann am 22. Februar 1828, als es Friedrich Wöhler** erstmals gelang, Harnstoff ($H_2N\text{-}CO\text{-}NH_2$), ein Produkt der *belebten* Natur, aus dem *unbelebten* Salz Ammoniumcyanat (NH_4OCN) herzustellen und damit gewissermaßen «Leben» zu schaffen. Wöhler selbst soll so überrascht gewesen sein, daß er noch am gleichen Tag einen Brief an den berühmten Jöns Jacob Berzelius*** schrieb, in dem es heißt: *«...muß Ihnen sagen, daß ich thierischen Harnstoff machen kann, ohne dazu Nieren oder überhaupt ein Thier, sey es Mensch oder Hund, nöthig zu haben.»*[7] Berzelius schien auch der beste Ansprechpartner zu sein, hatte er doch 1807 den Begriff *organisch* für Stoffe aus lebenden Organismen eingeführt.****

Als in der Folgezeit nicht nur bereits bekannte, aus der belebten Natur isolierte Stoffe, sondern auch neuartige, nicht natürlich vorkommende organische Substanzen künstlich hergestellt wurden, setzte sich allmählich die Erkenntnis durch, daß auch die Organische Chemie viele Möglichkeiten in sich birgt. Als Ergebnis zahlreicher Experimente stellte man

---

* Smithson Tennant (1761 bis 1815), britischer Mineraloge.

** Friedrich Wöhler (1800 bis 1882), deutscher Chemielehrer.

*** Jöns Jacob Berzelius (1779 bis 1848), schwedischer Chemiker.

**** Bis jetzt sind allerdings alle Bemühungen, auch nur primitivste Lebewesen, zum Beispiel irgendwie belebte Protoplasmaklümpchen, im Laboratorium zu synthetisieren, fehlgeschlagen, wenn sich auch erste «Erfolge» bei der Manipulation der natürlichen Schöpfung abzeichnen. In diesem Sinne existiert also immer noch jene *Lebenskraft* (lat. vis vitalis), an der man zu zweifeln begann, als es Wöhler gelang, Harnstoff aus anorganischem Material zu gewinnen.

in der Mitte des 19. Jahrhunderts die Anwesenheit des Elements Kohlenstoff als Voraussetzung für eine organische Substanz fest. Dies führte dazu, die *Organische Chemie* als die Lehre von der Chemie der Kohlenstoff-Verbindungen zu definieren.

Hervorragende Leistungen auf dem Gebiet der *Strukturtheorien* erbrachten August Kekulé von Stradonitz*, der 1858 die Vierwertigkeit für Kohlenstoff postulierte und 1865 die sechseckige Ringstruktur von Benzol mit Einfach- und Doppelbindungen einführte**, sowie Jacobus Henricus van't Hoff*** und Achille Le Bel****, die 1874 unabhängig voneinander das Konzept des tetraedrischen, vierfach koordinierten Kohlenstoff-Atoms vorschlugen und damit die *Stereochemie* begründeten. Parallel zu der Entwicklung der synthetischen Chemie und der Bindungstheorie wurden im 19. Jahrhundert erhebliche Fortschritte in technischer und instrumenteller Hinsicht erzielt.

In das 20. Jahrhundert (1929 bis 1936) fällt die Entdeckung, daß natürlich vorkommender Kohlenstoff die Isotopenzusammensetzung ^{12}C (Anteil 98.89%) und ^{13}C (1.11%) hat. Daneben gibt es Spuren von radioaktivem ^{14}C.

Das Nuklid ^{12}C ist bekanntlich seit 1961 definitionsgemäß Bezugspunkt der Atommassenskala (^{12}C = 12.0000). Nur ^{13}C-Kohlenstoff verfügt, wie das Wasserstoff-Proton (^{1}H), über eine Kernspinquantenzahl von I = 1/2, was eine außerordentlich wichtige Hilfe bei der NMR-spektroskopischen Erkundung von Strukturen und Bindungsverhältnissen in Kohlenstoff-Molekülen bedeutet.[8] Die ^{13}C-NMR-Spektroskopie ist allerdings erheblich schwieriger durchzuführen als für ^{1}H, vor allem wegen der geringen natürlichen Häufigkeit, es sei denn, man vermißt ^{13}C-angereicherte Proben.

Das instabile Radioisotop ^{14}C kommt neben ^{12}C und ^{13}C im Kohlendioxid der Atmosphäre vor. Es findet als sogenannter *Tracer* weite Verwendung, bildet also die Grundlage für die Erforschung organischer Reaktionsmechanismen. Die Tracer-Methode beruht auf der Markie-

---

* August Kekulé von Stradonitz (1829 bis 1896), deutscher Chemiker.

** Die spektakuläre These von William J. Wiswesser, Joseph Loschmidt habe schon vor Kekulé die richtige Benzolformel aufgestellt, hat sich unlängst als reines «Chemikerlatein» entpuppt; vgl. G. P. Schiemenz, NR 46 (1993), Heft 3, S. 85.

*** Jacobus Henricus van't Hoff (1852 bis 1911), niederländischer Chemiker.

**** Achille Le Bel (1847 bis 1930), französischer Naturforscher.

rung bestimmter Elemente in Verbindungen durch kleinste Mengen (engl. trace = Spur) radioaktiver, mit dem «Zähler» leicht nachweisbarer Isotope.

^{14}C spielt außerdem eine wesentliche Rolle bei der Altersbestimmung von kohlenstoffhaltigen Materialien mit der *Radiocarbon-Datierungs-Methode*, die 1947 von Willard F. Libby* entwickelt wurde.[9] Das Verfahren beruht auf der Erscheinung, daß in den oberen Schichten der Erdatmosphäre durch Kernreaktion von Neutronen mit Stickstoff-Atomen der Luft ^{14}C entsteht, das von lebenden Organismen aufgenommen wird. Nach dem Tod der Lebewesen erfolgt keine ^{14}C-Aufnahme mehr, und dieses Nuklid zerfällt mit einer Halbwertszeit von 5730 Jahren. Aus dem Vergleich des beim lebenden Organismus bestehenden Verhältnisses des nicht radioaktiven Kohlenstoffs ^{12}C zum Isotop ^{14}C mit diesem Verhältnis in einem archäologischen Objekt, in dem das ^{14}C teilweise zerfallen ist, kann schließlich das Alter ermittelt werden.

Vorkommen, Verwendung und Bedeutung von Kohlenstoff

Natürlichen Graphit findet man überall auf der Welt. Er ist fast immer organischen Ursprungs, meist das Produkt von Metamorphosen kohliger Ablagerungen und kommt deshalb im Koks, im Ruß (den wir uns noch gründlich ansehen werden), in der Holz- und in der Tierkohle vor. Die natürlichen Kohlen wie Braunkohle, Steinkohle und Anthrazit enthalten nur wenig Graphit, sie sind Übergangsformen von Gemengen sehr komplizierter Verbindungen des Kohlenstoffs mit Wasserstoff und Sauerstoff zu elementarem Kohlenstoff.

Große Kristalle** oder *Flocken* aus Graphit mit einer Größe von bis zu 5 mm findet man in tellerförmigen Lagerstätten, die bis zu 30 m dick sind und sich über einige Kilometer in der Horizontalen erstrecken (vor allem auf der Insel Sri Lanka, auf Madagaskar, in Korea, in den USA, in

* Willard Frank Libby (1908 bis 1980), amerikanischer Chemiker, Nobelpreis 1960.

** Kristalle sind Feststoffe mit Gitterbau, das heißt, ihre Bausteine (Atome, Ionen, Moleküle) weisen eine *lückenlos periodische Anordnung* im Raum auf. Die Anordnungsweise der Gitterbausteine bezeichnet man als Gittertyp. Sind diese Bausteine regelmäßig und ohne makroskopische Störungen angeordnet, so spricht man von Einkristallen. Natürlich vorkommende Festkörper bestehen meist aus einer Vielzahl kleinster Einkristalle, den *Kristalliten*. Sie besitzen im allgemeinen keine glatten Begrenzungsflächen.

Ostsibirien und in Bayern). Der durchschnittliche Kohlenstoff-Gehalt beträgt rund 25%, er kann jedoch bis auf 60% ansteigen.

Graphit bildet eine schuppige, auffallend leicht spaltbare Masse, die sich fettig anfühlt, schwarzen Metallglanz aufweist und stark abfärbt. Mikrokristalliner, man sagt auch *amorpher** oder *gestaltloser* Graphit, findet sich in kohlenstoffreichen Umwandlungssedimenten; einige Vorkommen in Mexiko enthalten bis zu 95% reinen Kohlenstoff. Die Weltjahresproduktion liegt bei rund 650 Kilotonnen, daneben werden weitere 500 Kilotonnen synthetisch hergestellt.

Künstlicher Graphit wurde erstmals 1842 durch Robert W. Bunsen** aus Steinkohle gewonnen. Er entsteht immer dann, wenn sich aus Kohlenstoff-Verbindungen bei hoher Temperatur Kohlenstoff abscheidet. Industriell wird Graphit nach dem 1896 von Edward G. Acheson*** entwickelten *Elektrographit-Verfahren* hergestellt. Bei diesem Prozeß wird Koks mit Siliciumdioxid (Quarzsand) etwa 30 Stunden auf eine Temperatur von etwa 2500 °C erhitzt.

Je nach Herstellungstemperatur kommt Graphit in den verschiedensten äußeren Erscheinungsformen vor, die sich in der Größe und gegenseitigen Anordnung der Kristalle unterscheiden: Scheidet man den Kohlenstoff aus kohlenstoffhaltigen Substanzen durch Erhitzen auf verhältnismäßig niedrige Temperaturen (circa 400 °C) ab, so erhält man ihn in kleinen Kristallen mit einem Durchmesser von etwa 2 Nanometer**** (nm), die locker zu schwammartig porösen, im Mikroskop sichtbaren Flöckchen von 5 bis 100 nm Durchmesser mit Oberflächen bis zu 1000 m^2 je Gramm (!) zusammengefügt sind (*Ruß, Holzkohle, Tierkohle*). Höhere Temperaturen (800 °C) führen zu einer festeren Verfilzung der

* Sind die molekularen Bausteine nicht in Kristallgittern, sondern regellos angeordnet, spricht man von *amorphen* Materialien. Gläser, also unterkühlte Flüssigkeiten, und viele Kunststoffarten sind zum Beispiel weitgehend amorph. Amorpher Kohlenstoff zeigt im Röntgenspektrum keinerlei Struktur.

** Robert Wilhelm Bunsen (1811 bis 1899), deutscher Chemiker, war einer der bedeutendsten und vielseitigsten Naturforscher des 19. Jahrhunderts. Bunsen gilt als Mitbegründer der Analytischen und Physikalischen Chemie.

*** Edward Goodrich Acheson (1856 bis 1931), amerikanischer Hochöfner; ab 1881 Mitarbeiter von Thomas Alva Edison, in dessen Auftrag er Glühlampenfabriken in Europa einrichtete.

**** 1 Nanometer (nm) = 10^{-9} Meter = ein milliardstel Meter = ein millionstel Millimeter; zur Verdeutlichung: das kleinste Atom, der Wasserstoff, besitzt einen Durchmesser von 0.23 nm, dies entspricht 2.3 zehnmillionstel Millimeter.

kleinen Kristalle (*Koks, Glanzkohlenstoff*). Abscheidung bei im Verhältnis hohen Temperaturen (1500 °C) liefert dichte, aber immer noch regellos orientierte, kristalline Aggregate größerer Kriställchen (*Retortengraphit*) von etwa 4 nm Durchmesser, die dem natürlichen Graphit schon näher kommen und zum Beispiel wie dieser den elektrischen Strom gut leiten. Bei sehr hohen Temperaturen (2500 °C) erhält man größere Kristalle von zunehmender Orientierung (*Acheson-Graphit*), die sich nur wenig vom geordneten Gitter des natürlichen Graphits unterscheiden. Die Dichte der verschiedenen Sorten variiert zwischen 1.85 g/cm^3 (Ruß) und 2.22 g/cm^3 (Acheson-Graphit), die Farbe zwischen schwarz und grau.

Natürlicher und künstlicher Graphit finden vielfältige technische Verwendung. Wegen der hohen Beständigkeit gegenüber Hitze und Temperaturwechsel und aufgrund der guten Wärmeleitfähigkeit dient Graphit beispielsweise zur Herstellung von Tiegeln zum Schmelzen von Metallen. Die Eigenschaft abzufärben, wird seit Mitte des 16. Jahrhunderts zur Herstellung von Bleistiften genutzt (Variierung der Härte durch Zusatz von Ton). Die gute elektrische Leitfähigkeit und chemische Widerstandsfähigkeit machen ihn geeignet als Material für Elektroden* sowie für viele andere Zwecke der Elektrochemie und Elektrotechnik (unter anderem Kohlebürsten und Kontakte). Wegen seiner Weichheit benutzt man ihn als hitzebeständiges Schmiermittel und wegen seiner schwarzen Farbe als feuerfestes Schwärzungsmittel für Öfen und so weiter. Auf seiner Fähigkeit, schnelle Neutronen abzubremsen, beruht seine Verwendung als Moderator** in Kernreaktoren.

Thomas Alva Edison*** erfand im Jahre 1879 die *Kohlenstoff-Fasern*, hergestellt für Glühlampen aus Cellulose (Bambus). In den letzten Jahren ist die Entwicklung der Kohlenstoff-Fasern aus hochgereinigtem Graphit

---

* Hergestellt und verwendet werden Graphit-Elektroden bis zu 70 cm Durchmesser und 2.7 m Länge. In ähnliche Weise wie Aluminium aus Bauxit werden zum Beispiel die Metalle Magnesium und Natrium großtechnisch durch Schmelzelektrolyse aus ihren Oxiden oder Salzen unter Anwendung von Graphit-Anoden als Reduktionsmittel erzeugt. Daneben werden rund 30% der Welt-Stahlproduktion (rund 200 Mio t/a) unter Verwendung von Graphit-Elektroden hergestellt.

** *Moderator*: In der Kerntechnik Bezeichnung für einen Stoff, in dem Neutronen hoher Energie, wie sie bei Kernspaltungen entstehen, durch elastische Zusammenstöße mit den Atomkernen dieses Stoffes auf geringe Energien abgebremst werden. Als Moderator wird neben Graphit zum Beispiel «schweres» Wasser verwendet.

*** Thomas Alva Edison (1847 bis 1931), amerikanischer Techniker und Erfinder.

stürmisch vorangeschritten, da sie die Herstellung hochbelastbarer Verbundwerkstoffe erlauben. Sie entstehen bei der Pyrolyse (thermische Zersetzung) nicht schmelzbarer Kohlenstoff-Polymerfäden, die vorwiegend aus Cellulose, Polyacrylnitril oder Pech hergestellt sind. Die Bruchstücke treten in Faserrichtung zu langgestreckten Molekülen zusammen. Die Fasern haben sowohl Graphit- als auch Textileigenschaften. Man erhält zum Beispiel ein Garn mit einer Zugfestigkeit von über 18 Kilogramm!

Ihr funkelnder Glanz hat die Menschen von jeher fasziniert: *Diamanten* werden in östlichen Ländern seit über 2000 Jahren geschätzt, wenn auch in Europa ihr Bekanntwerden und ihre Einführung noch etwas auf sich warten ließ. Die einzigen Fundstätten lagen in Indien und auf Borneo, bis auch in Brasilien (Minas Geraes) im Jahre 1729 Diamanten gefunden wurden. In Südafrika entdeckte man sie 1870 in alten Vulkanschloten, eingebettet in ein relativ weiches, dunkles Gestein, das *Kimberlit* genannt wird, nach der südafrikanischen Stadt Kimberley, wo derartige Schlote erstmals entdeckt wurden. Später fand man Diamanten auch in angeschwemmten Kieseln und an Meeresstränden, wohin sie über geologische Zeiträume hinweg durch Verwitterung und Erosion der Schlote gelangt waren. Noch immer forscht man danach, wie diese Kristalle entstanden. Man vermutet, daß sie in der geschmolzenen, in sehr tiefen Regionen unter sehr hohem Druck stehenden Vulkanmasse kristallisierten und schließlich fertig gebildet mit dieser nach oben befördert und dabei teilweise zerbrochen wurden. Dies würde erklären, wieso der Diamant-Gehalt einer typischen Kimberlitröhre so gering ist: Zur Gewinnung von 1 Karat Diamant (1 Karat* = 0.2 g) müssen bis zu 20 Tonnen Gestein gefördert und aufbereitet werden!

Während der 50er Jahre stammten 99% der Weltproduktion an Diamant aus Afrika (speziell Südafrika, daneben Zaïre und Tansania), doch dann trat die ehemalige Sowjetunion als Großhersteller auf den Plan: In Sibirien entdeckte man 1948 angeschwemmte Diamanten, und noch im gleichen Jahr wurden die ersten Minen von der Art der Kimberlitröhre in Jakutien gefunden.** Die ganzjährige Produktion unter sibirischen Bedin-

* Unter *Karat* verstand man ursprünglich das Gewicht eines getrockneten Johannisbrotkerns.

** Kleinere Vorkommen waren seit über einem Jahrhundert bekannt, nachdem der deutsche Naturforscher Alexander von Humboldt (1769 bis 1859) vorhergesagt hatte, daß man in Rußland Diamanten finden sollte.

gungen warf jedoch schwerwiegende Probleme auf, und die Förderung wurde Anfang der 70er Jahre durch Funde im Ural bei Swerdlowsk ergänzt. Ansehnliche Kimberlitröhren wurden auch in Australien nach 1978 entdeckt. In Europa kennt man bislang keine Diamant-Vorkommen, lediglich in Böhmen soll ein einzelner Stein gefunden worden sein. Die Welterzeugung an Diamant betrug 1980 rund 30 Millionen Karat oder 6000 Tonnen; die Hauptförderländer waren die ehemalige UDSSR (11 Mio. Karat), Zaïre (10 Mio. Karat) und Südafrika (8.5 Mio. Karat).

Diamant ist das härteste und dauerhafteste aller Minerale (griech. adamas = unbezwingbar). Diese Eigenschaften, neben seinem lebhaften Farbenspiel, das von seiner Durchsichtigkeit* und dem hohen Lichtbrechungsvermögen herrührt, machen den geschliffenen Diamanten (Brillanten) zum beliebtesten Edelstein: «*Diamonds are a girl's best friend*» – gestand einst Marylin Monroe. Das «Feuer» eines Diamanten kommt durch den Schliff erst richtig zur Geltung. Er wird so gewählt, daß das auf den Brillanten fallende Licht durch totale Reflexion zurückgeworfen und zugleich in die Spektralfarben von rot über gelb und grün nach blau zerlegt wird. So entsteht das unverwechselbare, prächtige Farbenspiel, das reine, farblose oder durch geringfügige Beimengungen gelb, rot oder blau gefärbte Diamanten zeigen.

Statistisch gesehen gibt die Erde alle 130 Jahre einen großen, weißen, lupenreinen Diamanten preis. Der bei weitem größte je gefundene Rohdiamant (1905) ist der *Cullinan*, er wog 3106 Karat (621 g). Aus ihm wurden unter anderem der *Stern von Afrika* (530.2 Karat) und der *Cullinan II* (317.4 Karat) geschliffen. Andere berühmte Steine, wie etwa der *Centenary*, entdeckt 1986 in der südafrikanischen Premier Mine, weisen Gewichte von 100 bis 800 Karat auf, obgleich selten Minerale von über 50 Karat gefunden werden.

Die meisten natürlichen Diamanten (95%) und sämtliche synthetisch hergestellten eignen sich aber wegen ihrer mangelnden Klarheit nicht zur Verarbeitung zu Schmuckstücken, sondern dienen technischen Zwecken: zum Schleifen besonders harter Materialien (insbesondere des Diamanten selbst), in Form von Bohrerspitzen zum Bohren besonders harter Gesteine (Erdölförderung) und zum Schneiden von Glas. Wie man Diamant künstlich herstellt, werden wir in einem der nächsten Kapitel erfahren.

* Es gibt auch undurchsichtige tiefschwarze Diamanten, sogenannte *Carbonados*.

Kohlenstoff findet sich in der Natur aber nicht nur elementar in Form seiner Modifikationen Graphit und Diamant, sondern vor allem in gebundenem Zustand. Eines läßt sich mit Gewißheit sagen: Es ist unmöglich, den *Kohlenstoff-Verbindungen* in einem Kapitel gerecht zu werden, und auch ein ganzes Buch reicht dazu nicht aus. Wir können uns deshalb nur anhand einiger weniger Beispiele den Stellenwert dieses Elements verdeutlichen.

Man kennt vom Kohlenstoff mehr Verbindungen als von jedem anderen Element, abgesehen von Wasserstoff. Man findet ihn in fast jeder Probe, die man irgendwo aus der Natur nimmt. Kohlenstoff ist in allen pflanzlichen und tierischen Organismen enthalten. Er entsteht bei jeder Verbrennung, wir atmen ihn in Form von Kohlendioxid ein. Von den gegenwärtig rund 15 Millionen gut charakterisierten chemischen Verbindungen enthalten über 80% Kohlenstoff, auch wenn er in der Liste der Häufigkeit der Elemente auf der Erde mit 0.12% nur den 13. Platz einnimmt (Abbildung 3).

Sauerstoff	50.50	Phosphor	0.07
Silicium	27.50	Fluor	0.07
Aluminium	7.30	Mangan	0.06
Eisen	3.38	Schwefel	0.05
Calcium	2.79	Barium	0.05
Kalium	2.58	Strontium	0.03
Natrium	2.19	Zirkon	0.01
Magnesium	1.29	Rubidium	0.01
Wasserstoff	1.02		0.35 Gew.-%,
Titan	0.43		
Stickstoff	0.33		
Chlor	0.19		
→ Kohlenstoff	0.12 ←		
	99.62 Gew.-%		

Abb. 3
Verbreitung der Elemente auf der Erde (Angaben in Gewichtsprozenten).

Im Mineralreich, der sogenannten *Lithosphäre* (griech. lithos = Stein), treffen wir den Kohlenstoff vor allem in Form von Carbonaten, den Salzen der Kohlensäure an. Die beiden wichtigsten Vertreter sind Calciumcarbonat in Form von Kalkstein, Marmor und Kreide, welches ganze Gebirge bildet, und Dolomit, ein Calcium-Magnesium-Carbonat. Der

Gesamtgehalt der Lithosphäre an Kohlenstoff beträgt schätzungsweise $3 \cdot 10^{16}$ Tonnen.[10]

Im Pflanzen- und Tierreich bildet der Kohlenstoff einen fundamentalen Bestandteil aller Organismen: ohne ihn gäbe es kein Leben. Das Leben auf dem Planet Erde beruht auf der einmalig sanften Wandlungsfähigkeit von Kohlenstoff-Verbindungen. Denn nur seine ausgeprägte Neigung, sich in schier unendlichen Variationen mit seinesgleichen oder mit Wasserstoff, Sauerstoff, Stickstoff, Phosphor und einigen anderen Elementen zu stabilen Ketten, Ringen oder Netzen von fast beliebiger Länge und Anordnung zu verbinden, ermöglicht die Vielfalt der Stoffe, die der Chemiker seit Berzelius *organisch* nennt – die Grundlage für alles irdische Leben. Als Produkte der Umwandlung urweltlicher pflanzlicher und tierischer Organismen finden sich in der Natur die Kohlen, die Erdöle und die Erdgase. Von den insgesamt in der *Biosphäre* (griech. bios = Leben) vorhandenen $2.7 \cdot 10^{11}$ Tonnen Kohlenstoff entfallen mehr als 99% auf die Flora (Pflanzen) und weniger als 1% auf die Fauna (Tierwelt).

Hinzu kommt die Allgegenwart des *Kohlendioxids*, das den Pflanzen (und damit auch der Tierwelt) die Möglichkeit für den Aufbau von energiereichen Verbindungen, insbesondere in Form von Kohlenhydraten (Stärke, Zucker), im Ablauf der Assimilation gibt. Im Gegensatz zum homologen Siliciumdioxid (SiO_2), das infolge seines hochpolymeren Charakters als Träger des anorganischen «Lebens» zur Petrifizierung (Gesteinsbildung) führt. Dies ist übrigens der Grund dafür, daß Sauerstoff und Silicium die mit Abstand häufigsten Elemente auf der Erde sind (vgl. Abbildung 3).

Der Gehalt der Luft an Kohlendioxid beträgt zwar durchschnittlich nur 0.03%. Wegen der großen räumlichen Ausdehnung der *Atmosphäre* (griech. atmos = Dunst, sphaira = Kugel) übersteigt aber der in dieser Form vorhandene Kohlenstoff ($6 \cdot 10^{11}$ Tonnen) den im Pflanzen- und Tierreich enthaltenen ($2.7 \cdot 10^{11}$ Tonnen) um mehr als 100%. In noch stärkerem Maße gilt dies vom *Meerwasser*, das etwa 0.005% Kohlendioxid enthält, entsprechend einer Gesamtmenge von $3 \cdot 10^{13}$ Tonnen Kohlenstoff, das heißt dem Hundertfachen des im Tier- und Pflanzenreich gespeicherten Kohlenstoff-Vorrates.

Unsere Betrachtung über die Bedeutung der Kohlenstoff-Verbindungen wollen wir mit zwei eindrucksvollen Vergleichen abschließen. Zum einen macht die gesamte, in der Biosphäre, Atmosphäre und *Hydrosphäre* (griech. hydor = Wasser) vorhandene Menge an Kohlenstoff weniger als ein Tausendstel des Kohlenstoff-Gehaltes der Lithosphäre (Mineralreich) aus; zum anderen verhält sich der anorganisch gebundene Kohlenstoff (Lithosphäre plus Atmosphäre plus Hydrosphäre) mengenmäßig zum organisch gebundenen (Biosphäre) wie hunderttausend zu eins.

Modifikationen des Kohlenstoffs

Die Erscheinung, daß ein Stoff in verschiedenen festen Zustandsformen, sogenannten *Modifikationen*, die sich in ihren Eigenschaften unterscheiden, existiert, beobachtete erstmals 1822 Eilhard Mitscherlich*. Man findet dieses Phänomen sowohl bei Elementen (*Allotropie*) als auch bei Verbindungen (*Polymorphie*). Jeder kennt beispielsweise neben dem «normalen» Sauerstoff (O_2) auch die allotrope Variante *Ozon* (O_3). Vom Quecksilbersulfid gibt es die polymorphen Modifikationen *schwarzer Metazinnabarit* und *roter Zinnober*, und vom Titandioxid findet man in der Natur gleich drei polymorphe Minerale, nämlich *Rutil*, *Brookit* und *Anatas*.

Ähnlich, wenngleich weniger spektakulär als beim Kohlenstoff, galt auch für den elementaren Schwefel jahrzehntelang das Dogma, daß die feste Substanz nur in zwei enantiotropen (wechselseitig umwandelbaren) Modifikationen vorkomme: dem rhombischen α-Schwefel und dem monoklinen ß-Schwefel. Die sorgfältige Analyse von Produkten, die sich aus flüssigem Schwefel isolieren ließen, zeigte dann aber, daß es weitere, instabile Verbindungen geben muß. Für deren Kennzeichnung bemühte man schließlich das halbe griechische Alphabet. Klarheit brachten erst die Untersuchungen von Max Schmidt[11] in den 60er Jahren durch die gezielte Synthese von Schwefel-Molekülen der Größe S_6 bis S_{20}. Der Trick war eigentlich ein dem Chemiker sehr geläufiger: Die Synthese muß unter Bedingungen stattfinden, in denen thermodynamisch instabile Moleküle über hinreichende kinetische** Stabilität verfügen.

Nirgends aber ist die Eigenschaft von Elementen, in verschiedenen allotropen Modifikationen aufzutreten, auffälliger als beim Kohlenstoff:

---

* Eilhard Mitscherlich (1794 bis 1863), deutscher Chemiker.

** Unter Reaktionskinetik versteht man die Lehre vom zeitlichen Ablauf chemischer Reaktionen. *Kinetische Stabilität* bedeutet hohe Aktivierungsenergie und damit niedrigere Reaktionsgeschwindigkeit.

Diamant ist ein extrem harter und zumeist durchsichtiger Kristall mit verschwindend geringer elektrischer Leitfähigkeit und Wärmeausdehnung. Graphit ist eine sehr weiche, matt- bis stahlgraue, schuppige und leicht spaltbare Substanz, die den elektrischen Strom außerordentlich gut leitet. Unterschiedlicher können zwei Modifikationen kaum sein.* Hinzu kommt neuerdings der Fulleren-Clan mit seinen merkwürdigen Eigenschaften.

Die Klärung der kristallographisch bedeutsamen Frage der Allotropie beziehungsweise Polymorphie blieb der Röntgenstrukturanalyse vorbehalten, deren Grundlagen Max von Laue** und seine Mitarbeiter im Jahre 1912 schufen. Der historische *Laue-Versuch* begründete damals die *Röntgenbeugungsmethode*, die bis zum heutigen Tage das mächtigste Instrument zur Aufklärung einer Kristallstruktur ist. Es zeigte sich, daß es sich bei den verschiedenen Modifikationen ein und derselben chemischen Substanz um Kristalle mit verschiedener Struktur handelt. So ist die bei Raumtemperatur und normalem Druck stabile Form des Kohlenstoffs der Graphit, bei sehr hohen Temperaturen und sehr hohem Druck ist hingegen der Diamant die stabile Modifikation; wir werden das später noch veranschaulichen.

Wie die Röntgenstrukturanalyse zeigt, sind die unterschiedlichen physikalischen und chemischen Eigenschaften der beiden Riesenmoleküle Graphit und Diamant in einer stark abweichenden Anordnung der Atome im Kristall begründet. Sie unterscheiden sich in ihrer Atomanordnung und -verknüpfung. Genauer gesagt, sie unterscheiden sich primär durch die Art der Hybridorbitale der Valenz-Elektronen. Was ist damit gemeint? Wir haben uns nun in die Welt der *chemischen Bindung* begeben. Es scheint deshalb sinnvoll, kurz zu rekapitulieren, was Hybridorbitale sind, bevor wir uns die Kristallstrukturen von Graphit und Diamant aus der Nähe ansehen.

Erinnern wir uns. Kohlenstoff steht im Periodensystem der Elemente an oberster Stelle der vierten Hauptgruppe, gefolgt von Silicium, Germa-

---

* Der energetische Unterschied zwischen Graphit und Diamant ist dagegen mit etwa 2 kJ/mol sehr gering.

** Max von Laue (1879 bis 1960), deutscher Physiker; Laue wies gemeinsam mit W. Friedrich und P. Knipping Interferenzerscheinungen an Röntgenstrahlen nach (*Laue-Diagramm*). Das führte zur Bestätigung der Wellennatur dieser Strahlung und gleichzeitig der Raumgitterstruktur der Kristalle. Nobelpreis 1914.

nium, Zinn und Blei. Die Elektronenkonfiguration der vier Außen- oder Valenz-Elektronen im *Grundzustand* lautet deshalb ns^2, np^2 (mit n = 2, Hauptquantenzahl). Während das kugelsymmetrische 2s-Orbital also mit zwei Elektronen voll besetzt ist, sind von den drei 2p-Orbitalen zwei mit je einem Elektron einfach gefüllt ($2p_x^1$, $2p_y^1$, $2p_z^0$). Damit wäre das C-Atom allerdings nur in der Lage, zwei kovalente Bindungen (zwei nur mit einem Elektron besetzte p-Orbitale) einzugehen.

Wie man aber seit Kekulé weiß, tritt Kohlenstoff in seinen Verbindungen vierwertig auf. Offenbar tritt eine stärkere Energieabsenkung dann ein, wenn bei der Verbindungsbildung der Überlapp von vier Orbitalen ermöglicht wird. Diesem Tatbestand hat Linus Pauling* durch Einführung des Konzepts der *Hybridisierung* (1933) Rechnung getragen. Dieses stellt man sich vereinfacht nun so vor, daß aus dem doppelt besetzten 2s-Orbital ein Elektron in das leere, energetisch höhere $2p_z$-Niveau promoviert (befördert) wird. Die hierzu notwendige Energie wird durch den Energiegewinn, der bei der Molekülbildung realisiert wird, überkompensiert. Das C-Atom befindet sich nun mit vier ungepaarten Elektronen ($2s^1$, $2p_x^1$, $2p_y^1$, $2p_z^1$) in einem *angeregten Zustand.*

Durch mathematisches Mischen (Hybridisieren) des einen 2s-Zustandes mit den drei einfach besetzten 2p-Orbitalen eines Kohlenstoff-Atoms (Abbildung 4) erhält man vier neue, völlig gleichwertige, sogenannte *sp^3-Hybridorbitale*, die sich vom C-Atom ausgehend in einem Winkel von 109.3° in die Ecken eines Tetraeders erstrecken. In Abbildung 5 ist der durch sie ermöglichte Überlapp am Beispiel des Methan-Moleküls (CH_4) veranschaulicht: In der Mitte sitzt das Kohlenstoff-Atom, an den Ecken sitzen die vier Bindungspartner. Zieht man zwischen dem Zentrum und den Ecken gerade Linien, so veranschaulichen diese die Richtungen der chemischen Bindungen. Sie kommen dadurch zustande, daß jedes der vier sp^3-Hybridorbitale des zentralen C-Atoms mit je einem s-Orbital eines Wasserstoff-Atoms überlappt. Die in Abbildung 5 dargestellte Situation gilt in ähnlicher Form für alle *gesättigten* Kohlenstoff-Verbindungen, also auch für Diamant. Grundsätzlich sind die C-Atome tetraedrisch oder zumindest annähernd tetraedrisch von vier anderen Atomen umgeben; es

* Linus Pauling (geb. 1901), amerikanischer Chemiker und Molekularbiologe; Nobelpreise 1954 (Chemie) und 1962 (Frieden).

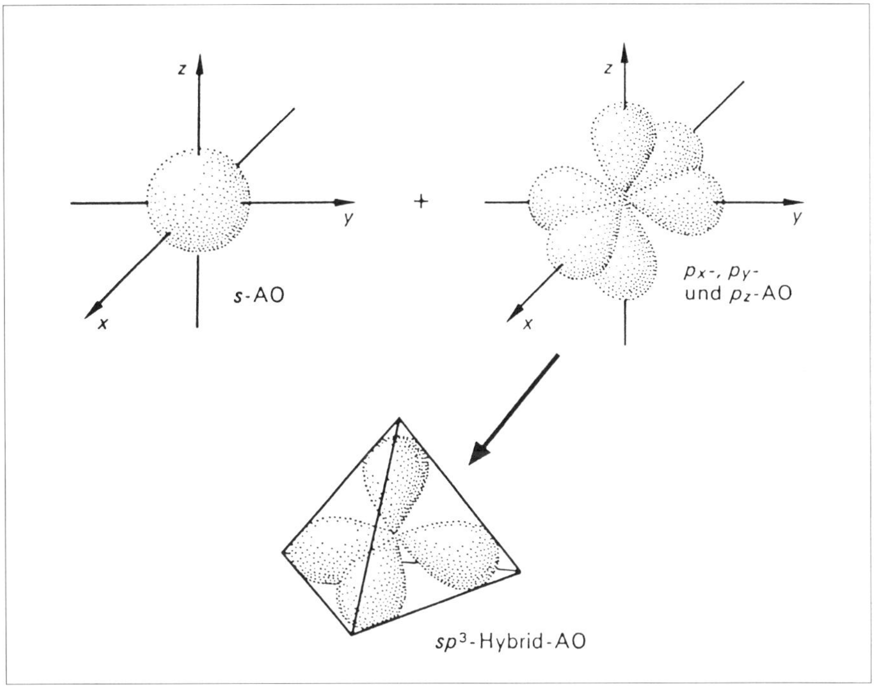

Abb. 4
Bildung der tetraedrisch gerichteten sp^3-Hybrid-Atomorbitale (AO).

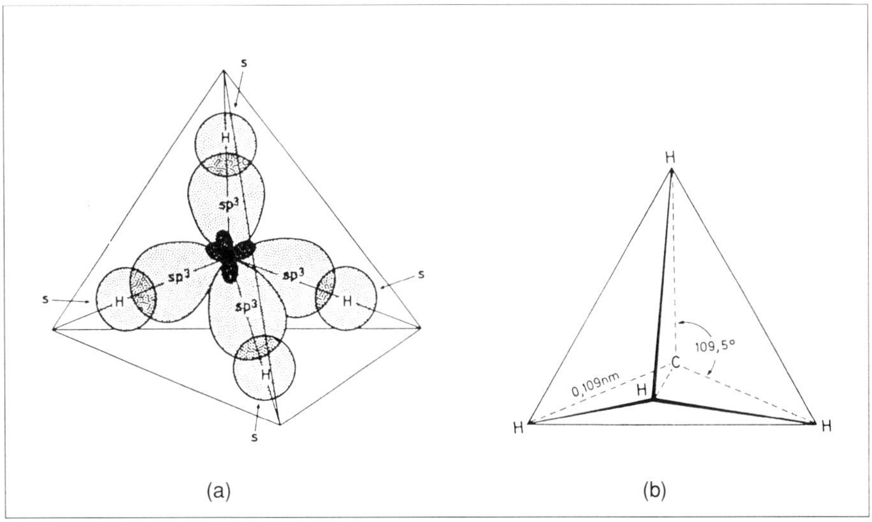

Abb. 5
Aufbau (a) und Geometrie (b) des Methan-Moleküls CH_4.

liegen ausschließlich starke σ-C-C-Einfachbindungen vor. Dies führt zur Ausbildung einer extrem stabilen Kristallstruktur.

Ethen oder – weniger korrekt – Ethylen (Abbildung 6) ist das einfachste Beispiel für ein Molekül mit einer C=C-Doppelbindung. Die Endung *-en* bedeutet das Vorhandensein einer olefinischen Doppelbindung. Es erfolgt nur mit zwei der drei 2p-Elektronen und dem 2s-Elektron eines C-Atoms eine Mischung zu drei äquivalenten *sp^2-Hybridorbitalen.* Durch Überlagerung zweier solcher Orbitale erhält man eine σ-C-C-Bindung; die C-H-Bindungen werden durch Kombination der übrigen sp^2-Hybridorbitale mit dem 1s-Orbital je eines H-Atoms dargestellt. Das bei jedem C-Atom verbleibende, «vierte» p_z-Elektron ist nun befähigt, eine neue Bindung, die sogenannte *π-Bindung*, einzugehen. Die sp^2-Hybridisierung führt deshalb zu einer trigonal-planaren Anordnung der Atome, das heißt, alle Atome liegen in einer Ebene (Winkel 120°). Oberhalb und unterhalb dieser Molekülebene bilden die freien p_z-Orbitale eine π-Elektronenwolke, die sich gleichförmig über das gesamte Molekül verteilt. Da die sp^2-Hybridorbitale besser als die p_z-Orbitale am Kohlenstoff überlappen, ist die σ-Bindung stabiler als die π-Bindung. Ähnliche Verhältnisse herrschen in Graphit sowie bei C=N- und C=O-Doppelbindungen.

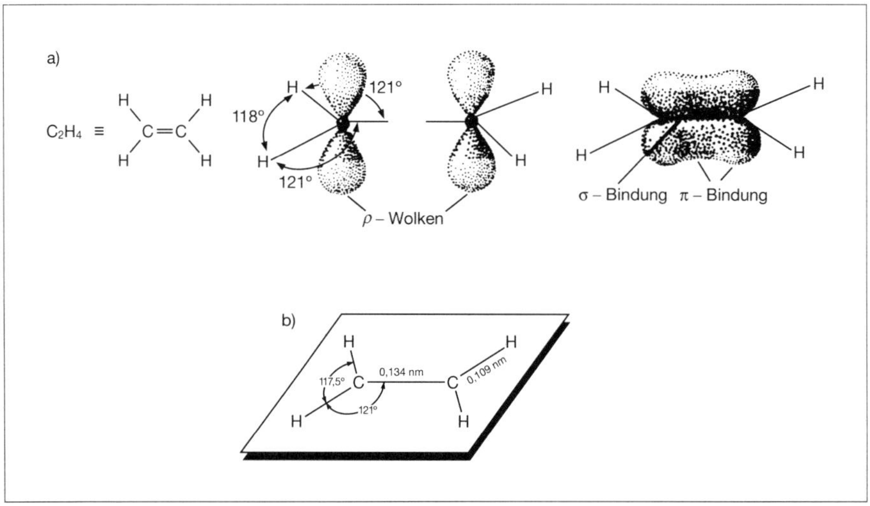

Abb. 6
Bildung einer π-Bindung (a) durch Überlagerung zweier p-Orbitale im Ethylen und (b) resultierende Molekülgeometrie.

Im Ethin oder – wie man früher sagte – Acetylen (Abbildung 7) hybridisieren schließlich nur ein 2p-Elektron und das 2s-Elektron eines C-Atoms. Die *sp-Hybridisierung* führt zu einem linearen Molekül (Winkel 180°). Die freien p_x- und p_z-Elektronen bilden zwei π-Bindungen, die zur acetylenischen C≡C-Dreifachbindung (Endung *-in*) führen.

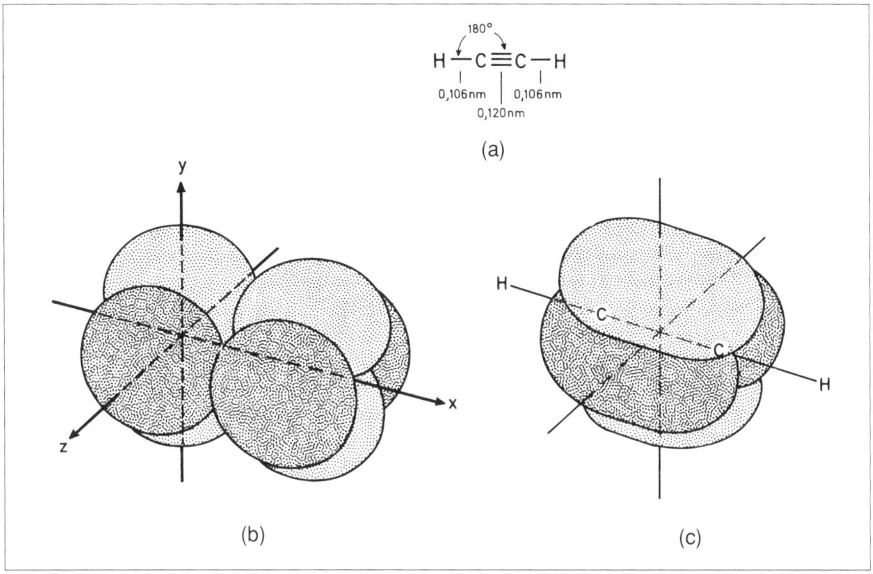

Abb. 7
Ethin-Molekül (Acetylen).
a) Geometrie; b) Überlappung der p-Orbitale; c) π-Molekülorbitale.

Ethen und Ethin sind Beispiele für *ungesättigte* Kohlenwasserstoff-Verbindungen. Sie unterscheiden sich von den *gesättigten* (Endung *-an*, wie Methan, Ethan, Propan usw.) dadurch, daß ihre C-Atome weniger als vier σ-Bindungen ausbilden.

In Abbildung 8 sind die soeben geschilderten Verhältnisse zusammengefaßt. Man sieht, daß in der Reihe C-C, C=C, C≡C, also mit zunehmendem Mehrfachbindungscharakter, die Bindungslänge abnimmt, das heißt, daß die Atome einander näher kommen. Parallel dazu steigt die Bindungsenergie, so daß zum Trennen der Atome zunehmend mehr Energie aufgewendet werden muß.

Soweit unsere qualitative Beschreibung dessen, was man unter Hybridorbitalen versteht. Die Einsicht in diese Zusammenhänge ist nicht sehr alt. Erst vor etwa 65 Jahren wurden die Grundlagen der *Orbitaltheorie* geschaffen. Von großem Einfluß waren die Beiträge von Linus Pauling, der sich seit den späten 20er Jahren bemühte, die Arbeiten von Walter Heitler[*] und Fritz London[**] (1927) zur physikalischen Erklärung chemischer Strukturen auf eine quantenmechanische Grundlage zu stellen.

Bindung	Bindende Orbitale	Bindungstyp	Winkel zwischen den Bindungen mit Modell		Bindungslänge [nm]	Bindungsenergie [kJ/mol]
$-\overset{|}{\underset{|}{C}}-\overset{|}{\underset{|}{C}}-$	sp^3	σ	109.5°		0.154	331
$>C=C<$	sp^2, p_z	$\sigma + \pi_z$	120°		0.134	620
$-C \equiv C-$	sp, p_x, p_z	$\sigma + \pi_x + \pi_z$	180°		0.120	812

Abb. 8
Eigenschaften von Einfach- und Mehrfachbindungen zwischen zwei Kohlenstoff-Atomen. Zum Vergleich: C–H beträgt 0.109 nm mit 415 kJ/mol.

Im Gegensatz zur älteren Quantentheorie von Niels Bohr[***] (1913), in der die Bahn eines Elektrons um den Kern verhältnismäßig einfach mit der eines Planeten um die Sonne verglichen wurde, bietet die 1925 von Werner Heisenberg und Erwin Schrödinger[****] in verschiedenen Formen entwickelte *Quantenmechanik* in etwas besserer Anpassung an die wirklichen Verhältnisse eine Möglichkeit, den wahrscheinlichen Aufenthaltsort eines Elektrons auf energetischer Grundlage zu berechnen. Sie beschreibt das Verhalten eines Elektrons *statistisch* als Ausdruck einer sogenannten Wellenfunktion, die den Bereich (engl. Orbital von lat. orbis = Umkreis) definiert, in dem sich das Elektron nach den Gesetzen der Wahrscheinlichkeit am häufigsten befindet. Das Elektron «besetzt» somit ein Orbital und bewegt sich nicht auf einer definierten Bahn.

* Walter H. Heitler (1904 bis 1981), deutscher Physiker.
** Fritz W. London (1900 bis 1954), deutscher Physiker.
*** Niels H. Bohr (1885 bis 1962), dänischer Atomphysiker.
**** Werner K. Heisenberg (1901 bis 1976), deutscher Physiker; Erwin Schrödinger (1887 bis 1961), österreichischer Physiker.

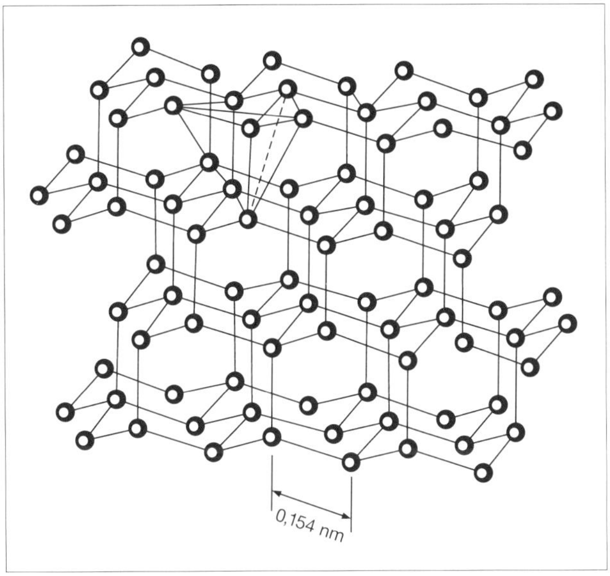

Abb. 9
Im Diamant-Gitter hat jedes Kohlenstoff-Atom eine tetraedrische Umgebung.

Nach all diesen Vorbereitungen wenden wir uns jetzt den Kristallstrukturen der verschiedenen allotropen Formen von Kohlenstoff zu. Es läßt sich jetzt nicht mehr verschweigen, daß es neben Diamant, Graphit und Fulleren noch weitere Modifikationen gibt, zum Beispiel die vor kurzem entdeckten Cyclo[n]-Kohlenstoffe. Genaugenommen ist Fulleren auch nicht das «dritte» Allotrop.

Diamant

Vom Diamant wissen wir bereits, daß jedes Kohlenstoff-Atom infolge sp^3-Hybridisierung tetraedrisch von vier anderen umgeben ist (Abbildung 9), die Koordinationszahl, die Zahl der nächsten Nachbarn, beträgt also vier. Die Abstände der C-Atome zueinander, von Zentrum zu Zentrum gemessen, betragen einheitlich 0.154 nm – ein typischer Wert für eine Verbindung mit kovalenten σ-C-C-Einfachbindungen. Die daraus resultierende, extrem feste Raumnetzstruktur ist die Ursache für die große Härte des Diamanten (auf der Knoopschen Skala 9000, gehärteter Stahl dagegen lediglich 600). Im Rahmen der Orbitaltheorie können wir jetzt auch verstehen, weshalb reine Diamant-Kristalle farblos und elektrisch nichtleitend sind: Das beruht einfach auf der Lokalisierung sämtlicher Bindungselektronen in sp^3-Hybridorbitalen, die sich immer nur paarweise überlappen, so daß keine ausgedehnten Molekülorbitale* entstehen können, wie man sie im quasi-metallischen Graphit vorfindet.

Man kann die in Abbildung 9 skizzierte Diamant-Struktur aber auch als Stapel gewellter, unendlich vieler Sechsecke betrachten. Diese abgeknickten Sechsringe aus Kohlenstoff sind sozusagen das tägliche Brot der Organiker. Erfolgt die Stapelung der Schichten in der Dreierfolge ABC; ABC;..., so erhält man eine Struktur, bei der jede vierte Schicht in ihrer Lage der ersten entspricht. Der Diamant kommt fast ausschließlich in dieser *kubischen Form* vor. Daneben kennt man noch eine *hexagonale Struktur* mit der Schichten-Folge AB; AB;... Diese instabile Form («Lonsdaleit») tritt in manchen chondritischen Meteoriten auf.

Es existieren also zwei Kristallstrukturen, die sich nur durch eine unterschiedliche Stapelfolge oder Packung der Schichten unterscheiden. Diesen Spezialfall der Allotropie nennt man *Polytypie*. Diese Anschauung darf aber nicht darüber hinwegtäuschen, daß in Wirklichkeit die Diamant-Struktur im Unterschied zum Graphit naturgemäß kein Schichtengitter ist, sondern ein durch starke σ-Bindungen zusammengehaltenes Netzwerk, in dem alle Kohlenstoff-Abstände gleich groß sind.

Graphit

Die Graphit-Struktur haben um 1920 Peter Debye** und Paul Scherrer*** ermittelt. Das Gitter beziehungsweise der Kristall besteht aus übereinandergestapelten, sehr stabilen Schichten, in denen die Kohlenstoff-Atome wie Bienenwaben zu allseitig verknüpften Sechsecken verbunden sind (Abbildung 10). Jedes Atom ist sp^2-hybridisiert; unter Verwendung von drei seiner vier Valenz-Elektronen bildet jedes Atom mit den drei Nachbarn je eine σ-Bindung (Koordinationszahl 3). Das vierte Elektron jedes

* *Molekülorbitale* geben die Aufenthaltswahrscheinlichkeit der Elektronen in einem Atomverband an. Ihr Energieinhalt ist ein Maß für die (theoretische) Stabilität des betreffenden Moleküls.

** Peter Joseph Debye (1884 bis 1966), gebürtiger Niederländer; Debye war einer der vielseitigsten Physiker des 20. Jahrhunderts, der auf theoretischem wie experimentellem Gebiet gleichermaßen Bedeutendes leistete. Zahlreiche physikalische Begriffe und Theorien tragen seinen Namen. Nobelpreis 1936.

*** Paul Hermann Scherrer (1890 bis 1969), Schweizer Physiker; 1916 entwickelte Scherrer mit Debye die nach ihnen benannte Methode zur Strukturuntersuchung durch Röntgenstrahlinterferenz, bei der erstmalig Kristallpulver zur Gitterbestimmung verwendet wurde.

Abb. 10
Im Graphit-Gitter sind die Kohlenstoff-Atome in bienenwabenartigen Schichten angeordnet.

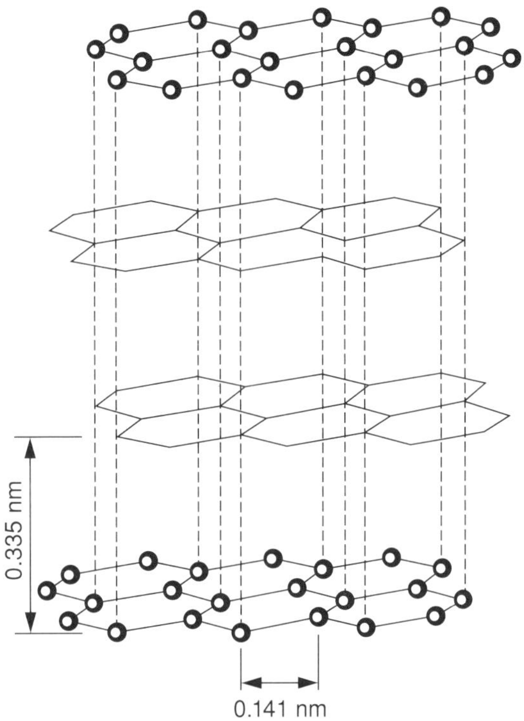

Atoms befindet sich in einem reinen p_z-Orbital, dessen Achse senkrecht zur Schichtebene steht und das daher π-Symmetrie besitzt.

Jetzt stoßen wir auf eine weitere Besonderheit der Kohlenstoff-Chemie: die *Delokalisierung von π-Elektronen* in Systemen wie Graphit oder Benzol* (C_6H_6). In diesen und ähnlichen planaren Ringen oder Ringsystemen überlappen die senkrecht auf der Molekülebene stehenden p_z-Orbi-

* Das Benzol wurde 1825 von Michael Faraday (1791 bis 1867) im Leuchtgas entdeckt und von ihm als *Benzin* bezeichnet. Um Verwechslungen mit anderen Substanzen, deren Namen die Endung -in trugen, auszuschließen, wurde am ersten internationalen Chemiker-Kongreß in Genf (1892) vorgeschlagen, Faradays Benzin *Benzol* zu nennen. Nach der IUPAC-Nomenklatur dient die Endung -ol jedoch zur Bezeichnung einer Hydroxid-Gruppe (-OH), die im *Benzol* nicht vorhanden ist. Konsequenterweise wird deshalb im Englischen und Französischen die Substanz *benzene* beziehungsweise *benzène* genannt. Nur im Deutschen wurde der Trivialname *Benzol* beibehalten. Dem internationalen Gebrauch entsprechend wäre jedoch der Name *Benzen* sinnvoller.

tale miteinander, wodurch ausgedehnte π-Molekülorbitale (π-MO's) entstehen, die sich über die gesamte Ebene erstrecken.

Sind wie in Benzol sechs oder allgemein 4n + 2 (mit n = 1, 2, ...) π-Elektronen vorhanden, so liegt ein *aromatisches System* vor (Regel von Hückel*, 1931), das sich durch eine besonders hohe Stabilität (Bindungsenergie) auszeichnet. Die π-Elektronen sind darin vollständig delokalisiert («verschmiert»), was nur durch mehrere sogenannte *Grenzstrukturen* zum Ausdruck gebracht werden kann. So müssen im Fall des Benzols zur genaueren Beschreibung neben den beiden in Abbildung 11 gezeigten Kekulé-Strukturen I und II auch die 1866 von James Dewar** entwickelten Diagonalformeln III, IV und V als Grenzstrukturen herangezogen werden. Darin besteht zwischen einander gegenüberliegenden Kohlenstoff-Atomen, wo die beiden C-Atome je ein Elektron besitzen, eine *Formalbindung*. Diese Elektronen können sich aber wegen der großen Distanz zwischen den Atomen nicht zu einer eigentlichen Bindung überlagern. Die tatsächliche π-Elektronenverteilung gleicht den Dewar-Formeln daher nur in geringem Maß; man sagt auch, daß die Dewar-Strukturen «nur wenig zum Resonanzhybrid beitragen».

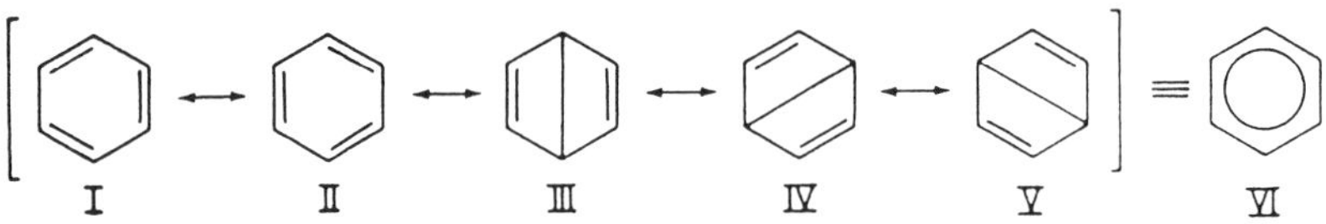

Abb. 11
Kekulé- und Dewar-Strukturen des Benzols.

Die Beschreibung einer wirklichen Struktur durch Kombination nicht existierender Grenzstrukturen nennt der Chemiker *Mesomerie* oder *Resonanz*. Der «wahre» Zustand liegt zwischen allen denkbaren Grenzstrukturen und wird von diesen gewissermaßen «umschrieben» (Abbil-

* Erich Hückel (1896 bis 1980), deutscher Physiker.

** Sir James Dewar (1842 bis 1923), schottischer Chemiker und Physiker; mit Alexander C. Brown entwickelte Dewar verschiedene mögliche Schreibweisen der Benzol-Formel, darunter 1866 die als *Dewar-Strukturen* bekannten Diagonalformeln.

dung 11 VI). Die mathematische Analyse ergibt, daß dem mesomeren Zwischenzustand eine geringere Energie und damit größere Stabilität zukommt als jeder der Grenzstrukturen. Diese rein abstrakte Energiedifferenz heißt Delokalisierungsenergie; für Benzol beträgt sie ungefähr 165 Kilojoule pro Mol (kJ/mol*).

Die Formel für Graphit in Abbildung 12 gibt eine der drei möglichen Resonanzstrukturen wieder. Grundsätzlich haben die zwei Doppelbindungen jedes Rings drei Möglichkeiten. Infolge Mesomerie oder Resonanz mit den beiden anderen Strukturen, die unterschiedliche, aber äquivalente Anordnungen der Doppelbindungen aufweisen, sind in Graphit sowie in sämtlichen aromatischen Verbindungen alle C-C-Abstände innerhalb der Ringe gleich groß. Die starke Delokalisierung der π-Elektronen führt in Graphit zu dem überraschend kleinen C-C-Kernabstand von 0.141 nm (Benzol 0.139 nm). Dieser Wert liegt zwischen den Daten für eine einfache Bindung (Diamant 0.154 nm) und einer Doppelbindung (Ethylen 0.134 nm).

Infolge der weitgehenden Delokalisierung erhalten die π-Elektronen zwischen den Schichten des Graphits (vgl. Abbildung 10) eine leicht anregbare Beweglichkeit. Dies erkennt man an der quasi-metallischen elektrischen Leitfähigkeit des Graphits (Leiter 1. Klasse) längs der Schichten (10^4 S/cm)** und seiner bisweilen tiefschwarzen Farbe (Absorption praktisch aller Wellenlängen des sichtbaren Lichts). Senkrecht zu den Schichten ist die Leitfähigkeit etwa 10^5mal geringer.

Zwischen den Graphit-Schichten sind nur schwache *Van-der-Waals*-Kräfte*** wirksam, was sich in dem relativ großen Abstand der Ebenen

---

* Im Jahre 1971 wurde das Mol als Basiseinheit der Größe *Stoffmenge* in das SI-System aufgenommen. Die Definition lautet: das Mol ist die Stoffmenge eines Systems, das aus ebensoviel Einzelteilchen besteht, wie Atome in 0.012 Kilogramm des Kohlenstoff-Nuklids ^{12}C enthalten sind (Einheitszeichen: mol). Bei Benutzung des Mol müssen die Einzelteilchen spezifiziert sein. Es können Atome, Moleküle, Ionen, Elektronen sowie andere Teilchen oder Gruppen solcher Teilchen genau angegebener Zusammensetzung sein. In jedem Mol befindet sich die gleiche Anzahl von Teilchen. Diese unvorstellbar große Zahl (ungefähr $6 \cdot 10^{23}$) ist unter dem Namen *Avogadro-Konstante* bekannt (früher auch *Loschmidtsche Zahl*).

** Die Leitfähigkeit trägt als Einheit den Namen «Siemens» (S), benannt nach Werner von Siemens (1816 bis 1892), dem Gründer der Siemens-Werke. Angegeben wird stets die elektrische Leitfähigkeit in Siemens pro Zentimeter (S/cm), die ein Körper mit 1 cm Länge und 1 cm^2 Querschnittsfläche besitzt.

*** Benannt nach Johannes Diderik van der Waals (1837 bis 1923), niederländischer Physiker.

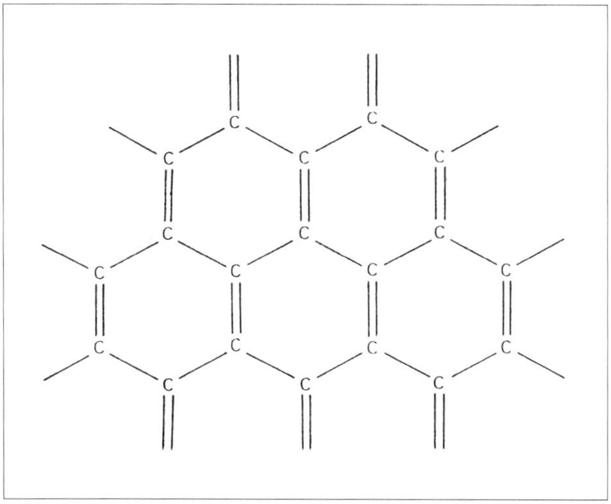

Abb. 12
Bindungsverhältnisse in den einzelnen Schichten des Graphit-Gitters (Grenzstruktur).

(0.335 nm) bemerkbar macht. Die Schichten sind deshalb leicht gegeneinander verschiebbar, worauf die leichte Spaltbarkeit des Graphits beruht. Im Gegensatz dazu lassen sich die Bindungen im Diamant in unterschiedliche Richtungen spalten, so daß sich zum Beispiel viele verschiedene Facetten in Schmucksteine schleifen lassen.

Aufgrund seiner Schichtstruktur ist der Graphit ausgesprochen *anisotrop*, das heißt, Eigenschaften wie Lichtbrechung, elektrische Leitfähigkeit, Spaltbarkeit sind in den verschiedenen Richtungen des Raumes ungleich ausgeprägt. Die Anisotropie des Graphits zeigt sich auch in der Wärmeleitfähigkeit: Parallel zu den Schichten entspricht sie der Wärmeleitfähigkeit des Kupfers, senkrecht dazu sinkt sie auf etwa 2%. Dazu folgendes Experiment: Überzieht man eine (Gips-) Kristallfläche mit einer dünnen Wachsschicht, und setzt man eine glühende Metallspitze auf die Fläche, so breitet sich der Aufschmelzwulst nicht kreis-, sondern ellipsenförmig aus, das heißt, die Wärmeleitfähigkeit ist in verschiedenen Richtungen unterschiedlich groß. Diese Anisotropie – verschiedene Beträge einer physikalischen Eigenschaft in verschiedenen Richtungen – zeigen alle Kristalle.

Die Ursache der Anisotropie ist die Kristallsymmetrie, da sich im Gitter in den verschiedenen Raumrichtungen nicht die gleichen Folgen und Abstände der Gitterbausteine (C-Atome) ergeben. Hätte sich, wie zum Beispiel auf einer Glasplatte, ein Kreiswulst ausgebildet, so wäre die Wärmeleitung in allen Richtungen gleich groß gewesen, also isotrop.

Wie beim Diamant existieren zwei polytype Graphit-Strukturen, die sich nur durch eine unterschiedliche Stapelfolge der Schichten unterscheiden. Die Stapelung der Schichten kann wiederum in einer Zweier- und in einer Dreierperiode erfolgen. Die erste Art der Stapelung (Abbildung 13a), die wir mit AB; AB;... charakterisiert haben, ist auch hier die stabilere und liegt in der, mit 70% überwiegend vorkommenden, α- *oder hexagonalen Form* des Graphits vor. Die *ß- oder rhomboedrische Modifikation* (Abbildung 13b), die zu etwa 30% in natürlich vorkommendem Graphit vorhanden ist, weist die Schichtfolge ABC; ABC;... auf, das heißt, jede vierte Schicht liegt wieder genau über der ersten. α- und ß-Graphit lassen sich durch Zermahlen oder Erhitzen ineinander überführen.

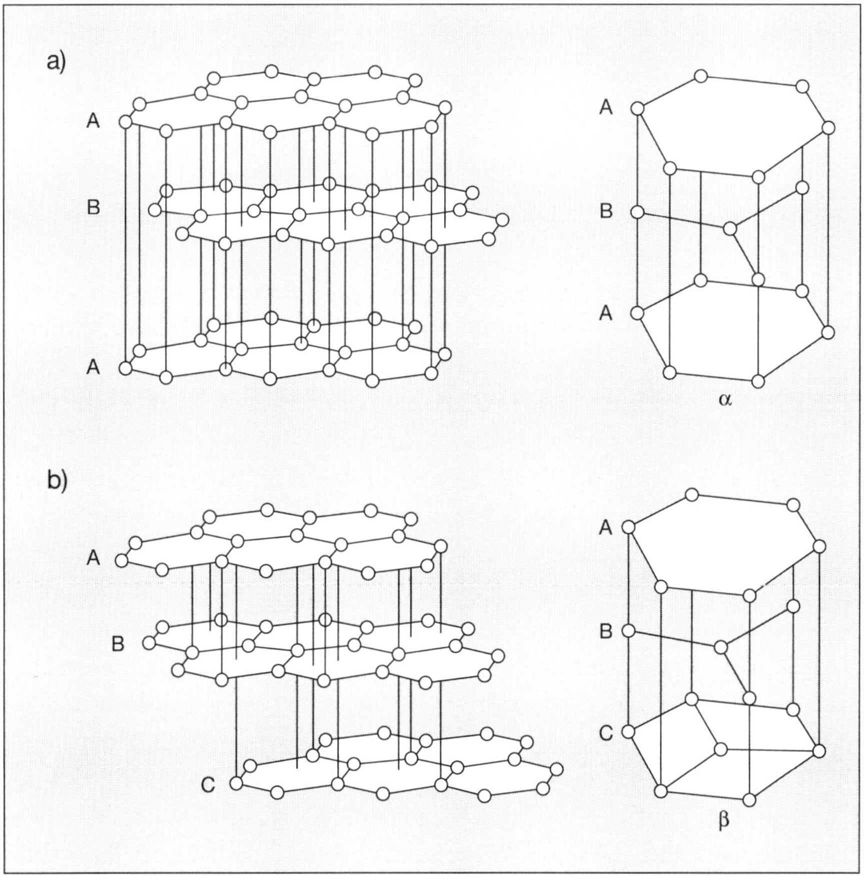

Abb. 13
Strukturen von α- und β-Graphit (hexagonal bzw. rhomboedrisch).

Fulleren

Nach einem Vorschlag von Krätschmer et al.[12] bezeichnet man als *Fullerit* einen Festkörper, der aus einem bestimmten *Fulleren*, beispielsweise C_{60}, oder einem Gemisch verschiedener Fullerene wie etwa C_{60} und C_{70} aufgebaut ist. Die gesamte Familie der nur aus C-Atomen bestehenden Cluster, mit in sich geschlossener, polyedrischer Käfigstruktur, verkörpert eine eigenständige Modifikation des Kohlenstoffs, für die sich allmählich ebenfalls die Bezeichnung *Fulleren* einbürgert. Das Ensemble kann aus kleinen «Bällen» und riesigen «Ballonen», «Zwiebeln» oder «Röhrchen» bestehen. Die Bindungsverhältnisse in Fulleren wollen wir uns nun exemplarisch am C_{60}-Molekül ansehen.

C_{60}-Fulleren besteht aus 12 fünf- und 20 sechseckigen Kohlenstoff-Ringen, die zusammen die Struktur eines Fußballs ergeben: Keine zwei (schwarze) Fünfecke sind miteinander und alle (weißen) Sechsecke alternierend mit Fünf- und Sechsecken verbunden. Diese Polyederstruktur nennt der Mathematiker *gekappter Ikosaeder* und war schon Archimedes (um 250 v. Chr.) bekannt. Das Molekülgerüst von C_{60} besitzt einen Durchmesser von 0.71 nm, und die dazugehörige π-Elektronenwolke umgibt es mit einem «Mantel» von 0.31 nm; der Van-der-Waals-Durchmesser beträgt demnach rund 1 nm (10 Å). C_{60} ist also keineswegs – wie oft behauptet – ein Riesenmolekül. In seinem Durchmesser ist es eher mit kleinen Molekülen der Organischen Chemie zu vergleichen.

Topologisch läßt sich Fulleren-60 als eine Variante des Graphits betrachten, denn auch hier ist jedes C-Atom mit drei weiteren verbunden (Abbildung 14). Die vier Valenz-Elektronen des Kohlenstoffs sind in erster Näherung ähnlich wie in Graphit oder allgemein in Molekülen mit *konjugierten* Doppelbindungen (...–C=C–C=C–...) sp^2-hybridisiert (daher die Endung *-en*). Es existieren also drei starke σ-Bindungen in der Kohlenstoff-Schale sowie eine schwächere π-Bindung, deren keulenförmige Orbitale senkrecht auf der Kugeloberfläche stehen. Auf diese Weise sind die Valenzen aller C-Atome abgesättigt, und die ungewöhnliche Stabilität des C_{60}-Clusters findet eine erste natürliche Erklärung. In jeder zweidimensionalen Anordnung der 60 Atome gäbe es demgegenüber wenigstens 20 freie Valenzen. Der Cluster wäre reaktiv und würde rasch zerstört. Die σ-Bindungen bilden also das starre Molekülgerüst des Fullerens, während die «weichen» π-Elektronen eine kleinere Bindungsenergie aufweisen und daher für die elektronischen Eigenschaften verantwortlich sind.

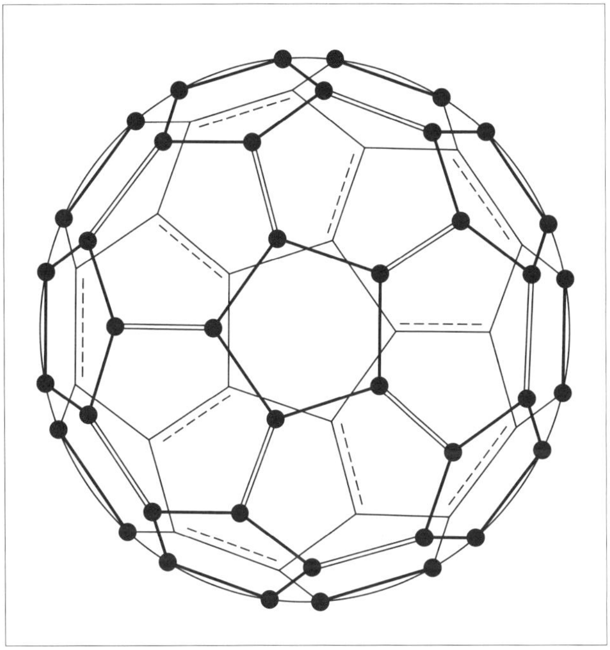

Abb. 14
Molekularstruktur von C_{60}.

Auch eine gewisse Ähnlichkeit mit der Elektronenwolke des Benzol-Moleküls ist unübersehbar: Außen und innen sind die π-Elektronen über die Kugelfläche delokalisiert. Es gibt daher Spekulationen, wonach C_{60} eine Art kugelförmiges *Superbenzol* darstellt, aus dem sich – ähnlich wie im Fall des «normalen» Benzols – ein ganzer Zweig einer runden Aromaten-Chemie entwickeln könnte. Ist diese vermutlich am häufigsten geäußerte Erwartung begründet? Die Antwort darauf kann unter anderem die Bindungstheorie geben und sie lautet eher «Nein».

Wir wissen, daß in Benzol die sechs π-Elektronen *im höchstmöglichen Maße* delokalisiert sind, und daß infolge der Mesomeriestabilisierung alle C–C-Abstände gleich groß sind. Benzol ist bekanntlich das Ideal eines *Aromaten* im Sinne von planar-cyclischen, ungesättigten Ringstrukturen, bei denen alle Ringatome an der Ausbildung eines mesomeren Systems beteiligt sind und die sich durch eine hohe Stabilisierungsenergie auszeichnen.

Im Gegensatz dazu gibt es im C_{60}-Molekül zwei Arten von Bindungen: solche, die zwei Sechsringe miteinander verbinden (6–6-Bindungen), und solche, die einen Fünfring mit einem Sechsring verbinden (5–6-Bindungen). Zudem sollten die σ-Orbitale deformiert sein, weil Fünfecke beziehungsweise Pentalen-Einheiten grundsätzlich unter innerer mechanischer Winkel- oder *Baeyer-Spannung* stehen. Aus diesem Grunde beträgt der C–C–C-Winkel in C_{60} nur 108° statt 120° wie in Benzol oder Graphit. Die drei Atome liegen deshalb nicht in einer Ebene, das dritte Atom liegt 0.028 nm oberhalb der gedachten Molekülebene.* [12a]

Tatsächlich zeigen Berechnungen der Elektronenladungsdichte, daß im C_{60}-Cluster (genau 12 500 Resonanzstrukturen sind möglich) die π-Elektronen nicht ganz gleichmäßig über die sechzig C-Atome delokalisiert sind. Aus diesen und zahlreichen anderen physikalischen Überlegungen (Hückel-Regel) dürfte sich – wenn überhaupt – ein nur sehr geringes aromatisches Verhalten der Fullerene ergeben.

Auch aus den bekannten chemischen Eigenschaften von C_{60} kann man schließen, daß sich Fullerene nicht wie die elektronenreichen planaren aromatischen Moleküle verhalten, sondern daß ihre C=C-Doppelbindungen ähnlich wie die elektronenarmen Polyolefine reagieren. So lassen sich beispielsweise außerordentlich leicht Komplexe mit elektronenreichen Platin- und Iridium-Fragmenten herstellen. Auch Sauerstoff reagiert bereitwillig mit den Doppelbindungen von C_{60} und belegt dessen ausgesprochen *elektrophilen* Charakter. Von einem Superbenzol kann keine Rede sein, vielmehr verhalten sich alle bisher untersuchten Fullerene wie kaum mesomeriestabilisierte Olefine.

Nach ^{13}C–NMR-Untersuchungen betragen die Bindungslängen zwischen zwei Sechsecken 0.139 nm[12b] und zeigen damit einen ebenso ausgeprägten Doppelbindungscharakter wie in Benzol (0.139 nm) und einen etwas stärkeren als in Graphit (0.141 nm). Die Bindungslängen innerhalb der Fünfecke beziehungsweise zwischen den Fünf- und Sechsringen messen 0.144 nm. Dieser Wert liegt genau zwischen einer Doppelbindung (Ethylen 0.134 nm) und einer Einfachbindung (Diamant 0.154 nm). Die 5–6-Bindungen innerhalb der Fünfecke sind also bedeutend länger als die

---

* Der Begriff Baeyer-Spannung ist nach dem deutschen Chemiker Adolf von Baeyer (1835 bis 1917) benannt; Nobelpreis 1905. Baeyers Hauptwerk war die 1860 begonnene Strukturaufklärung und Synthese des Indigos. Er ging von der Annahme aus, daß alle Ringe planar gebaut seien und machte die dann auftretende Winkelspannung für die mangelnde Stabilität der Ringsysteme verantwortlich. 1890 erkannte jedoch H. Sachse, daß die C-Atome des Cyclopentans, und ebenso höherer Ringe, nicht in einer Ebene liegen können. Die Spannungsenergie von C_{60}, die zu rund 34 kJ/mol pro Kohlenstoff-Atom abgeschätzt worden ist, beträgt ungefähr 80% der Bildungswärme. Eine treibende Kraft für chemische Reaktionen von C_{60} ist der Abbau von Spannungsenergie.

6–6-Bindungen und weisen deshalb eine geringere Elektronendichte auf. Vereinfacht betrachtet, besteht das Bindungsmuster in C_{60} aus alternierenden Einfach- und Doppelbindungen (Abbildung 15 a), wobei die Fünfecke vom Typ des Pentaradialens (b) sind und die Sechsecke benzolischer Natur (c).

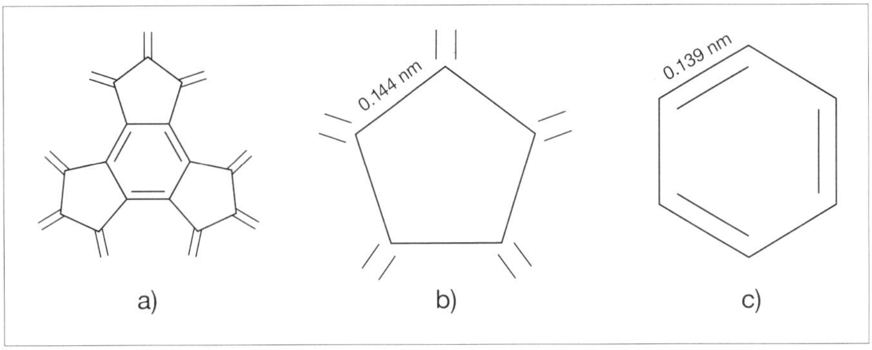

Abb. 15
Bindungsverhältnisse in Fulleren-60.

Was aber bewegt den Kohlenstoff, zu einem hohen Prozentsatz ausgerechnet derart komplizierte Käfige zu bilden. Die Leichtigkeit, mit der Buckminsterfulleren spontan und mit hoher Ausbeute in einem heißen Plasma entsteht, erscheint paradox in Anbetracht der hohen Symmetrie dieses Moleküls. Man mag sich also fragen, warum «heiße» Kohlenstoff-Atome überhaupt ein solch ästhetisches Molekül hervorbringen.

Fullerene entstehen, wenn man Kohlenstoff zwingt, kleine Teilchen zu bilden. Dazu muß man sich klarmachen, daß Graphit und Diamant räumlich nicht unbegrenzt sein können, die Strukturen hören irgendwo auf. Die C-Atome an den Rändern dieser Materialien befinden sich in einem stark gestörten Bindungszustand. Sie besitzen nicht genügend Nachbaratome, um alle Elektronen in Bindungen unterbringen zu können. Es bleiben daher Elektronen ungepaart (*freie Valenzen*), und diese verleihen den Atomen an der Oberfläche eine erhöhte Reaktionsfähigkeit – quasi wie ein herausgeschnittenes Stück Drahtgeflecht, das viele scharfe Enden hat. Diese Atome können nur durch weiteres Wachstum oder mit Fremdatomen (Sauerstoff, Wasserstoff) abgesättigt werden. Graphit und Diamant sind gewissermaßen zum Wachstum oder zur «Untreue» verdammt. Die Strukturen sind also entweder unendlich weit ausgedehnt oder strenggenommen kein reiner Kohlenstoff mehr, aber in jedem Fall Riesenmoleküle. Fullerene haben diese Sorgen nicht. Denn wenn sie sich schließen, ist ihr Wachstum beendet, und die Anordnung der C-Atome bleibt stabil.[13] Fulleren ist damit die einzige völlig reine Modifikation des Kohlenstoffs, die keine Fremdatome enthält.

Das Bilden eines kugelförmigen Graphit-Polyeders hat aber auch seinen Preis. Es ist nur dann möglich, wenn sich neben den Sechsecken auch energetisch aufwendigere fünfeckige Kohlenstoff-Ringe bilden. Nur in dieser 5/6-Ring-Kombination ist eine in sich geschlossene Struktur möglich. Daß dieses Konstruktionsprinzip absolut notwendig ist, bewies schon vor etwa 250 Jahren der berühmte Leonhard Euler*. Anhand seines *Polyedersatzes*

$$E + F - K = 2$$

(Eckenanzahl E, Flächenanzahl F, Anzahl der Kanten K)

läßt sich errechnen, daß zum Bau geschlossener Netzwerke Sechsecke allein nicht ausreichen, sondern genau 12 Fünfecke benötigt werden. Da Fullerene wie Polyeder aufgebaut sind, haben auch sie genau 12 Fünfecke. Die Anzahl der Sechsecke (N_6) kann hingegen in weiten Grenzen variieren. *Ein Fulleren ist also ein geschlossenes, hohles Netzwerk aus 12 Fünf- und N_6 Sechsringen, deren Molekularformeln der allgemeinen Zusammensetzung C_{20+2N6} ($N_6 \geq 0$) entsprechen.*

Nun wird es spannend: Fullerene bilden sich, weil der Energiegewinn durch die Absättigung der freien Valenzen den Energieaufwand übertrifft, der für die Ausbildung der 12 Kohlenstoff-Fünferringe nötig ist. Der geschlossene Fulleren-Käfig ist deshalb energieärmer oder stabiler als jede offene Struktur! Das Fehlen von Randstörungen führt zu einer erstaunlich hohen kinetischen Stabilität gegenüber den beiden anderen thermodynamisch instabilen Formen des Kohlenstoffs, Graphit und Diamant: C_{60} zerfällt erst oberhalb von 1000 °C. Die Triebkraft bei der Fulleren-Bildung dürfte die Minimierung der Oberflächenenergie sein. Analoges findet man bei einem Tropfen Flüssigkeit, für den Kugelform immer die niedrigste Oberflächenenergie beziehungsweise -spannung bedeutet.

---

* Leonhard Euler (1707 bis 1783), Schweizer Mathematiker.

Entscheidend für die Gesamtstabilität einer Fulleren-Struktur ist, wie sich die 12 Fünfecke auf der Oberfläche des Moleküls verteilen. Die Fünferringe bestimmen nämlich entscheidend den Grad der Oberflächenkrümmung des Fullerens, beziehungsweise die Größe der Verspannung der Kohlenstoff-Bindungen. Obwohl es in der Chemie Hunderte von Beispielen für stabile (aromatische) Moleküle gibt, bei denen fünf- und sechsgliedrige Ringe direkt aneinanderhängen, etwa bei den Nucleinsäuren Adenin und Guanin, existieren nur wenige Verbindungen, bei denen zwei Fünfringe eine gemeinsame Kante haben. Man weiß, daß derartige Gerüste instabil sind, weil sie eine zu starke Krümmung oder mechanische Deformation der Bindungen ergeben. Deshalb sind solche Fullerene strukturell oder energetisch bevorzugt, bei denen die 12 Fünfecke isoliert vorliegen, das heißt, von Sechsecken vollkommen umschlossen werden (*Gesetz der isolierten Fünfecke*, Smalley, Kroto et al., 1985). Von den vielen verschiedenen Fullerenen, die mittlerweile nachgewiesen worden sind, haben auch nur Moleküle mit diesen isolierten Fünferringstrukturen genügend Stabilität, um in der Chemie eine Rolle zu spielen.

Nach dem Eulerschen Polyedersatz und anhand geodätischer Überlegungen läßt sich vorhersagen, daß C_{60} der kleinste Kohlenstoff-Käfig ist, bei dem alle 12 Fünfecke isoliert vorliegen können, gefolgt von C_{70}-Fulleren. Nur in dieser fußballförmigen Struktur sind die Atome so symmetrisch angeordnet, daß sich die aus der geschlossenen Form resultierenden sterischen Spannungen gleichmäßig verteilen.

Ferner läßt sich zeigen, daß geschlossene Strukturen aus 62, 64, 66 und 68 C-Atomen nicht ohne benachbarte Fünfecke konstruiert werden können. C_{60} und C_{70} sind daher das erste und zweite «magische» Fulleren. Sie sind deshalb sehr reaktionsträge, stabil an Luft und überleben sanfte chemische Attacken. Für die kleineren «Bucky-Babies» scheint das nicht zu gelten. Bei ihnen stehen, wegen der größeren Oberflächenkrümmung der Strukturen, die Kohlenstoff-Bindungen unter stärkerer mechanischer Spannung und machen die Moleküle entsprechend reaktiv.

Soviel zunächst zur Bildung und Stabilität der Fullerene. Wir werden noch mehrfach darauf zurückkommen und uns allmählich dem Mechanismus nähern, der zur Entstehung solch exotischer Strukturen führt. Im folgenden wollen wir uns exemplarisch an C_{60} und C_{70} das «Innenleben» der Fullerene anschauen.

Erzeugt man aus gasförmigem C_{60} einen Festkörper, so ordnen sich die Moleküle beim Kristallisieren wie Tischtennisbälle in einem *kubisch-flächenzentrierten Gitter* (Abk. fcc-Gitter*) an, wie es zum Beispiel vom Gold oder anderen Metallen her bekannt ist. Das heißt, auf jeder Ecke eines Würfels sitzt ein Ball und zusätzlich jeweils einer auf der Mitte der sechs Würfelseiten (Abbildung 16). Die Raster-Tunnel-Mikroskopie** zeigt, daß die Moleküle an der Kristalloberfläche regel-

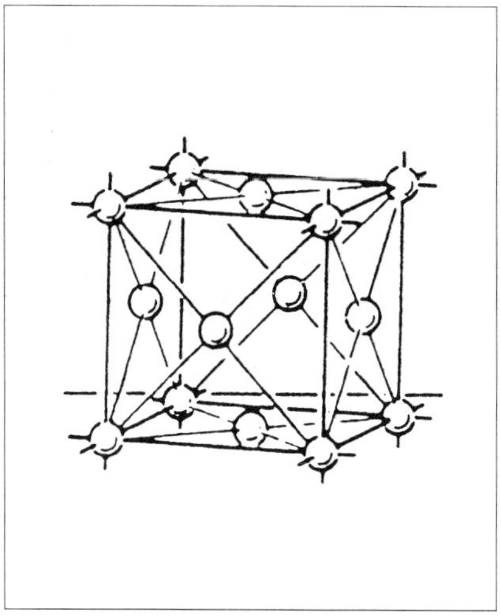

Abb. 16
Kubisch-flächenzentrierte Elementarzelle (fcc-Gitter).

mäßig wie Billardkugeln angeordnet sind (Abbildung 17). In den Zwischenräumen ist Platz für Fremdatome. Die Gitterkonstante bei Raumtemperatur beträgt 1.413 nm, woraus sich ein Abstand der Mittelpunkte zweier benachbarter Moleküle von 1.002 nm ergibt, das heißt, die Bälle kommen sich bis auf einen Zwischenraum von etwa 0.31 nm nah. Dieser kleinste Abstand zwischen C-Atomen benachbarter Moleküle ist also etwas kleiner als der Abstand benachbarter Kohlenstoff-Ebenen in Graphit (0.335 nm) und beruht auf der gegenseitigen Abstoßung der senkrecht auf der Oberfläche stehenden π-Elektronen in den benachbarten Bällen.

---

* Nach engl. face-centered cubic lattice (flächenzentriert-kubisches Gitter).

** Ein *Raster-Tunnel-Mikroskop* (RTM) besteht aus einer winzigen Metallspitze, die über das Untersuchungsobjekt hinweggeführt wird und die Tunnelströme zwischen gegenüberliegenden Atomen mißt. Dieses Mikroskop kann Strukturen auf einer Oberfläche bis hinab zu atomaren Größenordnungen (0.1 nm) sichtbar machen.

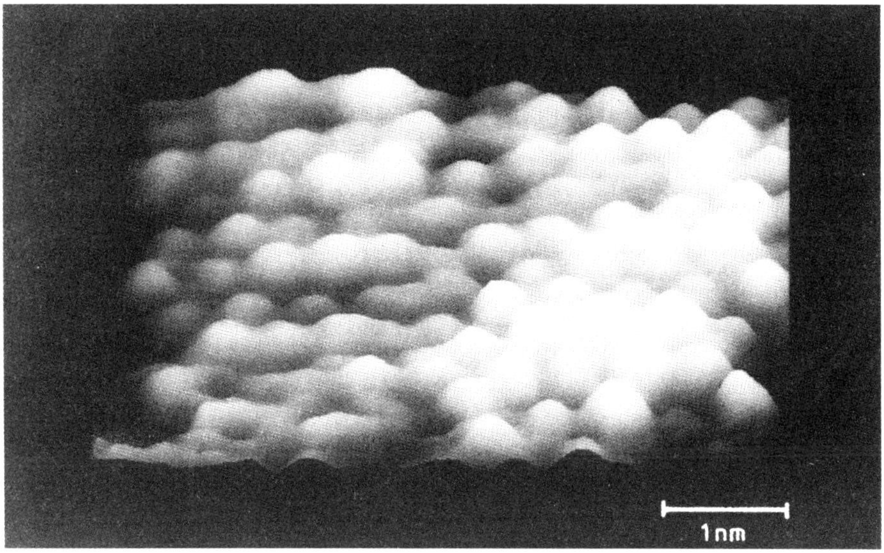

Abb. 17
Raster-Tunnel-Mikroskopische Aufnahme einer auf Gold aufgedampften Monolage von C_{60} mit kleinen Verunreinigungen von C_{70}. Die hellen, etwas länglichen Strukturen sind C_{70}-Moleküle. Man erkennt neben ungeordneten Bereichen deutlich den Gitteraufbau und die kugelige Struktur der Fullerene.

Die nicht sehr dichte Packung der C_{60}-Moleküle im fcc-Gitter (Dichte 1.65 g/cm^3) zeigt sich auch darin, daß die Volumen-Kompressibilität dreimal so hoch ist wie die von Graphit (Dichte 2.22 g/cm^3) und über vierzigmal so hoch wie die von Diamant (Dichte 3.51 g/cm^3). Kristallines C_{60} ist damit die weichste aller Kohlenstoff-Modifikationen, kann jedoch – wie wir noch sehen werden – unter Druck zur härtesten aller irdischen Substanzen werden.

Eine Schwierigkeit beim Studieren kugelförmiger Verbindungen besteht darin, die Moleküle fest an ihrem Platz zu fixieren, um sie in aller Ruhe untersuchen oder gezielt chemisch modifizieren zu können. Denn da die elektrisch neutralen und in ihren Bindungen abgesättigten C_{60}-Moleküle im wesentlichen nur durch schwache Van-der-Waals-Kräfte im Kristallverband zusammengehalten werden, ist jeder einzelne Ball nicht starr an seinen Gitterplatz gebunden, sondern dreht sich chaotisch in beliebigen Achsen, über 100 Millionen Mal in der Sekunde – ein Zeichen für die in ihm steckende Wärmeenergie. Aufgrund des hohen Trägheitsmomentes und der sphärischen Gestalt der Moleküle geschieht dies bei Raumtemperatur fast wie bei klassischen Kreiseln. Beugungsexperimente zeigen deshalb nur glatte Kugeln, man erkennt also die atomare Struktur der Cluster nicht.

Im allgemeinen weisen Moleküle flache Seiten oder Ecken auf, mit deren Hilfe man sie aneinander und so an ihren Platz binden kann. Runde oder sphärische Moleküle wie die Fullerene besitzen jedoch keine solchen Halterungen. Hier hilft ein Trick, den amerikanische Wissenschaftler von der University of California in Los Angeles (Berkeley) ersannen: Die thermische Eigenrotation läßt sich rein mechanisch durch Anheften eines molekularen «Bremsklotzes» verhindern. Dazu wird durch eine chemische Reaktion an die C_{60}-Außenhaut eine Osmiumtetroxid enthaltende Gruppe gebunden (Abbildung 18). Die OsO_4-Gruppe ist ausreichend sperrig, um den Cluster mit den Nachbarmolekülen zu verhaken und jede Bewegung zu unterdrücken. Die Forscher konnten diese erste metallorganische C_{60}-Verbindung («Bunny-Ball») herstellen, Kristalle daraus züchten und ihre molekulare Struktur mit einem fein gebündelten Röntgenstrahl im Detail bestimmen. Der Schnappschuß aus dem Mikrokosmos bestätigte im Frühjahr 1991, daß die Moleküle *«genauso phantastisch aussehen, wie wir sie uns vorgestellt hatten»*[14], erinnert sich Joel Hawkins, der Leiter des Berkeley-Teams. C_{60} offenbarte eindeutig die erwartete Symmetrie eines gekappten Ikosaeders. Auf diese Weise können zum Beispiel die Bindungslängen exakt ermittelt werden.

C_{70}-Fulleren (Abbildung 19) enthält 25 Sechsecke, also 5 mehr als ein Bucky-Ball. Sie bilden eine zusätzliche «Bauchbinde» und verleihen dem Molekül die höchst elegante, ellipsenförmige Gestalt eines american football oder Rugbyballes. Obwohl auch diese Moleküle bei Raum-

Abb. 18
Struktur des Osmium-Addukts $C_{60}(OsO_4)$(4-tert.-Butyl-Pyridin$)_2$.

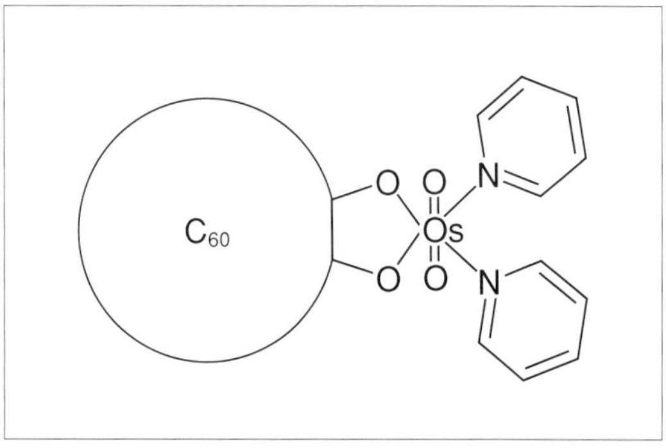

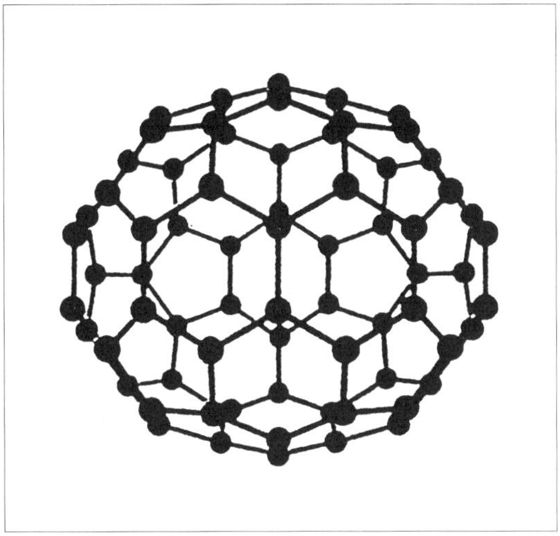

Abb. 19
Molekularstruktur von Fulleren-70.

temperatur in der Kristallstruktur in Reih und Glied sitzen, rotieren sie innerhalb des Kristalls mit atemberaubendem Tempo, allerdings nur um ihre Längsachsen. Bei tiefen Temperaturen treten Phasen mit behinderten Rotationen auf. Erst unterhalb der Temperatur, bei der Luft sich verflüssigt (minus 191 °C), frieren die wilden Pirouetten von C_{70} ein. Damit verwirklichen diese Molekülkristalle geradezu modellhaft eine Situation, in der die Ordnung eines Kristalls mit der diffusen Unordnung einer Flüssigkeit – hier die unkorrelierten Kreiselbewegungen – vereint wird.[15]

Wir wissen, daß die Bindungslängen innerhalb der Sechsringe von C_{60} alternieren und, im Unterschied zu Benzol, nicht vollkommen gleich und äquivalent sind (vgl. Abbildung 15, S. 49). Dieses Detail spielt auch bei der Chemie von C_{70} eine interessante Rolle. Mit abnehmender Temperatur korrelieren die Drehungen der Moleküle immer stärker, weil ihre gegenseitige Wechselwirkung sich doch bemerkbar macht. Wenn bei tiefen Temperaturen die Rotation in den Kristallen einfriert, bewirkt die anisotrope Elektronendichteverteilung auf der Clusteroberfläche, daß die Moleküle sich schließlich in bestimmter Weise ausrichten: Die elektronenreiche, kurze 6-6-Doppelbindung eines C_{60}- oder C_{70}-Balls wendet sich einer elektronenarmen Fünfeckfläche des Nachbarmoleküls zu.[16] Diese komplizierten, von der thermischen Molekülrotation bestimmten Phasenübergänge sind Gegenstand intensiver experimenteller und theoretischer Studien.

Chaoit und Kohlenstoff VI

Chaoit, eine weiße allotrope Form von Kohlenstoff, wurde im Jahre 1968 in Bohrproben des Nördlinger Ries entdeckt, dessen Kratergestalt vor etwa 15 Millionen Jahren durch den Einschlag eines riesigen Meteoriten entstand. Das Mineral bildete sich dabei vermutlich aus Graphit durch die gewaltige Schockwelle.

Kohlenstoff VI konnte 1972 durch elektrisches Erhitzen von Graphit unter vermindertem Helium-Druck erhalten werden – die Ähnlichkeit mit dem Krätschmer-Huffman-Verfahren zur Darstellung von Fulleren ist unübersehbar. Noch effektiver ist das Verdampfen mit Hilfe von Lasern!

Die Kristallstrukturen von Chaoit und Kohlenstoff VI konnten bisher nicht bestimmt werden. Überhaupt weiß man von diesen Allotropen eher wenig – vielleicht deshalb, weil niemand so spektakuläre Anwendungen wie medizinische Mikroroboter oder Supercomputer vorschlägt! In Chaoit, der eigentlich «dritten» Kohlenstoff-Modifikation, scheinen jedenfalls Strukturelemente vom Carbintyp vorzuliegen. *Carbin* besteht aus acetylenischen (...–C≡C–C≡C–...)-Gruppen mit alternierenden Einfach- und Dreifachbindungen (sp-Hybridisierung) in einer linearen, polymeren Kette. Materialien, die dem Carbin nahe kommen, sind die 1972 von David Walton et al. dargestellten linearen Polyine mit bis zu 16 konjugierten Acetylen-Einheiten.[17] Man vermutet, daß solche «eindimensionalen Stäbe» Halbleiter-Eigenschaften besitzen.

Beide Kohlenstoff-Allotrope, Chaoit und Kohlenstoff VI, sind chemisch wesentlich beständiger als Graphit[18], und ihre Eigenschaften gleichen mehr denjenigen des Diamants. Einiges deutet darauf hin, daß es im Temperaturbereich zwischen stabilem Graphit (2300° C) und dem Schmelzpunkt von Kohlenstoff (ca. 4000° C) eine Reihe von wenigstens sechs stabilen Carbin-Allotropen zu geben scheint.

Cyclo[n]-Kohlenstoffe

Neben Fulleren ist eine weitere allotrope Modifikation des Kohlenstoffs ins Rampenlicht gerückt: die *Cyclo[n]-Kohlenstoffe*. Diese ringförmigen, ebenfalls nur aus Kohlenstoff bestehenden Verbindungen enthalten ausschließlich konjugierte C≡C-Dreifachbindungen, wobei n die Anzahl der die monocyclische Struktur bildenden C-Atome angibt. Eine Arbeitsgruppe unter Leitung von François Diederich konnte 1991 den ersten

Vertreter dieser neuen Klasse molekularer «Hula-Hoop-Reifen» isolieren und identifizieren[19]: Cyclo[18]-Kohlenstoff (Abbildung 20). Eine der möglichen interessanten Eigenschaften dieser Verbindung könnte eine besondere aromatische Stabilisierung sein, da das Molekül zwei senkrecht aufeinander stehende konjugierte π-Elektronensysteme mit jeweils 18 beziehungsweise [4n + 2] π-Elektronen (mit n = 4) aufweist (Regel von Hückel).[20]

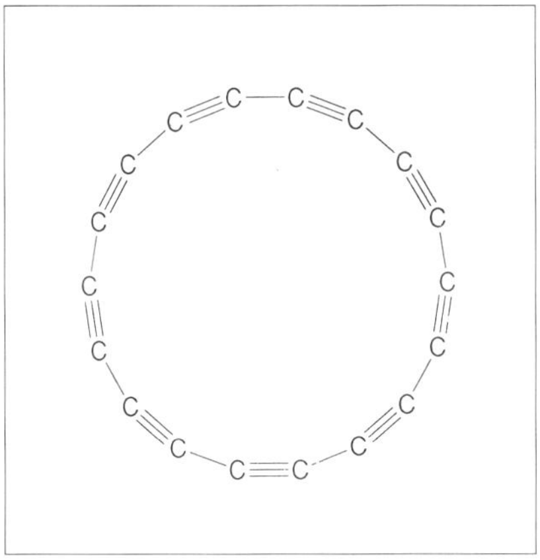

Abb. 20
Molekularstruktur von Cyclo[18]-Kohlenstoff.

Noch stabiler, allerdings erheblich schwieriger darzustellen, sind die ebenfalls ringförmigen, schweren Homologe C_{24} und C_{30}. Indirekt wurden sie aber schon massenspektrometrisch nachgewiesen als Zersetzungsprodukte einer weiteren, neuartigen Verbindungsklasse, den höheren *Kohlenstoffoxiden* der Formel $C_{8n}O_{2n}$ (mit n = 3 bis 5). Sie sind bei Raumtemperatur stabil, explodieren jedoch oberhalb 80 °C. Die Kohlenstoffoxide lassen sich von den ringförmigen Cyclo[n]-Kohlenstoffen (mit n = 18, 24 und 30) dadurch ableiten, daß eine Acetylengruppe im Ring durch eine Diketo-Gruppe O=C–C=O überbrückt wird (Abbildung 21). Spaltet man aus diesen ringförmigen C-Oxiden jeweils diese Brücke als doppeltes CO-Molekül ab, so verbleibt der ringförmige Kohlenstoff.

Bemerkenswert ist, daß man bei der CO-Abspaltung aus $C_{24}O_6$ und $C_{32}O_8$ im Massenspektrum ebenfalls C_{60}- und C_{70}-Fragmente registriert! Die Strukturen dieser Verbindungen konnten noch nicht mit Sicherheit bestimmt werden. Es könnte sich hierbei entweder um den Fußball und Rugbyball handeln (F. Diederich) oder aber um die Verknüpfung zweier

Abb. 21
Struktur der Kohlenoxide: $C_{24}O_6$ (n = 1), $C_{32}O_8$ (n = 2) und $C_{40}O_{10}$ (n = 3).

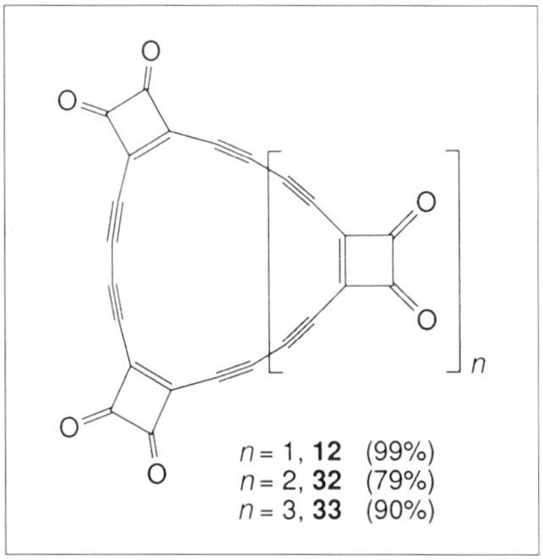

ringförmiger Kohlenstoff-Moleküle.[21] Letzteres würde bedeuten, daß es dann auch für C_{60} und C_{70} schon eine zweite polymorphe Modifikation mit gänzlich anderer Struktur gibt. Sehr interessant dürfte der Vergleich der Strukturen und der Eigenschaften der beiden unterschiedlichen C_{60}-Cluster werden, speziell im Hinblick auf die Frage nach der Stabilität.

Bisher konnten die Ringe C_{24} und C_{30} sowie ihre Dimerisierungsprodukte noch nicht in wägbaren Mengen dargestellt werden, sondern sie sind nur im Massenspektrum nachgewiesen worden. Aber auch beim Buckminsterfulleren dauerte es ein halbes Jahrzehnt vom ersten Nachweis im Massenspektrum an (1985), bis man die Substanz schließlich in der Hand hatte.

Die Darstellung der Cyclo[n]-Kohlenstoffe und der Fullerene oder Kohlenstoff VI demonstriert auch zwei Arbeitsrichtungen in der Darstellung neuer Verbindungen: Die eine benutzt die gedanklich anspruchsvollen und intellektuell anregenden klassischen Vielstufensynthesewege und optimiert sie nur in Richtung auf die gewünschten cyclo-Verbindungen, die andere Schule dagegen geht – wie es Cornelius Keller so schön nannte – *«modern alchemistisch»*[22] vor. Sie verdampft zum Beispiel Graphit und sucht danach, was sich dabei gebildet hat, ohne von vornherein ein genaues Ziel im Auge zu haben. Diese Methode kommt besonders häufig in der Festkörperchemie vor, bei dem einstufigen Selbstaufbau von Stoffen, deren Struktur sich unendlich oft in einer, zwei oder drei Dimensionen wiederholt. Das Produkt setzt sich praktisch von selbst zum Meisterstück zusammen. Auf diese Weise wurde nicht nur C_{60} entdeckt, sondern in den letzten Jahren eine Reihe von Metallclustern oder oxidischen

Hochtemperatur-Supraleitern; ihre Synthese erscheint nicht als Triumph des Geistes über die Materie, sondern als pure Magie. Der schwedische Chemiker Sture Forsén hat die Frustration, wenn man die Zwischenstufen einer Reaktion nicht beobachten kann, treffend beschrieben: *«Das Problem, dem sich der Wissenschaftler gegenübersieht, ist mit dem eines Theaterbesuchers verglichen worden, der einer drastisch gekürzten Fassung eines klassischen Dramas – etwa «Hamlet» – beiwohnt, in der nur die Eröffnungsszene des ersten sowie die Schlußszene des letzten Akts gezeigt werden. Die Hauptfiguren werden eingeführt, dann fällt der Vorhang zum Szenenwechsel, und wenn er sich wieder hebt, sehen wir auf der Bühne eine Vielzahl von «Leichen» sowie einige Überlebende. Keine leichte Aufgabe für den Unerfahrenen herauszubekommen, was inzwischen geschehen ist.»*[23]

Polymere Kohlenstoff-Netzwerke

Mit der Darstellung neuer molekularer und polymerer Kohlenstoff-Netzwerke beschäftigte sich François Diederich schon vor der Bucky-Ball-Euphorie. Seit 1986 fahndet er nach Kohlenstoff-Allotropen, die sich in ihrer Struktur von den bekannten Graphit- und Diamant-Netzwerken und auch von den Fullerenen unterscheiden. So lagerte er Abkömmlinge des Acetylens zu sogenannten *Nanodrähten* aneinander. In diesen Verbindungen sind bis zu 24 konjugierte Dreifachbindungen linear aneinander gereiht. Bestimmte Endgruppen verleihen den 2 bis 6 nm langen Molekülen Stabilität. Aufgrund ihrer metallähnlichen Leitungseigenschaften werden sie als Drähte für eine zukünftige Molekularelektronik* diskutiert.

Nach Ansicht von Diederich[24] wird im Laufe der kommenden Jahre der Entwurf, die Darstellung und das Studium polymerer Kohlenstoff-Aggregate eine zentrale Stellung in der Chemie einnehmen. Das könnte

---

* Die *Molekularelektronik* versucht, hochkomplexe Systeme auf molekularer Ebene zu verwirklichen. Ausgangsprodukte sind organische Werkstoffe und biologische Materialien. Ziel dieser Technologie ist es, bisher auf künstlichem Weg nicht erreichte Eigenschaften molekularer und biologischer Systeme gezielt zu nutzen. Das sind die Packungsdichte, die hohe Leistungsfähigkeit oder der geringe Herstellungsaufwand, um nur einige Beispiele zu nennen. Ein konkretes Projekt sind dreidimensionale Integrierte Schaltungen in molekularen Dimensionen («Biocomputer»). Damit könnte die Molekularelektronik eine ähnliche Revolution bewirken wie der Transistor, der Mitte der 50er Jahre das Zeitalter der Mikroelektronik eröffnete.

zu einer wesentlichen Vertiefung der grundlegenden Kenntnisse über die aus Kohlenstoff aufgebaute Materie führen und – wie wir anhand der C_{60}-Forschung noch sehen werden – völlig neue Perspektiven für technologische Entwicklungen bieten.

Einige dieser hypothetischen Netzwerke wurden bereits publiziert. Dennoch wurde der Darstellung synthetischer polymerer Modifikationen des Kohlenstoffs seitens der Chemiker bisher nur wenig Beachtung geschenkt. Dies mag durch die Tatsache bedingt sein, daß die postulierten Netzwerke thermodynamisch weniger stabil sind als Graphit und Diamant, und man daher annahm, daß sich die unnatürlichen leicht in die natürlichen Allotrope umwandeln würden. Die Fulleren-Forschung zeigt jedoch, daß in Anbetracht der zum Bruch stabiler C–C-Bindungen notwendigen sehr hohen Aktivierungsbarrieren solche Befürchtungen unbegründet sind.

Im folgenden wollen wir uns einige der Kohlenstoff-Netzwerke ansehen, die von Diederich und Mitarbeitern in den Laboratorien der Eidgenössischen Technischen Hochschule Zürich auf ihre Realisierbarkeit hin untersucht werden.

Die Polymerisierung von Cyclo[18]-Kohlenstoff beispielsweise sollte zu dem in Abbildung 22 gezeigten zweidimensionalen aromatischen Polymer führen. Hochgespannter und vermutlich hochreaktiver Cyclo[12]-Kohlenstoff ist ein potentielles Monomer, welches das in der Literatur als *Graphin* bekannte 2-D-Netzwerk (Abbildung 23) liefern sollte.[25] Graphin sollte ein Halbleiter sein und interessante nichtlineare optische Eigenschaften zeigen. Die Synthese der zwei in Abbildung 24 skizzierten Kohlenstoff-Allotrope sollte ausgehend vom kreuzkonjugierten Tetraethinylethen gelingen. Die planaren Polymere sind geprägt durch die Abwesenheit größerer Spannung in einzelnen Bindungen und Bindungswinkeln.

Zweifelsohne sind viele weitere polymere, ausschließlich aus Kohlenstoff aufgebaute 2-D-Netzwerke denkbar, deren Darstellung eine Herausforderung für den Synthesechemiker ist und die neue Materialien mit ungewöhnlichen Eigenschaften sein könnten. Unter den möglichen dreidimensionalen Netzwerken ist die *Superdiamant*-Struktur (Abbildung 25) von besonderem Interesse, da sie wegen einer fehlenden ausgedehnten acetylenischen π-Konjugation als recht stabil angesehen werden kann (starre tetraedrische Verzweigungen). Bisher sind jedoch alle Versuche zur Darstellung des monomeren Vorläufers Tetraethinylmethan fehlgeschlagen.

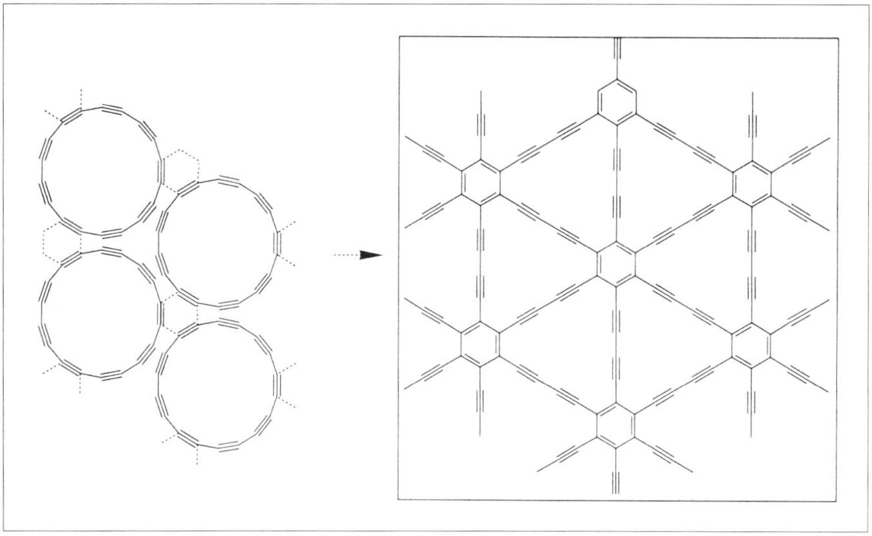

Abb. 22
Cyclo[18]-Kohlenstoff als Vorläufer eines planaren Kohlenstoff-Netzwerkes.

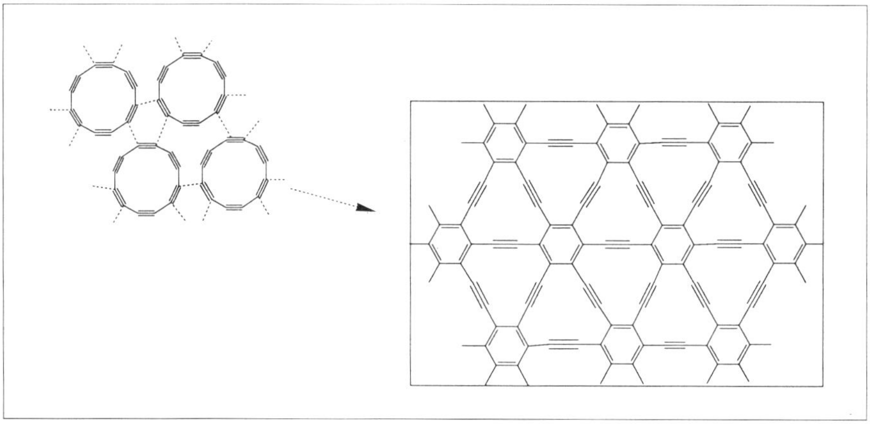

Abb. 23
Vom Cyclo[12]-Kohlenstoff zum polymeren Graphin.

Damit sind wir am Ende unserer Expedition in die molekulare Welt der Kohlenstoff-Allotrope angelangt. Bevor wir uns Phasenumwandlungen ansehen, wollen wir das Wichtigste festhalten: *Diamant* ist ein extrem stabiles 3–D-Netzwerk aus sp^3- beziehungsweise tetraedrisch koordinierten Atomen. *Graphit* besteht aus übereinandergestapelten Ebenen, in

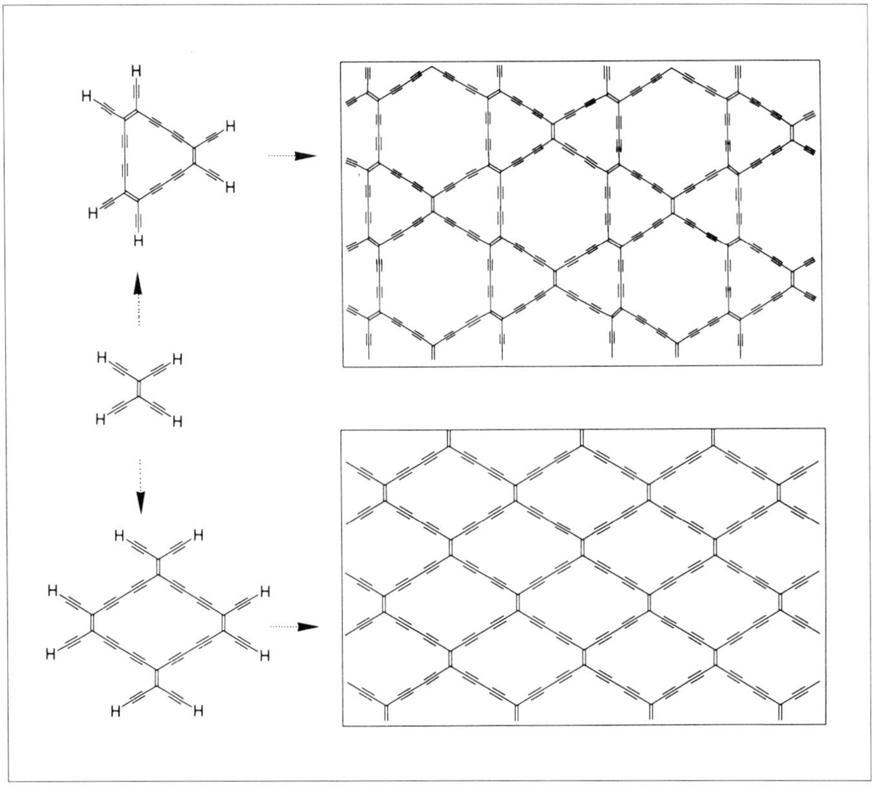

Abb. 24
Planare, von Tetraethinylethen ($C_{10}H_4$) abgeleitete Kohlenstoff-Netzwerke.

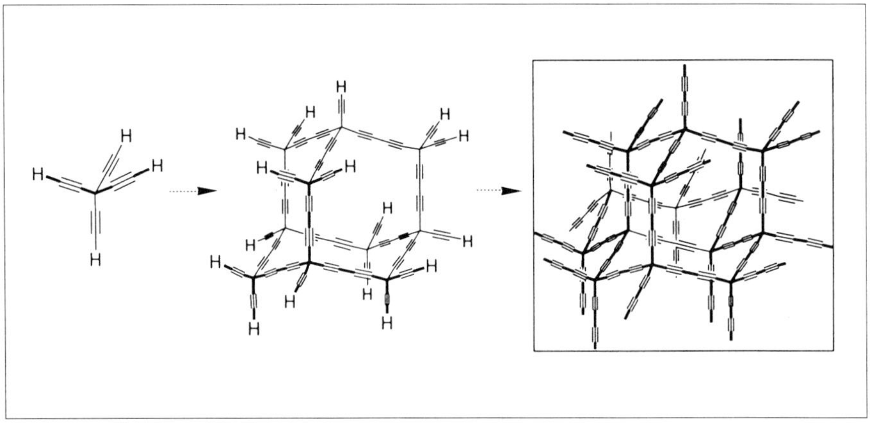

Abb. 25
Von Tetraethinylmethan (C_9H_4) zum Superdiamant-Netzwerk.

denen Kohlenstoff-sp^2-Hybride wie Bienenwaben zu allseitig verknüpften Sechsecken verbunden sind. Die zwischen den Schichten infolge Delokalisierung frei beweglichen π-Elektronen bilden quasi ein zweidimensionales Elektronengas. *Fullerene* sind zumeist kugelförmige Graphit-Polyeder, die genau 12 Fünfecke aufweisen. Die Doppelbindungen (sp^2-Hybridisierung) sind weitgehend in den stabileren Sechsecken lokalisiert, so daß die Cluster allgemein weniger aromatisch sein dürften als Benzol. Von den folgenden Modifikationen weiß man bisher vergleichsweise wenig. In *Chaoit* und *Kohlenstoff VI* scheinen lineare acetylenische (...–C≡C–...)-Ketten (sp-Hybridisierung) vorzuliegen. Schließt man einerseits die Enden dieser eindimensionalen Carbin-Stäbe zu einem Ring, gelangt man zu den *Cyclo[n]-Kohlenstoffen.* Andererseits erhält man durch Polymerisation von Carbin-Strukturen ausgedehnte (hypothetische) *Kohlenstoff-Netzwerke.*

Phasenumwandlungen

Spätestens seit Ende des 18. Jahrhunderts hat es nicht an Versuchen gefehlt, Graphit in Diamant umzuwandeln, also die Bedingungen nachzuahmen, wie sie im Erdinneren herrschen. Die ersten angesehenen Naturwissenschaftler, die glaubten, synthetische Diamanten erhalten zu haben, waren 1880 James Ballantyne Hannay* und 1884 Henry Moissan**. Ersterer erhitzte eine Mischung aus Knochenöl, Paraffin und Lithium auf hohe Temperaturen, letzterer kühlte eine 4000 °C heiße Lösung von Kohlenstoff in Eisen rasch ab. Beide Forscher irrten sich, wie sich später herausstellte. Bis 1955 endeten diese und andere Versuche in Fehlschlägen, ungenügend bewiesenen Behauptungen oder betrügerischen Erfolgsmeldungen. Nach der heutigen Kenntnis der Thermodynamik des Umwandlungsprozesses konnten keine der berichteten Temperatur- und Druckbedingungen für einen Erfolg ausreichend sein. Man war einfach noch nicht in der Lage, die notwendigen Reaktionsbedingungen zu realisieren. Man wußte zwar schon ziemlich früh, wie man hohe Temperaturen erzeugen kann, aber die Produktion hoher Drücke erwies sich als schwieriger.

---

* James Ballantyne Hannay (1855 bis 1931), britischer Chemiker.

** Henry Ferdinand-Frédéric Moissan (1852 bis 1907), französischer Chemiker; Moissan schuf wesentliche Grundlagen der modernen Fluor- und Bor-Chemie, Nobelpreis 1906.

Systematische Experimente ermöglichte erst die Aufklärung des *Phasendiagramms des Kohlenstoffs*, so wie es in Abbildung 26 in einer üblichen Darstellung nach F. P. Bundy[26] wiedergegeben ist. Die Arbeiten zur Bestimmung der thermodynamischen Verhältnisse begannen etwa um 1900 und sind noch immer nicht beendet. Welche Bedeutung den einzelnen, durch die Kurven abgegrenzten Flächen, diesen Kurven selbst und einzelnen Punkten dabei zukommt, wollen wir nun anhand der Diamant-Synthese untersuchen.

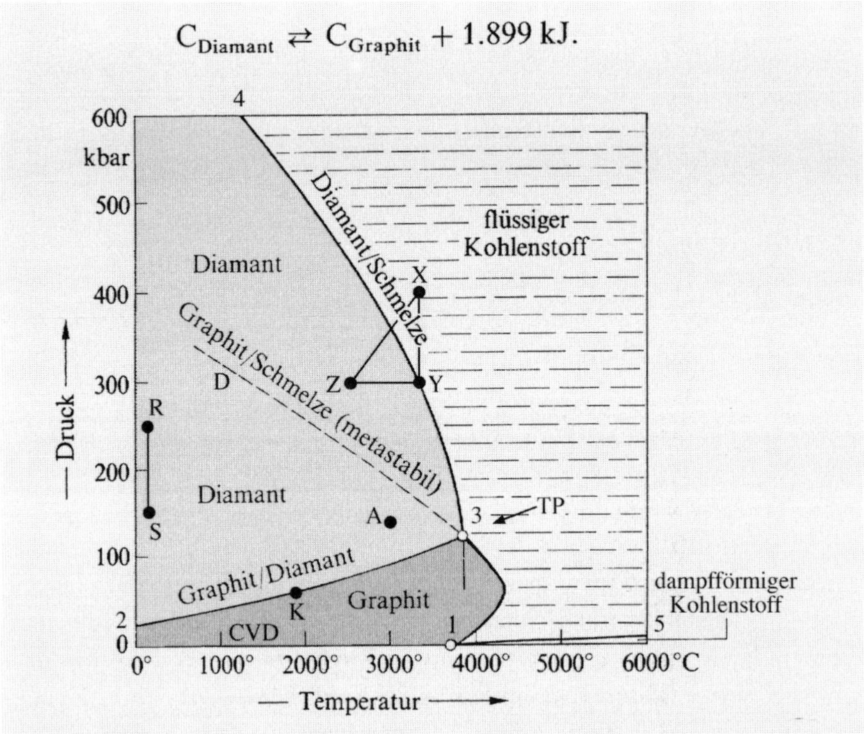

Abb. 26
Zustandsdiagramm des Kohlenstoffs (TP: Tripelpunkt; CVD: Chemical Vapor Deposition).

Unabhängig von der gerade vorliegenden Modifikation schmilzt Kohlenstoff gemäß Abbildung 26 (Punkt 3) bei etwa 3800 °C unter einem Druck von 125 kbar (das entspricht dem 125000fachen atmosphärischen Luftdruck oder einem Druck von beinahe 125 Tonnen pro cm^2). Bei Normaldruck und einer Temperatur von 3370 °C sublimiert

Kohlenstoff (Kurve 1–5) unter Bildung eines C_n-Dampfes[27] (mit n = 1, 2, 3, ...).

Den flüssigen und dampfförmigen Zustand bezeichnet man als je eine *Phase* eines Stoffes. Dieser Begriff wird in der Chemie aber nicht nur auf verschiedene Aggregatzustände, nämlich feste, flüssige und gasförmige, angewendet, sondern er bezeichnet allgemein solche homogenen Gebiete innerhalb eines Systems, die durch Trennungsflächen gegeneinander abgegrenzt sind, zum Beispiel nebeneinander existierende feste Modifikationen des gleichen Stoffes.

Wie bei allen Zustandsdiagrammen einkomponentiger Systeme ist auch hier der Existenzbereich einzelner Phasen (Diamant, Graphit, Flüssigkeit) durch abgegrenzte Flächen gekennzeichnet. Innerhalb dieser Flächen können sowohl der Druck als auch die Temperatur beliebig variiert werden, ohne daß dadurch (*Phasenumwandlung*) eine neue Phase auftritt. Zweiphasengebiete werden durch die ausgezogenen Gleichgewichtskurven beschrieben. Entlang dieser Kurven sind nach dem Gibbs-Phasengesetz* zwei, in den Schnittpunkten drei Phasen stabil. Ist zum Beispiel der Druck vorgegeben (etwa 300 kbar), gibt es nur eine ganz bestimmte Temperatur, bei der zwei Phasen nebeneinander im Gleichgewicht vorliegen können (in unserem Fall Diamant und Schmelze bei 3300 °C). Bei einem ganz bestimmten Druck und einer ganz bestimmten Temperatur können alle drei Phasen miteinander existieren. Dieser Zustand des Systems entspricht im Diagramm einem Punkt, *Tripelpunkt* genannt. Er ist für das betreffende chemische System spezifisch. Beim Kohlenstoff liegt der Tripelpunkt Graphit/Dia-

---

* Das Gibbsche Phasengesetz gibt die Anzahl F der in einem sich im Gleichgewicht befindenden System willkürlich festlegbaren Zustandsvariablen, wie Druck, Temperatur und Zusammensetzung an. F wird auch Zahl der Freiheiten oder Freiheitsgrade genannt. Das 1878 von Josiah Willard Gibbs (1839 bis 1903) aufgestellte Gesetz besagt, daß im thermodynamischen Gleichgewicht gilt: $F = K - P + 2$ (K Anzahl der Komponenten, P Anzahl der Phasen). Ist F = 0, so heißt das System *invariant*, zum Beispiel bei reinem Wasser: K = 1, also $F = 3 - P$, wenn also drei Phasen (P = 3; Tripelpunkt) vorliegen, ist F = 0; somit ist sowohl der Druck als auch die Temperatur festgelegt. Bei zwei Phasen ist F = 1 (*univariantes* System), man kann entweder über den Druck oder die Temperatur willkürlich verfügen. Wenn man zum Beispiel bei einem Gleichgewicht zwischen Dampf und Schmelze die Temperatur frei wählt, so ist der zugehörige Sättigungsdampfdruck eindeutig festgelegt. Bei *divarianten* Systemen (F = 2), zum Beispiel nur eine Phase eines Einkomponentensystems, sind Druck und Temperatur innerhalb gewisser Grenzen voneinander unabhängig.

mant/Schmelze unter einem Druck von 125 kbar bei einer Temperatur von rund 3800 °C (TP, Punkt 3).

Die Kurven 1–3 und 3–4 sind die *Schmelzdruckkurven* von Graphit und Diamant. Sie geben also den Schmelzpunkt in Abhängigkeit vom Druck wieder. Entlang dieser Kurven befinden sich Graphit beziehungsweise Diamant und flüssiger Kohlenstoff miteinander im thermischen Gleichgewicht. Zu ihrer linken Seite liegen aussschließlich Graphit (1–3) oder Diamant (3–4), zu ihrer rechten liegt Flüssigkeit vor. Der Phasenübergang beim Überschreiten der Kurven von links nach rechts entspricht einer *Verflüssigung* und der Phasenübergang von rechts nach links einer *Erstarrung*. Eine Erstarrung zu Diamant kann sowohl durch eine Druckerniedrigung bei konstanter Temperatur (x–y) als auch durch eine Temperaturerniedrigung bei konstantem Druck (y–z) und Verflüssigung durch Umkehrung dieser Prozesse durchgeführt werden. Druck und Temperatur können dabei aber auch gleichzeitig geändert werden (x–z). Die Kurve 2–3 schließlich repräsentiert die berühmte Umwandlungskurve von Graphit und Diamant. Oberhalb dieser Kurve ist Diamant, unterhalb – und damit auch bei Raumtemperatur – Graphit die thermodynamisch stabile Modifikation des Kohlenstoffs.

Das Phasendiagramm zeigt uns, daß sich Graphit, die *Normaldruck-Phase*, bei einem bestimmten Druck in die *Hochdruck-Phase* Diamant umwandelt. Dieser Umwandlungsdruck hängt allerdings von der Temperatur ab: Mit steigender Temperatur steigt auch der Umwandlungsdruck (Kurve 2–3). Das bedeutet aber, daß die Einflüsse von Druck und Temperatur gegenläufig sind: Druckerhöhung bei konstanter Temperatur führt von der Normaldruck- zur Hochdruck-Phase, Temperaturerhöhung bei konstantem Druck von der Hochdruck- wieder zur Normaldruck-Phase.

Nach dem Verlauf der Umwandlungskurve Graphit/Diamant (2–3) sollte die Synthese von Diamant bei Raumtemperatur bei einem Druck von etwa 20 kbar möglich sein. Bei 1000 bis 1300 °C, der wahrscheinlichsten Bildungstemperatur der natürlichen Diamanten in Schloten, wären schon Drücke von rund 50 kbar notwendig. Erste Versuche, bei diesen «niedrigen» Drücken und Temperaturen Diamanten herzustellen, schlugen jedoch fehl.

Der Durchbruch gelang 1955. Im Forschungslaboratorium der General Electric Company (USA) entdeckten Tracy Hall und Mitarbeiter, daß die Diamant-Synthese in Gegenwart eines *Katalysators* glückt[28]; erst damit erzielt man eine brauchbare Umwandlungsgeschwindigkeit, das heißt ein befriedigendes Diamantwachstum. Hall et al. lösten Graphit bei einer Temperatur von etwa 2000 °C in geschmolzenem Eisen auf, das sie dann einem Druck von 55 kbar aussetzten (Punkt K). Unter einem solch hohen Druck wird ein Teil des gelösten Kohlenstoffs vom Metall wieder freigesetzt und kristallisiert in meist winzigen Kriställchen als Diamantpulver.

Diese erste erfolgreiche Diamant-Synthese führte zu einem neuen Aufschwung der Hochdruck-Festkörperforschung. Den Auftakt hatten zu Anfang dieses Jahrhunderts Gustav Tammann* und Percy Bridgman** gemacht. Im Mittelpunkt des Interesses von Tammann stand die Druckabhängigkeit physikalischer Eigenschaften. In dem Zusammenhang entdeckte er unter anderem das Phänomen der Anisotropie und führte die Begriffe isotrop und anisotrop in die Stoffbeschreibung ein. Bridgman konstruierte 1905 im Rahmen seiner Dissertation die ersten Apparate zur Erzeugung wirklich hoher Drücke. Er entwickelte Dichtungen, die sich bei zunehmendem Druck stärker zusammenpreßen, so daß kein Leck entsteht. Auf diese Weise erzielte er bald Drücke von 20 kbar. Im Jahre 1914 wies Bridgman in einer vielbeachteten Arbeit über die Umwandlung von weißem in schwarzen Phosphor auf die Möglichkeiten hin, die sich der Festkörperchemie durch die Anwendung hoher Drücke bieten. Damit begründete er die moderne Hochdruck-Chemie.

Heute ist es möglich, in statischen Hochdruck-Hochtemperatur-Experimenten (*HH-Verfahren*) Drücke bis zu 200 kbar bei Temperaturen bis zu 3000 °C für Reaktionszeiten von Millisekunden bis Stunden zu erreichen, in dynamischen Experimenten mit Hilfe von Stoßwellen für einige Mikrosekunden sogar noch höhere.[29] Auf diese Weise können zahlreiche Substanzen dargestellt und kristallisiert werden, deren Synthese unter normalem Druck nicht möglich ist. Wichtige Beispiele sind – neben Diamant – Bornitrid und Borphosphid.

---

* Gustav Tammann (1861 bis 1938), russischer Chemiker; lehrte ab 1903 an der Universität in Göttingen.

** Percy Williams Bridgman (1882 bis 1961), amerikanischer Physiker, Mathematiker und Naturphilosoph; 1946 erhielt er den Physik-Nobelpreis für die Erfindung von Apparaten zum Erlangen sehr hoher Drücke sowie für die damit gemachten Entdeckungen.

Ihren Erfolg verdanken Tracy Hall und Kollegen allerdings einem Fehlgriff. Erst kürzlich legten sie ihre Beichte ab: Ihr vermeintlich erstes Werk, der sogenannte *run 151-Diamant*, ist in Wirklichkeit der Splitter eines echten Diamanten. Die Forscher hatten das Steinchen nach einem Experiment entdeckt und hielten es für ihre Schöpfung. Begeistert setzten sie ihre Versuche fort – mit Erfolg wie man weiß. Auf ihren späteren Ergebnissen gründet sich die heutige industrielle Produktion von etwa 80 Tonnen synthetischer Diamanten pro Jahr für technische Anwendungen.[30] Hin und wieder beflügeln eben falsche Ergebnisse Wissenschaftler so sehr, daß sie dadurch zu echten Entdeckungen kommen.*

Hauptproduzenten synthetischer Diamanten sind die Firmen General Electric Company (USA) und De Beers (Südafrika). De Beers, der auch die Geschäfte des Welt-Diamanten-Syndikats abwickelt, betreibt zum Beispiel in einem Werk 75 vollautomatisch arbeitende, hydraulische Hochdruckpressen, die bei einer Temperatur von etwa 1800 °C einen Druck von rund 100 kbar erzeugen. Ein Arbeitsgang mit Chargieren, Synthetisieren und Ausstoßen dauert keine 10 Minuten und liefert etwa 2.4 g Diamant (12 Karat).

Wesentlich für die HH-Synthesen ist, daß sie in Gegenwart geschmolzener Übergangsmetalle wie Chrom, Nickel, Eisen oder Kobalt als Katalysatoren durchgeführt werden, um brauchbare Umwandlungsgeschwindigkeiten zu erzielen. Die katalysatorfreie, statische Direktumwandlung von Graphit in Diamant gelang zwar 1963 F. P. Bundy unter Verwendung von starken hydraulischen Pressen bei Drücken von etwa 130 kbar und Temperaturen von über 3000 °C (Punkt A), die Ausbeute war aber völlig unbefriedigend.

Bis jetzt haben wir vorausgesetzt, daß sich das thermodynamische Gleichgewicht zwischen Diamant und Graphit einstellt. Tatsächlich laufen aber viele Druckumwandlungen auch bei niedrigen Temperaturen mit hoher Geschwindigkeit ab, sie sind *ungehemmt*. Die Erfahrung hat gezeigt, daß dann im allgemeinen auch die Rückumwandlung schnell abläuft. Das heißt aber, daß nach Druckentlastung wieder die Normaldruck-

---

* Erinnert sei auch an den Chemiker Moses Gomberg, der 1900 bei dem Versuch scheiterte, die wenig spektakuläre Verbindung Hexaphenylethan herzustellen, dabei jedoch das Triphenylmethyl-Radikal erzeugte. Er mußte sich damit abfinden, als Vater der Chemie der freien Radikale in die Geschichte einzugehen.

Phase (Graphit) vorliegt. Hier hilft nun folgender Trick: Man kühlt die Hochdruck-Phase (Diamant) vor der Druckentlastung rasch auf tiefe Temperaturen ab, so daß sie nach Entspannung auf Normaldruck *metastabil* erhalten bleibt. Durch rasches Abkühlen des reagierenden Systems kann also das chemische Gleichgewicht zwischen Graphit und Diamant gewissermaßen «eingefroren» werden. Die Umwandlungsgeschwindigkeit von Diamant in Graphit bei Raumtemperatur ist so gering, daß man sie selbst mit den empfindlichsten Instrumenten nicht mehr messen kann. Deshalb kann bei nicht zu hohen Temperaturen (geringe Umwandlungsgeschwindigkeit) im Existenzgebiet des Diamanten auch metastabiler Graphit und im Existenzgebiet des Graphits auch metastabiler Diamant existieren (vgl. Abbildung 26, S. 64, gestrichelte Kurven).

Die verschiedenen, im Laufe der Zeit entwickelten HH-Verfahren zur Diamant-Synthese unterscheiden sich durch die angewendeten Drücke und Temperaturen, Ab- oder Anwesenheit und Art von Katalysatoren und in apparativer Hinsicht. Probleme bei allen bisherigen Verfahren bereitet das Ausgangsmaterial. Die σ-Bindung der C-Atome im Sechsecknetz der Graphit-Schichtebene ist außerordentlich fest. Deshalb gelingt es nur bei sehr hoher Temperatur, den Kohlenstoff zu schmelzen (rund 3800 °C) oder zu verdampfen, weil dazu nicht nur die Sechseckebenen voneinander gelöst, sondern auch die C-Atome aus den einzelnen Ebenen herausgerissen werden müssen. Die Überführung dieser trigonalplanaren sp^2-Struktur ins tetraedrische sp^3-Diamant-Netzwerk (Erhöhung der Koordinationszahl von 3 auf 4) ist schwierig, und extreme Temperaturen und Drücke sind zur Transformation notwendig. Die Aufgabe der Katalysatoren besteht zum Teil darin, C-Atome aus der Graphit-Ebene herauszulösen, die dann die Diamant-Struktur aufbauen.

Bei der *dynamischen Direktumwandlung* bilden sich kleine Diamant-Kristalle mit bis zu 10 nm Durchmesser, wenn Stoß- oder Schockwellen hoher Beschleunigung auf Graphit treffen. Hierbei wird beispielsweise Graphit zusammen mit Trinitrotoluol, besser bekannt als Sprengstoff *TNT*, und weiteren Zusätzen in eine Felshöhle gebracht. Nachdem die Höhle zugemauert ist, zündet man den Sprengstoff. Während der Explosion herrschen für einen kurzen Moment extrem hohe Drücke (300 kbar) und Temperaturen (1100 °C); der Graphit verwandelt sich in Diamant (vgl. Abbildung 26, S. 64, Punkt D). Die Ausbeute beträgt etwa 25%. Es klingt wie ein Märchen, aber die Chemiker haben herausgefunden, daß diese Diamanten in Größe und Infrarot-Spektrum den Diamanten ähnlich sind, die aus Meteoriten isoliert wurden, und nicht aus unserem Sonnensystem stammen.[31] Das Explosions-Verfahren hat jedoch zwei schwerwiegende Nachteile. Zum einen ist es ziemlich aufwendig und deshalb teuer, zum anderen gerät es leicht außer Kontrolle.

Neben HH- und dynamischen Verfahren gibt es noch eine dritte Methode zur Herstellung von Diamanten, die allerdings noch sehr kostspielig ist: die chemische Abscheidung aus der Dampfphase (*Chemical Vapor Deposition)* bei niedrigen Drücken und höheren Temperaturen (Abbildung 26, CVD). Auf diese Weise erhält man hauchdünne Diamant-Filme. Wie das gelingt und was man damit vorhat, werden wir im nächsten Kapitel erfahren. Zunächst aber wollen wir uns einige interessante Hochdruck-Experimente mit Fußbällen ansehen.

Von Beginn an gab es bei der Fulleren-Forschung Vorhersagen, daß sich Buckminsterfulleren unter hohem Druck ungewöhnlich verhalten würde. Aufgrund seiner Kugelstruktur sollte es außergewöhnlich stabil sein und es wurde vorausgesagt, daß C_{60} härter werden soll als Diamant, wenn man den Mini-Fußball auf weniger als 70% seines normalen Volumens komprimiert.[32]

Die ersten Hochdruck-Experimente führte eine Forschergruppe der AT & T Bell-Laboratorien in Murray Hill (New Jersey, USA) durch. Sie fanden, daß C_{60} unter hydrostatischen Bedingungen bis zu einem Druck von über 200 kbar stabil bleibt.[33] Dabei zeichnen sich die Moleküle durch eine außerordentliche mechanische Stabilität und Elastizität aus: Schießt man sie mit einer Geschwindigkeit von mehr als 27000 km/h (etwa der Umlaufgeschwindigkeit von Raumfähren) auf eine feststehende Stahloberfläche, so prallen sie einfach wie Ping-Pong-Bälle unversehrt zurück. *«Keine andere Substanz hätte eine derartige Belastung ausgehalten»*[34], versichert Robert Whetten von der University of California in Los Angeles (UCLA), der das Experiment als erster ausführte. Die Wissenschaftler vermuten, daß bei derartigen «Schießübungen» die Kugelform der C_{60}-Moleküle erhalten bleibt, und es mag kein Zufall sein, *«daß der moderne Fußball exakt dasselbe Grundgerüst aufweist, hatte er sich doch zu einer der – wenn nicht gar der – unverwüstlichsten Konstruktionen entwickelt, der es nichts ausmacht, um die ganze Welt – vielleicht die ganze Galaxie – gekickt zu werden»*[35].

Fullerene sind deshalb für Anwendungen unter hohem Druck im Gespräch, etwa als eine Art molekulares Kugellager in der jüngst erblühenden Mikrosystemtechnik* oder im Bereich der Nanotechnologie**. Die Kristalle, die aus diesen stabilen Molekülen aufgebaut sind, sind dagegen außerordentlich weich. Sie sind weicher als Graphit und lassen sich sehr leicht unter Volumenverminderung verformen. Sie könnten ein ideales Schmiermittel abgeben: sehr weich, dabei aber aus Molekülen bestehend, die äußerst widerstandsfähig gegen mechanische Einflüsse sind. Mit steigender Beanspruchung nimmt die Härte dieser Stoffe zu. C_{60} scheint eine Härte zu besitzen, welche die des Diamanten sogar übersteigt! Aufgrund dieser extremen mechanischen Stabilität könnte es ein ideales Schmiermittel für Hochleistungs- und Präzisionsmaschinen abgeben. Bewährt hat es sich bereits als Additiv in flüssigen Schmiermitteln: Bei Zusatz von 0.5 bis 5% C_{60} konnte der Reibungskoeffizient von Stahlkugeln auf Stahl um 20% verringert werden. Das entspricht

---

* *Mikrosystemtechnik* bedeutet Integration in kleinsten Dimensionen. Es handelt sich nicht um eine gegenständliche Technik im herkömmlichen Sinn, sondern um eine Methode, die verschiedene technologische Bereiche miniaturisiert und systematisch auf engstem Raum miteinander verbindet. Mikrosysteme sind «intelligente» Kombinationen von Bauteilen aus den Bereichen Schichttechnik, Mikrooptik, Mikromechanik, Mikroelektronik, Mikroaktorik und Mikrosensorik. Sie erfassen Daten, werten diese aus und führen Aktionen durch. Die Vorzüge der Miniaturisierung sind höhere Zuverlässigkeit bei gleichzeitiger Senkung der Fertigungskosten. Die Mikrosystemtechnik wird in Zukunft wesentliche Bereiche des täglichen Lebens erobern: in der allgemeinen Meß- und Regeltechnik, in der Haustechnik, im Verkehrswesen, in der Umwelttechnik und besonders in der Medizintechnik.

** *Nanotechnologie* bedeutet Konstruktion in atomarer und molekularer Größenordnung. Das Präfix «Nano» (10^{-9}) kennzeichnet nicht mehr als einen neuen Maßstab, tausendmal kleiner als die heutige «Mikro»technik (10^{-6}). Und doch wird sie deren Prinzipien auf den Kopf stellen. Während in der Größenordnung von Mikrometern Strukturen vor allem durch Abtragung geschaffen werden, etwa durch chemisches Ätzen, sind in der Nanotechnik die aufbauenden Elemente einzelne Atome oder Moleküle.

Noch befindet sich diese Technologie in einem frühen Entwicklungsstadium, doch sind die Anwendungsmöglichkeiten schon heute gar nicht mehr absehbar. Sie reichen von biologisch-technischen Systemen bis zu der Elektronik. Ein heutiger Silicium-Chip beispielsweise enthält pro Quadratmillimeter etwa 50 000 Schaltelemente, z.B. Transistoren. Ziel der Nanotechnologie ist es, Strukturen herzustellen, die noch wesentlich kleiner sind und damit nicht nur dichter gepackt werden können, sondern ihre Arbeit auch schneller und energiesparender verrichten. In den Nanostrukturen fließen nur noch einzelne Elektronen und erledigen dabei die gleichen Funktionen, wie sie heute in einem Silicium-Baustein durch schwache Ströme ausgeführt werden. Die Chemie spielt dabei eine besonders wichtige Rolle. Denn es ist naheliegend, so winzige Gebilde aus Molekülen wachsen zu lassen, anstatt sie mit physikalischen Verfahren aus größeren Strukturen herauszuschneiden oder sie mit Aufdampf-Techniken auf einen Untergrund zu «schreiben».

ungefähr der Wirkung von MoS_2- oder Graphit-Additiven. Allerdings müssen Schmierstoffe eine ganze Reihe von Anforderungen erfüllen, zum Beispiel Stabilität gegen Umwelteinflüsse wie Licht, Feuchtigkeit und Sauerstoff, Reaktion mit «frischen» Oberflächen, Haftung an Oberflächen und so weiter. Ob simple, bisher überwiegend auf der Anschauung beruhende Vermutungen hier gerechtfertigt sind, ist in Frage zu stellen.

Für große Aufregung sorgte die Beobachtung von Manuel Núñez Regueiro et al. vom CNRS in Grenoble, daß bei Raumtemperatur unter nichthydrostatischen Bedingungen oberhalb von rund 150 kbar eine Phasenumwandlung erfolgt: die Kohlenstoff-Atome von C_{60}-Fullerit können sich zu einer Diamant-Struktur umlagern (vgl. Abbildung 26, S. 64, Gerade R–S).[36] Die Diamant-Synthese kann also schon bei «normaler» Temperatur erfolgen und nicht erst wie bei Graphit bei einer Gluthitze von 2000 °C.

Wie ist diese erstaunlich niedrige Umwandlungsenergie zu erklären? Nach Ansicht von Regueiro soll Buckminsterfulleren unter Hochdruck dem Diamant verwandter sein als dem Graphit. Mit steigendem Druck werde die Hybridisierung in C_{60} (sp^2) der in Diamant (sp^3) immer ähnlicher. In den ohnehin schon gespannten Fünfecken dominiere zunehmend Einfachbindung, so daß die Kohlenstoff-Atome eine *quasi-tetraedrische* Koordination annähmen. Der vollständige Strukturwandel erfordere immer weniger Aktivierungsenergie und sei schließlich auch schon bei Raumtemperatur möglich.

Entscheidend bei diesen Experimenten ist, wie der Druck ausgeübt wird. Denn die Fußbälle sind gegen gleichmäßig verteilten Druck bis über 200 kbar stabil. Bei anisotropischem (ungleichmäßigem) Druck dagegen, wenn sogenannte *Scherkräfte* in verschiedenen Richtungen auftreten, lassen sich die superharten Bälle viel leichter zusammenquetschen; hier reichen schon Drücke zwischen 50 und 200 kbar aus. Ein ähnlicher Effekt läßt sich bei rohen Eiern beobachten, die man mit der bloßen Hand kaum zerquetschen kann, solange man mit den Handflächen symmetrisch auf die spitzen Enden drückt. Was dagegen passiert, wenn man schräg oder auf die Seite drückt, weiß jeder, der das Experiment einmal ausprobiert hat.

In den bisherigen Hochdruck-Experimenten mit C_{60} wurden jedoch nur winzige Diamant-Kristallite von bis zu 100 nm Abmessung erzeugt. Große Einkristalle, wie sie für edle Schmuckstücke benötigt werden, lassen sich auf diese Weise vermutlich ebensowenig herstellen wie aus

Graphit. Doch polykristalline Industrie-Diamanten sind vielleicht schon bald zu haben, dies prophezeit jedenfalls das französisch-argentinische Forscherteam um Regueiro.

Ausschlaggebend für eine technische Verwertung von C_{60} dürfte aber auch der Grammpreis sein. Schon kurze Zeit nach dem Bekanntwerden des Krätschmer-Huffman-Verfahrens traten die ersten Anbieter von Fulleren-Ruß, C_{60}/C_{70}-Fullerit und den reinen Fraktionen auf den Markt. Mittlerweile gibt es zahlreiche Hersteller, insbesondere in den USA (größtenteils Firmenneugründungen), die sich von diesen Materialien eine technische und wirtschaftliche Bedeutung versprechen.

Zu Beginn der Fulleren-Forschung (1990) kostete ein Gramm reines C_{60} mehrere tausend Dollar, reines C_{70} wurde sogar für mehr als 10000 Dollar gehandelt. Im Frühjahr 1994 lag der Grammpreis für 99.4% reines C_{60} bereits bei unter 100 Dollar. Mit steigender Produktion wird eine weitere drastische Preissenkung erwartet. Der für den Lichtbogen zur Herstellung der Fullerene benötigte Strom scheint der einzige nicht reduzierbare Kostenfaktor zu sein. Aber mit den inzwischen entwickelten kleinen Labortisch-Reaktoren[37] belaufen sich die Stromkosten nur noch auf etwa 10 Pfennig pro Gramm C_{60}. Diese Geräte liefern übrigens ein Produkt, das bis zu 30% aus C_{60} (ca. 50 mg/h) und zu rund 10% aus C_{70} besteht. Nach Einschätzung von Smalley werden die Herstellungskosten von C_{60} auf wenige Mark je Kilogramm fallen, sobald die ersten großtechnischen Anwendungen für Fullerene – vielleicht in Supraleitern, Katalysatoren oder in der Mikroelektronik – gefunden sind; dann wäre es etwa so preiswert wie Aluminium. Erst dann könnte C_{60} auch als Rohstoff zur industriellen Diamant-Synthese wirtschaftlich von Interesse sein.

Jetzt ist der Zusammenhang bloßgelegt, auf den es hier ankommt (Abbildung 27): Verdampfung von Graphit unter vermindertem Druck (Helium, ca. 150 mbar) liefert oberhalb von 2700 °C Fullerit[38] (Smalley, Kroto et al., 1985). C_{60}-Fulleren wandelt sich unter extrem hohem Druck (oberhalb 150 kbar) bei Raumtemperatur in Diamant um (Regueiro et al., 1992). Diamant ist bei Normalbedingungen metastabil; erhitzt man ihn im Vakuum auf 1500 °C, so geht er in Graphit über. Umgekehrt kann unter Anwendung sehr hoher Drücke (55 kbar) und hoher Temperaturen (2000 °C) Graphit in Diamant überführt werden (Hall et al., 1955). Ob sich allerdings auch Diamant in Fullerit und Fullerit in Graphit umwandeln lassen, ist unbekannt.

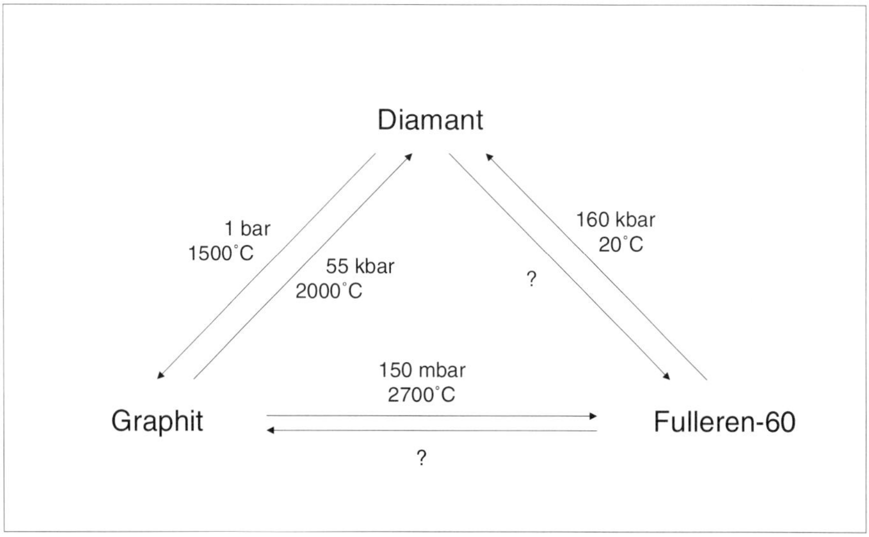

Abb. 27
Umwandlung der Kohlenstoff-Allotrope Diamant, Graphit und Fulleren-60.

Dünne Kohlenstoff-Schichten (CVD-Verfahren)

Sind dünne Kohlenstoff-Filme das Wundermaterial für verschiedene Bereiche der Technik? Diese Frage stellt sich neuerdings, weil es verschiedenen Gruppen gelungen ist, Diamant aus der Gasphase als hauchdünne Schicht auf einem Substrat abzuscheiden. Die Herstellung von dünnen, aber dichten Kohlenstoff-Schichten mit Diamant-Struktur, die auf ihrer Unterlage haften, ist ein wichtiges Arbeitsgebiet der weltweiten Materialforschung geworden. Fieberhaft versuchen die Wissenschaftler, bei der Entwicklung von Diamant-Schichten den entscheidenden Vorsprung und damit auch die Patente zu erringen.

Dünne Diamant-Schichten haben nicht nur wegen ihrer einzigartigen Härte und ihrer chemischen Beständigkeit eine große Bedeutung. Bei einer nur äußerst geringen elektrischen Leitfähigkeit besitzt Diamant die höchste bislang bekannte Wärmeleitfähigkeit: sie ist (mit rund 12 cm^2/s) etwa zehnmal so hoch wie diejenige des Kupfers. Dies impliziert vielfältige Anwendungen, nicht zuletzt in der Halbleitertechnik. Im Vordergrund des Interesses steht, neben einer Erhöhung der Kratzfestigkeit durch eine zum Beispiel 25 nm dünne Diamant-Schicht auf Silicium, eine bessere Wärmeabfuhr aus integrierten Schaltungen (Chips) zu erreichen, also letztlich feinere Strukturen und damit eine dichtere Packung zu ermöglichen. Auch der Gedanke, den Halbleiter selbst aus Diamant zu machen, ist im Gespräch* (Silicium, Germanium und Diamant haben die gleiche Kristallstruktur). Wie die Forscher das angehen (reiner Diamant ist ein Isolator), und welche Modelle der elektrischen Leitfähigkeit dem zugrunde liegen, wollen wir uns nun ansehen.

Zunächst muß man wissen, daß bei der Überlappung zweier Atomorbitale grundsätzlich ein bindendes und ein antibindendes Molekülorbital (MO) entstehen. Fügt man nun C-Atome zur Diamant-Struktur zusammen, bei der jedes Atom gerade von vier weiteren in tetraedrischer Konfiguration umgeben ist, kann sich im sp^3-Hybrid jedes C-Atom mit seinen Nachbarn die verfügbaren Elektronen so teilen, daß gerade nur die bindenden MO's besetzt sind. Dadurch entsteht ein vollgefülltes *Valenzband*, welches vom nächsten darüberliegenden leeren (antibindenden) *Leitungsband* durch eine Lücke getrennt ist. Energie kann nur noch in Form solcher Quanten zugeführt werden, die es gestatten, die *Bandlücke*** zu überspringen, mit anderen Worten: Da das Valenzband vollständig mit Elektronen gefüllt ist, ist elektrische Leitfähigkeit erst dann möglich, wenn einzelne Elektronen in das normalerweise leere Leitungsband angeregt werden. Deshalb sind solche kovalent gebundenen Festkörper bei genügend tiefen Temperaturen Isolatoren.

Ist die Bandlücke nicht zu groß, kann die thermische Anregung von Elektronen zu einer meßbaren Leitfähigkeit führen; man spricht von *Eigenhalbleitern*. Die dazu pro Mol Elektronen erforderlichen Energien betragen für Diamant 525 kJ, für Silicium 105 kJ und für Germanium 72 kJ. Bei Diamant kann dieser außerordentlich hohe Energiebetrag***

---

* Ein empfehlenswerter Forschungsbericht zur Rolle des Diamanten als neues Halbleitermaterial stammt von K. Heime, PhiuZ 24 (1993), Nr. 3, S. 126.

** In jedem Atom gibt es diskrete Elektronenniveaus, von denen die mit der niedrigsten Energie mit Elektronen besetzt sind. Nähert sich einem Atom ein zweites Atom, so spalten sich alle Energieniveaus aufgrund der Wechselwirkung zwischen den Elektronen auf. Bei n (benachbarten) Atomen ist diese Aufspaltung n-fach (n = 2, 3, ...). In einem Festkörper werden dabei aus besetzten Niveaus das Valenzband und aus unbesetzten Niveaus das Leitungsband. Den Abstand zwischen Valenz- und Leitungsband nennt man *Bandlücke*.

*** In der Atom- und Kernphysik bevorzugt man als Einheit der Energie das Elektronenvolt (Kurzzeichen eV). Die Definition lautet: 1 eV ist die von einem Elektron gewonnene kinetische Energie beim Durchlaufen einer Spannungsdifferenz von 1 Volt. Für die Umrechnung gilt: 1 eV ≈ 100 kJ/mol.

ohne Zerstörung der Struktur nur durch Bestrahlen mit kurzwelligem Ultraviolett-Licht zugeführt werden. Beim Silicium und vor allem Germanium genügt dagegen bereits einfaches Erwärmen, um eine starke Abnahme des elektrischen Widerstandes zu erzielen.

Noch ist der Halbleiter nicht vollständig beschrieben. Es wurde verschwiegen, daß sich die Leitfähigkeit in diesen Materialien aus zwei Anteilen zusammensetzt: einerseits aus der vom Halbleiter und seiner Temperatur bestimmten *Eigenleitung* und andererseits aus der von Störstellen (Fremdatomen) bestimmten *Störstellenleitung*. Die Eigenleitung kommt dadurch zustande, daß negativ geladene Elektronen aus dem vollgefüllten Valenzband in das Leitungsband «springen» (Abbildung 28). Sie hinterlassen im Valenzband ein sogenanntes *Defektelektron* oder *Loch*, das wegen der Erhaltung der Ladungsneutralität positiv geladen ist. Es ist leicht einzusehen, daß in einem Eigenhalbleiter grundsätzlich Elektronen- und Löcherkonzentrationen gleich sein müssen. Die Störstellenleitung wird durch den gezielten Einbau (*Dotierung*) von Fremdstoffen (Störstellen) bewirkt. Dabei unterscheidet man *Donatoren*, die ein Elektron an das Leitungsband abgeben, und *Akzeptoren*, die ein Elektron aus dem Valenzband aufnehmen und dadurch ein positives Loch hinterlassen.

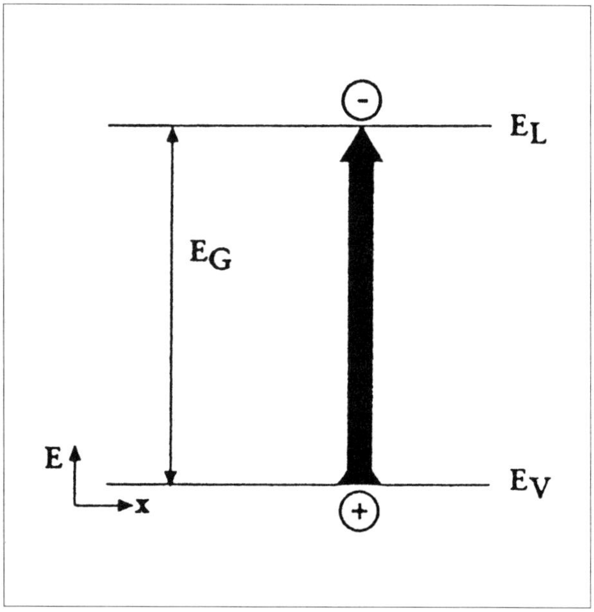

Abb. 28
Eigenleitung in Halbleitern: Durch thermische Anregung geht ein Elektron (–) aus dem Valenzband in das Leitungsband über und hinterläßt im Valenzband ein Loch (+). Beide Ladungsträger nehmen am Stromfluß teil. E_V ist die Energie des Valenzbandes, E_L die Energie des Leitungsbandes und $E_G = E_L - E_V$ der Bandabstand; x ist eine Ortskoordinate.

So findet beispielsweise beim Einbau eines fünfwertigen Atoms (Phosphor) in einen Silicium- oder Germanium-Kristall, in dem wie beim Kohlenstoff jedes Atom vier kovalente Bindungen eingeht, ein p-Elektron des Donators «keinen Platz» in der kovalenten sp^3-Hybrid-Bindung, so daß es leicht in das Leitungsband angeregt werden kann (Abbildung 29 a). Im Fall der Dotierung mit einem dreiwertigen Akzeptor (Bor) bildet sich ein Loch, da ein Valenz-Elektron für die Bindung zu den nächsten Nachbarn fehlt (Abbildung 29 b). Dadurch entsteht ein unbesetztes Orbital, das Elektronen aufnehmen kann. Wichtig für das Verhalten der Halbleiter ist nun, daß sowohl die Leitungselektronen als auch die im Valenzband zurückbleibenden Defektelektronen (Löcher) einen Beitrag zur makroskopisch meßbaren Leitfähigkeit, das heißt zum Ladungstransport, liefern, da sie sich unter dem Einfluß elektrischer Felder durch den Kristall bewegen.

Je nachdem, ob von den Störstellen Elektronen ins Leitungsband abgegeben oder aus dem Valenzband aufgenommen werden, wobei dort bewegliche Löcher zurückbleiben, erhält man zwei Arten von Störstellen-Halbleitern: einen Überschuß- beziehungsweise *n-Typ-Halbleiter* mit Elektronenleitung oder einen Mangel- beziehungsweise *p-Typ-Halbleiter* mit Defektelektronenleitung. Durch Kombination von p- und n-Halbleiter entstehen Sperrschichten (*p-n-Übergang*), deren Eigenschaften schließlich die Grundlage der gesamten Festkörperelektronik (Diode, Transistor, integrierte Schaltungen usw.) bilden. Es ginge über den Rahmen dieses Buches hinaus, solche Halbleiter-Bauelemente zu behandeln. Stattdessen wenden wir uns nun der Verwendung von Diamant als Material für die Elektronik zu.

Wir haben erfahren, daß Diamant bei Raumtemperatur eine vernachlässigbar geringe elektrische Leitfähigkeit besitzt, das heißt ein Isolator ist. Durch geeignete Dotierung ergibt sich jedoch die direkte Möglichkeit, Transistoren mit Diamant als Grundmaterial anstatt des gebräuchlichen Siliciums zu fertigen. Mikrochips aus Diamant würden noch bei Temperaturen bis über 500 °C einwandfrei arbeiten – heutige Silicium-Chips vertragen nur etwa 120 °C. Kein Wunder also, daß rund um den Globus intensiv geforscht wird. Diamant hat, wie bereits erwähnt, eine sehr große Bandlücke (525 kJ/mol) und diese verspricht, Diamant-Transistoren weitgehend unempfindlich gegen Temperaturschocks und Strahlungseinwirkung zu machen. So denkt man etwa an den Einsatz derartiger Transisto-

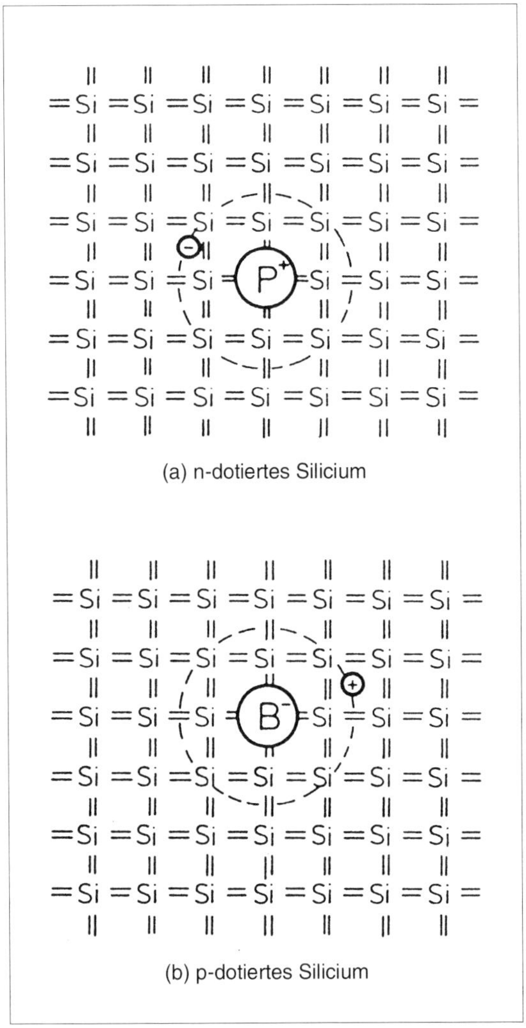

Abb. 29
Schematische Darstellung der Wirkung eines (a) Donators bzw. eines (b) Akzeptors in einem Silicium-Gitter: Das fünfwertige Phosphor-Atom wird anstelle eines Si-Atoms im Gitter eingebaut. Das «fünfte» Elektron des P-Atoms wird zur Bindung nicht benötigt und ist nur schwach an das P-Atom gebunden. Der Fall des Akzeptors (b) läßt sich analog beschreiben: Das dreiwertige Bor nimmt ein zusätzliches Elektron aus dem Si-Gitter auf. Dadurch entsteht ein Loch im Valenzband, das um das negativ geladene Fremdatom «kreist».

ren im Automobil oder für die Telekommunikation im All, wo ein hoher elektromagnetischer Strahlenpegel herrscht.

Ein weiterer Vorteil von Diamant ist, daß in ihm die Geschwindigkeit der ladungstragenden Elektronen und Löcher mit zunehmendem elektrischen Feld monoton ansteigt – anders als in vielen Halbleitern, wo die Geschwindigkeit ein Maximum durchläuft und mit steigender Feldstärke wieder abnimmt. Mit Diamant lassen sich voraussichtlich sehr schnelle Transistoren bauen. Die Elektronengeschwindigkeit kann einen Wert erreichen, der sogar höher ist als der vom Spitzenreiter Galliumarsenid

(GaAs), der wiederum etwa fünfmal höher ist als der von kommerziellem Silicium.

In Analogie zur übrigen Halbleitertechnologie ist es wünschenswert, einkristalline Diamant-Schichten in der gewünschten Dicke und Leitfähigkeit in einem lückenlosen Film großflächig abzuscheiden. Nur dann besteht die Chance, die elektrische Leitfähigkeit des isolierenden Diamanten in kleinen Bereichen kontrolliert zu erhöhen, so daß eine funktionsfähige Schaltung entsteht. Erste Primitivbauteile, sogenannte Schottky-Dioden, funktionieren schon.

Wie kann man nun möglichst preiswert solche erfolgversprechenden dünnen Schichten herstellen? Dazu gibt es eine Reihe von neuen Verfahren, die sich von den früheren radikal unterscheiden. Die Diamanten werden nicht mehr bei hohen Drücken und Temperaturen (HH-Verfahren) hergestellt. Statt dessen versuchen die Forscher, den Diamant Schicht für Schicht aus einzelnen Kohlenstoff-Atomen aufzubauen.

Bei niedrigem Druck, insbesondere bei Atmosphärendruck (etwa 1 bar) oder darunter, kristallisiert Kohlenstoff üblicherweise als Graphit, so wie es in Abbildung 26 (S. 64) dargestellt ist. Das schließt aber nicht aus, daß unter besonderen Versuchsbedingungen auch ein geringfügiger Diamantanteil darunter sein mag. Den ersten Schritt in die gegenwärtig verfolgte Richtung wies 1958 W. G. Eversol (Firma Union Carbide, USA). Eversol beobachtete, daß bei der thermischen Zersetzung kohlenstoffhaltiger Gase auch unter Normaldruck winzige (metastabile) Diamant-Partikel entstehen können. Am besten gelang die Diamant-Bildung durch Pyrolyse von Methan auf Unterlagen aus Diamant. Den Wissenschaftlern eröffnete sich damit eine faszinierende Perspektive: die Synthese von Diamant aus billigen Gasen wie Acetylen, Kohlenmonoxid, Kohlendioxid oder aus Methan. Der Aufwand war jedoch so hoch, daß an eine wirtschaftliche Nutzung nicht zu denken war. Zudem bildete sich stets mehr Graphit als Diamant, so daß der Prozeß unterbrochen und der Graphit weggeätzt werden mußte.

Das weltweite Interesse an dieser *Epitaxie* genannten Technik setzte um 1980 wieder verstärkt ein, als die Erfolge russischer Wissenschaftler bekannt wurden. Als ersten gelang es 1977 der Forschergruppe um Boris Derjagin am Institut für Physikalische Chemie in Moskau, Diamant-Schichten in nennenswerter Stärke auch auf billigeren Substraten wie Silicium oder diversen Metallen aufwachsen zu lassen. Derjagin und

Mitarbeiter hatten gelernt, die Graphit-Bildung zu verhindern, also die Kohlenstoff-Atome einzeln so abzuscheiden, daß die Bildung einer C=C-Doppelbindung vermieden wird.

Eine wichtige Rolle spielt dabei die kontinuierliche Entfernung des Graphits von der Oberfläche durch Fremdatome aus der Gasphase. Dazu entwarfen Derjagin et al. das Konzept eines «Lösungsmittels», das die Bildung von Graphit verhindert, diejenige von Diamant aber nicht beeinträchtigt. Als ein solches Lösungsmittel erkannten sie atomaren Wasserstoff. Die H-Atome werden mittels einer elektrischen Entladung erzeugt. Sie haben den Zweck, die energetisch bevorzugte Bildung von C=C-Bindungen, das heißt die Bildung von Graphit, zu verhindern und die Bildung von Kohlenstoff-Einfachbindungen (sp^3-Hybridorbitale) zu begünstigen. Die thermische Zersetzung von Kohlenwasserstoffen erfolgt im Gemisch mit Wasserstoff (ca. 99% H_2) bei geringem Druck, wobei es zu einer Abscheidung von Diamant aus der Gasphase (Chemical Vapor Deposition, CVD) auf oder in unmittelbarer Umgebung einer etwa 1000 °C heißen Substratoberfläche kommt. Derartig gebildete Diamant-Schichten enthalten noch geringe Mengen Wasserstoff (1%) und Kohlenwasserstoffe, aus denen sie hergestellt wurden. Da aber auch der natürliche Diamant solche Verunreinigungen in gleicher Menge enthält, scheint eine ähnliche Bildung aus der Gasphase nicht ausgeschlossen. Das gleiche gilt übrigens für den interstellaren Staub, der ebenfalls entsprechend gebildeten Diamant enthält.

Das CVD-Verfahren ließ andere Forscher nicht ruhen. Zunächst wurde es von japanischen, später auch von verschiedenen europäischen und amerikanischen Gruppen aufgegriffen und weiterentwickelt. Inzwischen werden auch Mikrowellen- und Radiofrequenz-Plasmen zur Erzeugung von Wasserstoff-Atomen erprobt. Die Bedeutung des CVD-Verfahrens liegt auf der Hand: Anders als bei der Hochdrucksynthese lassen sich großflächige Diamant-Membranen herstellen, indem das bildende Substrat nachträglich chemisch entfernt wird. Die Abscheidung wird durch Temperatur, elektrische Entladung, einem Laserstrahl (vgl. Farbtafel 2) oder auf andere Weise erreicht. Und es gelingt mit dieser Technik, dünne Filme hoher Reinheit oder Überzüge mit entsprechenden Eigenschaften auf einem Trägermaterial beliebiger Form aufwachsen zu lassen. Es hat den Nachteil, daß die Diamant-Überzüge durch verdampftes Metall leicht verunreinigt werden, was aber für viele technische

Zwecke ohne große Bedeutung ist. Die Wachstumsgeschwindigkeit der Diamant-Schicht liegt bei einigen tausendstel Millimetern pro Stunde.

Auf diese Weise hergestellte Filme werden heute schon in großem Maßstab unter anderem als elektronische Materialien, zur Verbesserung optischer Eigenschaften und als Korrosionsschutz eingesetzt. Ferner können dünne Diamant-Folien als vakuumdichte Fenster in Röntgenröhren eingesetzt werden und so das bisher verwendete giftige Beryllium ersetzen. Auch zur Herstellung hochschmelzender Verbindungen, wie zum Beispiel Wolframcarbid-Kristallen, Wolfram-Filmen oder Borcarbiden, eignet sich das CVD-Verfahren.

Den Anforderungen einer künftigen High-Tech-Diamant-Elektronik genügen jedoch auch die zur Zeit qualitativ besten Schichten noch nicht. Nur auf einkristallinem Diamant selbst (*Homoepitaxie*, das heißt Diamant auf Diamant) wachsen die benötigten monokristallinen Lagen großflächig auf. Das aber ist für die Praxis ohne jeden Wert. Auf geeigneten Fremdsubstraten wie Silicium wächst dagegen immer eine Vielzahl kleiner, unterschiedlich ausgerichteter Kriställchen zu einer polykristallinen Diamant-Schicht zusammen (vgl. Farbtafel 3). Zudem ist Silicium nur dann ein annehmbares Substrat, wenn seine bei hohen Temperaturen extrem große elektrische Leitfähigkeit nicht stört, denn bei integrierten Schaltungen ist ein hochohmiges, isolierendes Substrat notwendig. Außerdem stört bei Silicium die im Vergleich zu Diamant niedrige Wärmeleitfähigkeit.

Ein ungelöstes Problem ist ferner die Dotierung des Diamanten. Da Kohlenstoff ein sehr kleines Atom ist und die Gitterkonstante des Diamanten ebenfalls klein ist, ist es schwierig, Dotierstoffe in ausreichender Konzentration einzubringen. Hier liegen möglicherweise physikalische Grenzen für die Anwendungen von Diamant in Bauelementen. Es kommt erschwerend hinzu, daß die Aktivierungsenergie der Störstellen (Donator oder Akzeptor) so hoch ist, daß bei Raumtemperatur, bei der ein Diamant-Bauelement ja arbeiten soll, nur ein Bruchteil der Dotieratome ionisiert ist, im Falle des Bor nur zu etwa 1%. Mit wachsender Temperatur nimmt deshalb, im Gegensatz zu Silicium und Galliumarsenid, die Leitfähigkeit stark zu.

Ein weiteres Problem bei den derzeitigen CVD-Verfahren sind die äußerst geringen Nukleationsraten, das heißt, die Abscheidung von Keimen aus der Dampfphase, bei denen das Schichtwachstum einsetzt, geht sehr langsam vonstatten. Hier könnte Fulleren einen wichtigen Beitrag beim Keimbildungsprozeß liefern. Amerikanische Forscher haben eine Methode entwickelt, mit der man C_{60}- und C_{70}-Schichten durch Sublimation auf einer kristallinen Oberfläche, zum Beispiel Silicium oder Galliumarsenid, geordnet wachsen lassen kann. Auf die so vorbehandelten Substrate wurden anschließend Diamant-Schichten abgeschieden. Besonders bei den C_{70}-vorbehandelten Schichten stellte man stark erhöhte Nukleationsraten und -dichten fest.[39] In dieser Weise könnte die *heteroepitaktische* Abscheidung dünner und glatter einkristalliner Diamant-Schichten auf Fremdsubstanzen gelingen.

Elektronisch gesehen nehmen die Fullerene eine Zwischenstellung zwischen dem metallischen Graphit und dem isolierenden Diamant ein. Kristallines C_{60} ist ein direkter n-Typ-Halbleiter mit einer für ein organisches Molekül ungewöhnlich niedrigen Bandlücke von nur rund 200 kJ/mol (Diamant 525, Silicium 105 kJ/mol). Damit eröffnet sich die Möglichkeit, Fullerene mit Materialien und Bausteinen der herkömmlichen Mikroelektronik zu verknüpfen. Diese Forschungsarbeiten lassen viele interesssante Anwendungen erwarten. Dünne Fulleren-Filme mit erwünschten elektronischen Eigenschaften könnten als aktive Bauelemente in der Mikroelektronik von großem Interesse sein. Dieses Forschungsgebiet steht zwar erst am Anfang der Entwicklung, aber viele Forscher stellen sich schon heute Anwendungen bei optischen Speichern, bei der Bildverarbeitung, in der Nichtlinearen Optik und in der Supraleitung vor. Durch gezieltes Zusammensetzen einzelner Funktionsteile beispielsweise aus C_{60}-Cluster-Netzwerken könnte man möglicherweise elektronische Bauelemente auf molekularer Ebene konstruieren.

In einem ersten Schritt dazu müssen halbleitende, etwa 10 nm dünne Fulleren-Schichten produziert werden. Wenn man einen Weg fände, mit Hilfe der Molekularstrahl-Epitaxie Cluster anstelle von Atomen zu genau definierten Kristallgittern zusammensetzen, ließen sich dünne Fulleren-Filme mit noch wesentlich komplizierteren Strukturen herstellen. Der Trick besteht darin, die Cluster gerade mit soviel Kraft auf ein Substrat aufzubringen, daß sie dort haften, aber nicht zerstört werden.

Dies scheint Forschern an der Universität von Minnesota in Minneapolis gelungen zu sein. Sie konnten regelmäßig angeordnete C_{60}-Monoschichten durch Abscheidung von gereinigtem C_{60} aus der Gasphase bei geringem Druck (CVD-Verfahren) auf gekühlte Galliumarsenid-Oberflächen erzeugen – eine für spezifische elektronische Anwendungen sehr vielversprechende Eigenschaft: C_{60}-Dünnschichten absorbieren Licht im Wellenlängenbereich zwischen 200 und 700 nm und zeigen Fluoreszenz zwischen 650 und 750 nm sowie Phosphoreszenz zwischen 780 und 950 nm. Eine erste lichtemittierende Diode mit C_{60} als aktivem Material wurde an der Universität Marburg entwickelt.[40]

Es werden auch erhebliche Anstrengungen unternommen, Fullerene als dünne Filme abzuscheiden, die als Materialien in der Nichtlinearen Optik (NLO) dienen können. Ausgangspunkt ist die Entdeckung einer Forschergruppe der Du Pont Experimental Station in Wilmington (USA), daß ein intensiver Lichtstrahl, der durch Lösungen und Festkörper mit C_{60} hindurchgeht, eine Frequenzvervielfachung erfährt. Dieses Phänomen hat seine Ursache in dem nichtharmonischen Potential der konjugierten π-Elektronen: Ähnlich wie schwingende Saiten neben der Grundfrequenz auch Oberschwingungen erzeugen, senden die schwingenden Elektronen eines NLO-Materials neben der Anregungsfrequenz ebenso Licht der doppelten und dreifachen Frequenz aus. Die sogenannte optische Suszeptibilität zweiter bzw. dritter Ordnung (X^2 bzw. X^3) gibt dabei an, mit welcher Intensität die zweite bzw. dritte Oberschwingung eines Lichtstrahls mit der Grundfrequenz v_0 bei der Durchquerung des Materials angeregt wird. War der Effekt zunächst nur bei anorganischen Kristallen bekannt, so zeigte er sich wenig später auch bei organischen Molekülkristallen und Polymeren, die elektrisch polarisiert sind.

Die optische Frequenzverdopplung bzw. -verdreifachung gilt als einer der wichtigsten NLO-Effekte, die künftig eine erhebliche technische und wirtschaftliche Bedeutung erlangen könnten. Gelänge es zum Beispiel, auf einfache Weise rotes Laserlicht in blaues umzuwandeln, ließe sich mit einer solchen Lichtquelle die Datendichte in optischen Speichermedien (Compact Disc) leicht vervielfachen.

Für solche und ähnliche industriellen NLO-Anwendungen sind dünne Fulleren-Filme allerdings nicht, wie ursprünglich vermutet, von Interesse. Die NLO-Koeffizienten 2. Ordnung sind im Vergleich zu anderen Materialien viel zu klein und die Koeffizienten 3. Ordnung sind, wie die aller anderen Materialien auch, für potentielle Anwendungen nicht ausreichend.

Auf der Basis theoretischer und experimenteller Untersuchungen wird gegenwärtig spekuliert, daß Fullerene als «Schalter» für die zukünftige optische Datenkommunikation (Photonik) geeignet sein könnten. Löst man C_{60} oder C_{70} in einem organischen Lösungsmittel, erweisen sie sich als optische Begrenzer: Die Lösungen sind bei geringer Lichtintensität transparent und werden bei einer bestimmten Lichtstärke undurchsichtig. Solche nichtlinearen Effekte treten nur in Materialien mit hoher Elektronen-Polarisierbarkeit auf: Wenn sie mit Laserlicht bestrahlt werden, lassen sie nur Strahlung mit niedriger Energie hindurch, wirken also wie eine herabgelassene Jalousie. Diese Beobachtung ist nur mit den Quanteneigenschaften des Clusterkollektivs zu erklären, etwa dadurch, daß der Elektronenfluß die Bandstruktur und damit die Schwellenenergie für eine direkte Lichtabsorption verändert. So etwas läßt sich unter Umständen auch für «intelligente» Laserschutzbrillen ausnutzen.

Ruß – Rohstoff für Fullerene

Das Licht einer Kerzenflamme und der Rauch eines Feuers, Dieselmotoren und qualmende Schornsteine haben eines gemeinsam: winzige Rußpartikel (engl. soot). Die Bildung von Ruß beinhaltet interessante und ungewöhnliche Chemie. Bis zum «Big Bang» im Jahre 1985 war über den Mechanismus der Rußbildung so gut wie überhaupt nichts bekannt. Erst die Entdeckung, daß Buckminsterfulleren und seine kugeligen Geschwister seit undenklichen Zeiten in jenem schwärzesten aller schwarzen Stoffe, dem Ruß, lauern, hat grundlegende Erkenntnisse der Rußbildung zutage gefördert.

Die erste technische Anwendung von Ruß geht natürlich auf seine Eignung als lichtechtes Schwarzpigment zurück. Schon zur Zeit der alten Hochkulturen, vor mehreren tausend Jahren, benötigten Chinesen und Ägypter für Tuschen und Tinten Ruße, die sie aus Harzen, Pflanzenölen oder Asphalt als Rohstoff herstellten. Dieses weitaus älteste Produktionsverfahren hat in abgewandelter Form unter dem Namen *Flammruß-Verfahren* noch heute eine gewisse Bedeutung. Sie erzeugten auch *Lampenruß*, der in kleinen Flämmchen (Lampen) gebildet und an gekühlten Flächen abgeschieden wurde. Später hatten besonders Griechen und Römer einen großen Bedarf an schwarzer Farbe zum Schmücken von Wänden. In seinem berühmten Werk *De Architectura*, einem Standardwerk

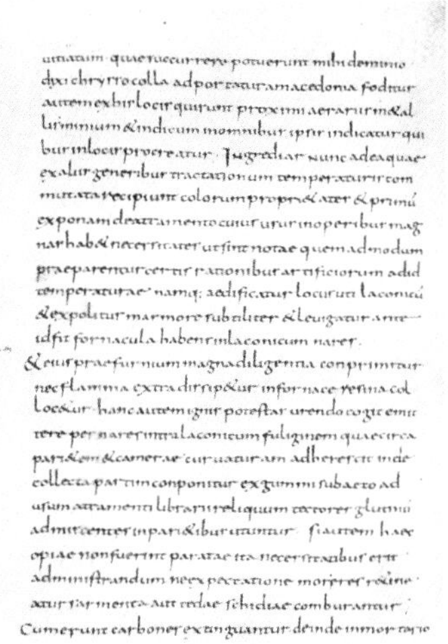

a)

178 VITRUVII

X | Ingrediar nunc ad ea quae ex aliis generibus tractationum temperaturis commutata recipiunt colorum proprietates, et primum exponam de atramento, cuius usus in operibus magnas habet necessitates, ut sint notae quemadmodum prae|parentur certis rationibus artificiorum ad 180

2 id temperaturae. namque aedificatur lacus uti laconicum et expolitur marmore subtiliter et levigatur. ante id fit fornacula habens in laconicum nares, et eius praefurnium magna diligentia comprimitur ne flamma extra dissipetur. in fornace resina | conlocatur. hanc autem ignis potestas urendo cogit emittere per nares intra laconicum fuliginem, quae circa parietem et camarae curvaturam adhaerescit. inde collecta partim componitur ex cummi subacta ad usum atramenti librarii, reliqua tectores glutinum admiscentes

3 in parietibus utuntur. | sin autem hae copiae non fuerint paratae, ita necessitatibus erit administrandum, ne expectatione morae res retineatur. sarmenta aut taedae schidiae comburantur, cum erunt carbones extinguantur, deinde in

4 mortario cum glutino terantur. ita erit atramentum tectoribus non invenustum. non minus | si faex vini arefacta et cocta in fornace fuerit et ea contrita cum glutino in opere inducetur, super quam atramenti suavitatis efficiet colorem, et quo magis ex meliore vino parabitur, non modo atramenti sed etiam indici colorem dabit imitari.

XI | Caerulei temperationes Alexandriae primum sunt inventae, postea item Vestorius Puteolis instituit faciundum. ratio autem eius e quibus est inventa satis habet admirationis. harena enim cum nitri flore conteritur adeo subtiliter ut efficiatur quemadmodum farina, et aes cyprium

---

6 lacus *Nohl* (lacusculus *Fav. 307, 16*): locus *x*. ‖ 9 ne *E G S*[c]: nec *H* et *ante ras. S.* ‖ 10 collocatur *E G*: collocetur *H S.* ‖ 12 camerae (-re *G S*) *x*. ‖ 13 gummi *x* (*cf. Cass. Fel. p. 230, Theod. Prisc. p. 505 ind.*). | subacto *x*. ‖ 14 reliquum (-ū) *x*. ‖ 15 sin: si *x*. ‖ 17 tedae (*H*, tede *S E*, tędę *E*[c]*G*) schidiae (scidię *E*) *x*. ‖ 20 fex *x*. ‖ 22 superque (q;) atramenti *x*. ‖ 25 cae(ce- *E S*)ruli *x*. ‖ 26 faciendum *E*. ‖ 29 cy(i *E S*)prum *x*.

b)

Marcus Vitruvius Pollio

Zehn Bücher über Architektur (Band VII, Kapitel 10)

Schwarzpigmente

Nun komme ich zu den Pigmenten, die erst aus anderen Stoffen bei richtiger Mischung und unter Anwendung bestimmter Verfahren (chemisch) so umgewandelt werden, daß sie dabei die Eigenschaften von Farbpigmenten annehmen. Zuerst will ich das Schwarzpigment vorstellen, dessen Verwendung im Bau unentbehrlich ist. Das Know-how zur Herstellung der richtigen Mischungen muß bekannt sein, damit diese in den entsprechenden Verhältnissen von fachkundigen Handwerkern zubereitet werden können.

Zunächst wird eine gewölbte Kammer in Form eines (römischen) Schwitzbades gebaut, innen sorgfältig mit Marmorstuck ausgekleidet und geglättet. Davor wird eine kleine Brennkammer aufgestellt, deren Auslaßöffnungen in die (Abscheide-) Kammer führen und deren Einlaßöffnung genau soweit geschlossen werden kann, daß die Flamme nicht herausschlägt.

In den Ofen wird nun Kiefernharz eingebracht. Daraus entsteht beim Verbrennen infolge der großen Hitze Ruß, der durch die Auslaßöffnungen in die Abscheidekammer gelangt und sich an den Rundungen der Kammer und des Gewölbes niederschlägt. Der Ruß wird anschließend gesammelt; die Hauptmenge davon wird in arabischen Gummi eingearbeitet, um daraus Schreibschwärze herzustellen. Der verbleibende Rest wird von Stuckhandwerkern mit Leim vermischt und als Wandanstrich verwendet.

Wenn jedoch kein Vorrat vorhanden ist, muß man sich anders behelfen, will man nicht infolge der zu erwartenden Verzögerung die Arbeiten zurückstellen. Dann müssen Kiefernreisig und Kiefernspäne der Verbrennung zugeführt werden; wenn diese in Kohle übergegangen und gelöscht worden sind, dann lassen sie sich im Mörser mit Leim anreiben. Auf diese Weise entsteht eine Schwarzfarbe, die von Stuckhandwerkern geschätzt wird.

Darüberhinaus erhält man aus Weinhefe, wenn diese getrocknet, im Ofen erhitzt und (die erhaltene Kohle) anschließend mit Leim angerieben wird, eine Schwarzfarbe, die auf der Wand eine unübertroffen angenehme Farbgebung hervorruft. Schließlich kann man aus Hefe von feineren Weinsorten nicht nur ein Schwarzpigment herstellen, sondern sogar die blaue Farbe des Indigo imitieren.

c)

Abb. 30
Beschreibung der Rußherstellung aus *De Architectura* von Vitruvius.
a) Mittelalterliche Handschrift; b) lateinischer Text; c) deutsche Übersetzung.

der Antike, beschreibt der römische Baumeister Vitruvius bereits die technische Herstellung von Ruß aus Harz in einem gemauerten Ofen, wobei der Ruß in einer Kammer abgeschieden wird (Abbildung 30). Die Produktpalette, in der die Pigmentruße heute Verwendung finden, reicht von Kosmetikartikeln über Kunststoffe (Schallplatten) bis hin zu Druckfarben und Papier.

Ruß entsteht durch unvollständige Verbrennung beziehungsweise thermische Zersetzung (Pyrolyse) von kohlenstoffhaltigem Material. Die Bildung und Oxidation von Ruß gehören zu den Prozessen, denen Verbrennungschemiker derzeit die größte Aufmerksamkeit widmen. Im Prinzip kann man die Rußbildung sehr gut anhand einer Kerzenflamme demonstrieren: In der äußeren Zone verbrennt ein Teil der Kohlenwasserstoffe, da genügend Luftsauerstoff hinzutreten kann. Dabei wird die Wärme erzeugt, die zum Aufschmelzen und Verdampfen des Wachses benötigt wird. In der folgenden, leuchtenden Zone herrscht Sauerstoffmangel; hier wird Ruß gebildet, der dann gewonnen werden kann, wenn man die Reaktionsgase durch Einbringen eines kalten Gegenstandes rasch abkühlt. Der dunkle Kern einer Kerzenflamme besteht aus verdampfendem Wachs.

Zu Urgroßvaters Zeiten diente Erdöl hauptsächlich als Brennstoff für Petroleumlampen. Wenn man eine hell leuchtende Flamme erhalten wollte, war Rußbildung nicht zu vermeiden. Damit sich aber das Glas nicht schwärzte, durfte der Ruß nur vorübergehend auftreten und mußte am Ende wieder verschwinden, also oxidiert werden. Heutzutage benutzt man elektrisches Licht, und der Zeitgenosse denkt bei dem Begriff Ruß unwillkürlich an bedrohliche Wohlstands-Emissionen – und das nicht ganz zu Unrecht.

Allein siebzigtausend Tonnen Dieselruß wurden 1992 auf den Straßen der alten Bundesländer «freigesetzt»; knapp 20% davon entweichen den Auspufftöpfen der PKW, 60% stammen aus Nutzfahrzeugen, während der Rest zu Lasten des Militärs und der Landwirtschaft geht.[41] Soweit derzeit bekannt ist, bildet sich beim Verbrennungsvorgang von Dieselkraftstoff aus den aliphatischen Kraftstoffbestandteilen durch Pyrolyse reaktives Acetylen (Abbildung 31). Unter Wasserstoffeinbindung entstehen Polyacetylen und Polymerisate, die sich zu ringförmigen Aggregaten zusammenschließen, den sogenannten polycyclischen aromatischen Kohlenwasserstoffen, kurz *PAK* genannt (engl. po-

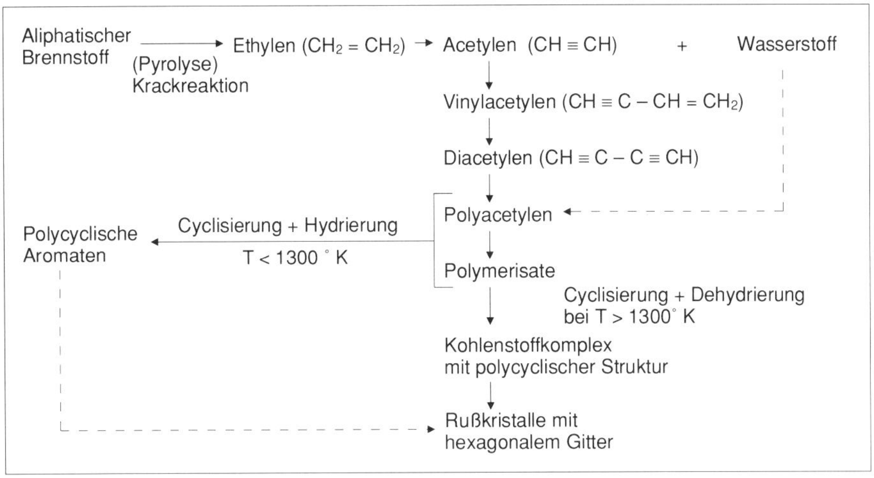

Abb. 31
Schema zur Rußbildung.

lycyclic aromatic hydrocarbon, PAH). Beim weiteren Zusammenklumpen der Moleküle steigt insbesondere der Kohlenstoffanteil. Es entstehen graphitähnliche Rußteilchen, die sogenannten *Rußkerne*. Sie ballen sich zu Rußklümpchen zusammen, die durchschnittlich 100 nm groß sind.

Rußpartikel aus Dieselmotoren bestehen zu 71% aus reinem Kohlenstoff; die PAK machen 24% aus, den Rest bilden Sulfate (3%) und Metalloxide (2%). Der Aufbau eines derartigen Dieselabgasruß-Partikels ist in Abbildung 32 dargestellt. An der Oberfläche dieser Teilchen sind verschiedene Kohlenwasserstoffe angelagert, die entweder direkt aus dem Dieselkraftstoff stammen oder während des Verbrennungsprozesses gebildet wurden.

Die PAK mit ihrem bekanntesten Vertreter, dem Benzo[a]pyren (Abbildung 33), stehen seit längerem unter dem Verdacht, krebserzeugend zu sein. Auf Mäusehaut lösten sie bösartige Krebsgeschwulste aus und sie werden mit den Hautkrebsfällen bei Schornsteinfegern und Teerfarbenarbeitern in Verbindung gebracht. Vor geraumer Zeit wurde auch eindeutig ihre mutagene, also erbgutverändernde Wirkung nachgewiesen. Da die PAK auch im Zigarettenrauch vertreten sind, gelten sie als verantwortlich für die auffallende Häufigkeit von Lungenkrebs bei Kokereiarbeitern und Rauchern.

Abb. 32
a) Rußprimärpartikel;
b) Aufbau eines Kristallitpaketes.

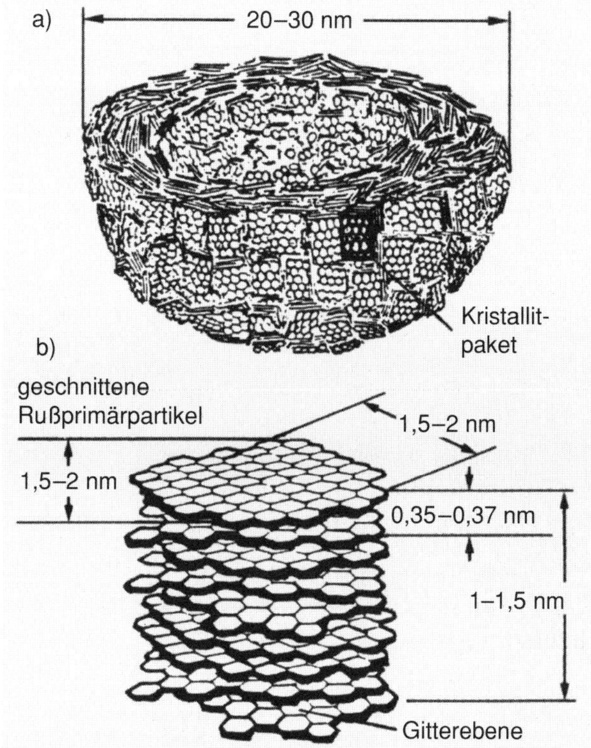

Grenzwerte für Dieselrußimmissionen gibt es bisher nicht. Das Krebsrisiko, dem die Menschen in den Ballungsgebieten Deutschlands speziell durch Dieselrußpartikel ausgesetzt sind, ist erheblich: Über 70 Jahre verteilt, so schätzen Experten, führt die Belastung zu 50 Krebsfällen pro 100000 Einwohner.[42] Die Dieselrückstände tragen damit einen Anteil von 60% des gesamten durch Luftschadstoffe bedingten Krebsrisikos!

Vollends überrascht waren Wissenschaftler um Uwe Heinrich vom Fraunhofer-Institut für Toxikologie und Aerosolforschung in Hannover, als sie Ratten neben üblichem Dieselruß auch sogenannten *technischen Ruß* in die Atemluft mischten, der nahezu völlig frei von den PAK war.[43] Diese Partikel erzeugten eine ähnliche Tumorrate wie Dieselruß. Seitdem gelten weniger die an den Rußteilchen anhaftenden Kohlenwasserstoffe

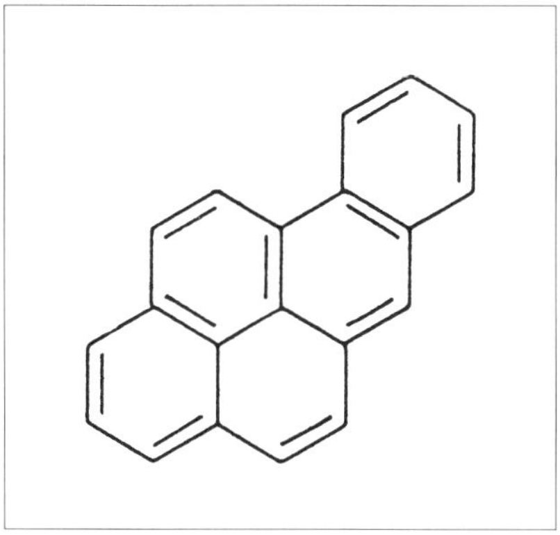

Abb. 33
Benzo[a]pyren.

als die eigentlichen Übeltäter, sondern die Rußpartikel selbst, genauer gesagt deren Rußkerne.

Die Mengen der unter wohldefinierten Prozeßbedingungen industriell hergestellten technischen Ruße (*carbon black*) sind enorm[44]: Die Welt-Rußproduktion beträgt mehr als 6 Millionen Tonnen pro Jahr. Etwa 100 einzelne Rußtypen mit speziellem Eigenschaftsprofil sind auf dem Markt. Dieser Ruß besteht je nach Herstellungsart und Nachbehandlung zu über 90% aus Kohlenstoff sowie organischen und anorganischen Verbindungen. Er wird zu 95% als abriebfester Füllstoff für die Gummifabrikation (Kautschuk) verwendet. Es werden mehr als 20 Rußtypen zur Verstärkung von Kautschuk großtechnisch erzeugt. Beispielsweise enthält jeder PKW-Reifen etwa 3 kg und jeder LKW-Reifen rund 10 kg Ruß.

Zur Herstellung von Industrierußen gibt es mehrere Verfahren. Sie lassen sich genau steuern und erlauben die gezielte, reproduzierbare und gleichmäßige Herstellung unterschiedlicher Rußtypen mit genau bekannten physikalischen und chemischen Eigenschaften. Das wichtigste und zugleich jüngste Herstellverfahren ist das *Furnaceruß-Verfahren*. Über 98% der weltweit erzeugten Industrieruße sind Furnaceruße (engl. furnace = Ofen). Die Vorteile dieses Verfahrens sind der hohe Wirkungsgrad von 40 bis 60% der theoretischen Maximalmenge und die breite Variationsmöglichkeit bei der Teilchengröße (10 bis 80 nm).

Verfahrensabhängig unterscheidet man unter anderem zwischen Gasrußen, Flammrußen, Thermalrußen und Acetylenrußen. Als Rohstoffe für die Rußherstellung nach allen Verfahren dienen Kohlenwasserstoffe, die bei einer Temperatur von 800 bis 1300 °C entweder thermisch (Pyrolyse) oder thermisch-oxidativ, das heißt durch unvollständige Verbrennung, in die Elemente Kohlenstoff und Wasserstoff gespalten werden. Die größte technische Bedeutung hat der thermisch-oxidative Rußprozeß erlangt (Furnace-, Gas- und Flammruß-Verfahren). Dabei erfüllen die eingesetzten Kohlenwasserstoffe eine doppelte Funktion: Sie sind Wärme- und Kohlenstoff-Lieferant zugleich.

Legt man eine Rußflocke unter ein Licht-Mikroskop, so ist kaum eine Struktur zu erkennen. Erst das Raster-Elektronen-Mikroskop (REM) macht deutlich, daß Ruße aus ketten- oder traubenförmig verzweigten Aggregaten bestehen, die sich aus annähernd kugelförmigen Teilchen, den sogenannten *Primärteilchen*, zusammensetzen. Abbildung 34 zeigt eine REM-Aufnahme eines einzelnen Rußteilchens. Die Primärteilchen sind fünf bis mehrere hundert Nanometer große massive Kohlenstoff-Gebilde, deren Form und Größe die physikalischen Eigenschaften des Rußes maßgeblich beeinflussen. Durch Aggregation dieser Teilchen bildet sich eine *Sekundärstruktur*, deren Verzweigungsgrad unter anderem die spezifische Oberfläche des Rußes (10 bis 1000 m^2/g) bestimmt. Um sich von der Teilchengröße und Oberfläche eine Vorstellung zu machen, sei folgendes Gedankenexperiment herangezogen[45]: Würde man die Rußprimärteilchen wie eine Perlenkette aneinanderreihen, so könnte man mit einem Gramm eines feinteiligen Rußes die Entfernung Erde-Sonne überbrücken! Die Oberfläche dieses Rußes entspricht der Fläche eines quadratischen Saales mit einer Kantenlänge von 30 Meter.

Doch welcher Mechanismus führt nun zur Bildung solch filigraner Strukturen? Rußbildung erfolgt durch Wachstum kleiner linearer (Brenn-

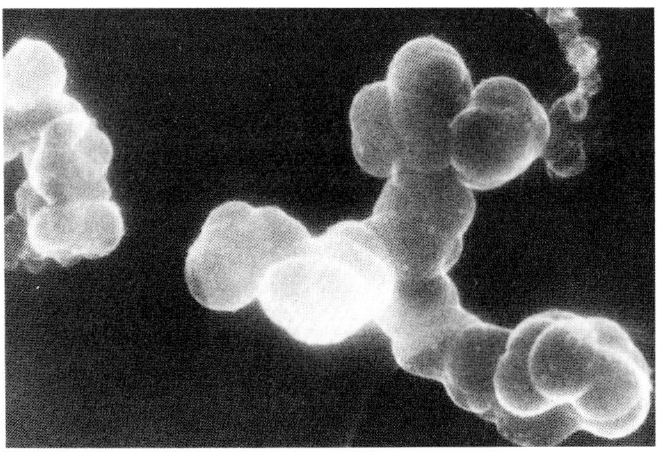

Abb. 34
Rasterelektronenmikroskopische Aufnahme eines Rußteilchens (Vergrößerung: 120 000 : 1).

stoff-) Moleküle mit vielleicht 1 bis 10 Kohlenstoff-Atomen zu Polymeren mit hunderttausenden C-Atomen. Die Bildung vollzieht sich im allgemeinen bei Temperaturen zwischen 1000 und 2000 °C in drei Schritten.[46] Ausgangsstadium ist eine kohlenstoffhaltige Atmosphäre, in der einerseits eine Oxidation des Kohlenstoffs zu CO und CO_2 durch einen Mangel an Sauerstoff unterdrückt wird, und andererseits die Energiedichte hoch genug ist, so daß sich die chemischen Strukturen (Moleküle des Brennstoffs) umformieren und neue Bindungen entstehen können.

Rußbildung beginnt, wie gesagt, mit linearen C-Ketten. Während der Kohlenstoff-Dampf anfängt zu kondensieren, schließen sich diese Ketten zu großen monocyclischen Hula-Hoop-Reifen. Mit fortschreitendem Wachstum brechen die Ringe dann wieder auf und lagern sich zu stabileren polycyclischen Wabenstrukturen um; es werden spontan Kohlenstoff-*Sechsringe* gebildet![47] Die freischwebenden, graphitähnlichen Plättchen in kondensierendem Kohlenstoff-Dampf haben keine oder finden nicht schnell genug Atome, welche die Bindungen an ihren losen Enden absättigen könnten. Deshalb besteht für sie auch kein Grund, eben zu bleiben. Vielmehr sollte sie das physikalische Streben nach einem möglichst niedrigen Energiezustand dazu veranlassen, wann immer dies geht, durch Zusammenrollen ihre lose Enden miteinander zu verbinden (Abbildung 35).

Dies gelingt, wie Smalley und Mitarbeiter herausfanden, durch den Einbau von Fünfecken. Dazu müssen die graphitischen Plättchen nur ihre Bindungen am Rand entsprechend umordnen. Es entsteht ein gewölbtes Wabennetz nach Art des *Corannulens* ($C_{20}H_{10}$), eine becherförmige Verbindung, die aus einem Fünf- und fünf Sechsringen besteht (Abbildung 35 a).

Bei der Bildung der Fullerene aus Graphit haben wir bereits gesehen, daß eine derartige Anordnung energetisch günstig ist, da sich durch den Einbau von Fünfecken die Anzahl der nicht abgesättigten Randbindungen gegenüber einzelnen Ringen verkleinert. Die dabei zu überwindende Energie zur Verformung der Bindungswinkel wird von der Bindungsenergie aufgebracht, die bei der Ausbildung der zusätzlichen Bindungen frei wird. Aber gerade die verbleibende, aufgrund der restlichen freien Bindungen reaktive Außenkante ermöglicht erst ein weiteres Wachstum. Die Form des entstehenden Teilchens hängt in diesem ersten Schritt der Rußbildung wesentlich von Zahl und Anordnung der Fünf- und Sechs-

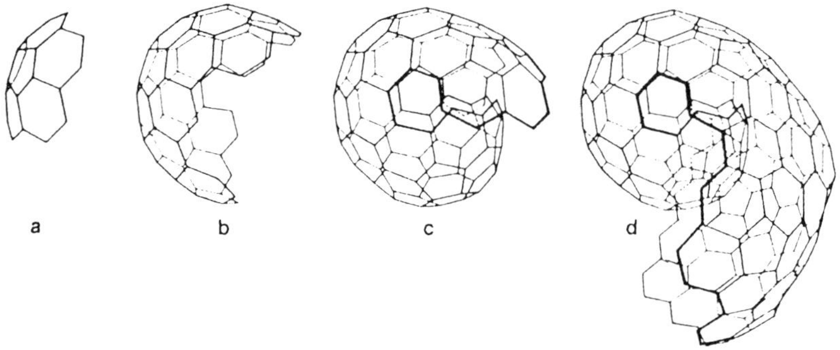

Abb. 35
Modell zur Entstehung eines Rußteilchens: Durch Zusammenlagerung von Fünf- und Sechsringen bilden sich zunächst flache Scheibchen (a), bei deren weiterem Wachstum sphärische Gebilde (b) entstehen. Eine spiralförmige Überlappung ist in c) und d) zu erkennen.

ringe ab. Mit zunehmender Anzahl von Fünfecken wölbt sich das Wabennetz immer stärker, so daß sich schließlich die gegenüberliegenden Kanten nähern. In einem eher unwahrscheinlichen, aber dennoch möglichen Fall werden Fünfringe jeweils von fünf Sechsringen umgeben. Nur in dieser idealen Konfiguration bilden 12 Fünfringe und 20 Sechsringe einen in sich geschlossenen, sehr stabilen Käfig aus 60 Kohlenstoff-Atomen, der uns als C_{60}-Fußball bekannt ist.

Normalerweise aber wachsen die Teilchen derart schnell, daß die Wachstumsfront die gegenüberliegende Kante verfehlt und über sie hinausschießt. Außerdem führen weitere Anlagerungen von aromatischen Ringen oder Ringsystemen am reaktiven Schalenrand (Abbildung 35 b) zu einer schneckenhausförmigen Spiralstruktur der wachsenden Schale (Abbildung 35 c und d) und damit zur Bildung eines Teilchens, das ein graphitähnliches Schichtsystem aufweist. Diese Teilchen machen zum Beispiel rußende Flammen (Kerze) undurchsichtig und verleihen ihnen das charakteristische gelbliche Leuchten. Der Schichtabstand liegt mit 0.30 nm schon nahe bei dem von Graphit (0.335 nm). Die Dauer des gesamten Bildungsprozesses für ein aus ca. 50000 C-Atomen bestehendes Primärteilchen liegt beim Furnace-Verfahren in der Größenordnung von etwa 1 Millisekunde (ms).

Die bei der thermischen Zersetzung der Kohlenwasserstoffe entstehenden wasserstoff- und sauerstoffhaltigen Reste werden ebenfalls in das sich bildende Kohlenstoff-Netz eingelagert und führen damit zu Baufehlern in der Schichtstruktur. Daneben entstehen auch eine Anzahl aromatischer Verbindungen, unter anderem die carcinogenen PAK (Industrieruße bis zu 0.1%). Diese Inhomogenitäten können ihrerseits wiederum in einem zweiten Schritt der Rußbildung als Keime für neue Kohlenstoff-Anlagerungen dienen und zu einem unterbrochenen Schichtaufbau führen. Die Bildung kristalliner Bereiche in der Größenordnung von 2 bis 3 nm, bestehend aus ca. 100 bis 150 Kohlenstoff-Atomen, die in 4 bis 6 Schichten übereinander angeordnet sind, ist die Folge (vgl. Abbildung 32, S. 88).

Die so zusammengesetzten Primärteilchen formieren sich in einem dritten und letzten Schritt der Rußbildung durch Agglomeration beziehungsweise weiteren Kohlenstoff-Anlagerungen zu cluster- oder kettenförmigen Gebilden (vgl. Abbildung 34, S. 90) mit einer Festkörperdichte von etwa 1.85 g/cm^3. Dieser Wert liegt unter der Dichte von Graphit (2.0 bis 2.22 g/cm^3). Diese größeren Partikel verursachen zum Beispiel den schwarzen Rauch einer rußenden Flamme. Die Kügelchen und ihre Agglomerate verfestigen sich, solange sie heiß sind, indem sie Wasserstoff und organisches Material abgeben und zunehmend starre Strukturen ausbilden, die allmählich der Schichtstruktur des Graphits zu ähneln beginnen. Ruß stellt somit eine stark gestörte Erscheinungsform des graphitischen Kohlenstoffs dar. Er geht beim Erhitzen auf 3000 °C im Vakuum in die geordnete Graphit-Modifikation über.

Fassen wir zusammen: Wir haben die Frage beantwortet, was Ruß ist und wie er entsteht. Der beschriebene Mechanismus stammt im wesentlichen von dem «Fußballverein» um Smalley und Kroto.[48] Die polycyclischen aromatischen Kohlenwasserstoffe (PAK), von denen man weiß, daß sie in höheren Konzentrationen in rußenden Flammen vorkommen, neigen bei hohen Temperaturen zur Bildung gekrümmter Flächen, wobei Fünf- und Sechsringe entstehen, die sich aus energetischen Gründen zusammenschließen und zu einer größeren Struktur anwachsen. Diese nautilusförmigen Gebilde wirken als Keimzellen für die Bildung von Ruß. Daß sie sich vollständig schließen und einen Fulleren-Käfig mit geradzahliger Anzahl von C-Atomen bilden, ist eher unwahrscheinlich, sie haben lediglich eine gewisse Tendenz, dies zu tun.

Vielmehr sättigen sich die freien Valenzen in Gegenwart von Fremdatomen sofort ab. Bei der Graphit-Verdampfung zum Beispiel fällt die Fullerit-Ausbeute stark ab, wenn dem inerten Kühlgas Wasserstoff oder Sauerstoff zugemischt wird. Die Folge ist, daß sich das rasch wachsende Kohlenstoff-Netz ungleichmäßig faltet und eine zweite Schale zu formen beginnt, bevor das Wachstum der ersten beendet ist (vgl. Abbildung 35 c, S. 92). Es entstehen verzweigte Aggregate von annähernd kugelförmiger Gestalt, die Primärteilchen.

In diesem Wachstumsmodell sind also Fullerene wie C_{60} oder C_{70} die eher unwahrscheinlichen Endprodukte von Sackgassen in einem Prozeß, bei dem aus sich einrollenden und spiralförmig übereinanderwachsenden Graphit-Plättchen letztendlich Ruß entsteht. Kurzum: *Fullerene sind Nebenprodukte der Rußbildung*! Diese Anschauung von Smalley, Kroto et al. wurde jedoch von einigen Verbrennungschemikern nicht gerade freundlich aufgenommen.[49] Sie bestritten, daß die Bildung von Fulleren mit den Eigenschaften und der Zusammensetzung von Rußteilchen vereinbar sei. Ferner sollte die Entstehung «offener» Fullerene nicht mit der Kinetik der Rußbildung in Einklang stehen.

Das Wachstumsmodell gewann jedoch 1987 erheblich an Bedeutung, als C_{60} in rußenden Flammen nachgewiesen wurde. Im Zuge ihrer massenspektrometrischen Untersuchungen zur Kohlenstoff-Chemie in Flammen stießen Klaus-Heinrich Homann und seine Mitarbeiter vom Institut für Physikalische Chemie der TH Darmstadt eher zufällig auf Fulleren.[50] Sie entdeckten, daß C_{60} in einer rußenden Flamme das dominierende Ion ist. Dies war die erste Beobachtung von Fulleren in der Natur. Es konnten Ausbeuten in der Größenordnung von einigen Promille erreicht werden. Das erscheint zwar wenig, den Hauptanteil machen die bei der Verbrennung üblichen Reaktionsprodukte wie PAK, CO, CO_2 und H_2O aus, aber die Forscher konnten die Vermutung bestätigen, daß die Bildung eines in sich geschlossenen Kohlenstoff-Käfigs ein relativ seltener Vorgang ist – die Moleküle wachsen in die dritte Dimension eher zu Rußteilchen.

Enthält die Flamme von vornherein Benzol oder Naphtalin, steigt die Fulleren-Ausbeute an. Aufgrund dessen stellte Homann die Hypothese auf, daß unter bestimmten Bedingungen polycyclische Aromaten nach ihrer Zusammenlagerung den Wasserstoff in einem intramolekularen Prozeß abspalten und zu einem Fulleren fusionieren können. In acetylenischen Flammen hingegen bilden sich voluminöse Fullerene, größer als C_{60}, in beträchtlichen Mengen, wenn die Flamme auch viel Ruß enthält.[51]

1991 konnten Jack Howard et al. am Massachusetts Institute of Technology (MIT, Cambridge/USA) mit einer sorgfältigen Untersuchung zeigen, daß bis zu 7% (!) des Rußes einer Benzolflamme aus C_{60} und C_{70} bestehen.[52] Darüber hinaus scheint dieser Ruß eine Fundgrube für noch andere, chemisch wahrscheinlich nur schwer extrahierbare, zum Teil riesige Kohlenstoff-Moleküle mit interessanter Architektur zu sein. Wegen der Energieeffizienz und der methodischen Einfachheit könnte übrigens die unvollständige Verbrennung von aromatischen Kohlenwasserstoffen auf lange Sicht das preiswerteste Verfahren für eine technische Fulleren-Herstellung werden.

Faszinierenderweise scheint C_{60} geradezu zwangsläufig immer dann zu entstehen, wenn der Kohlenstoff bei genügend hoher Temperatur hinreichend langsam kondensiert. Daß die sich wölbenden Plättchen zu einer perfekten Kugel zusammenwachsen, muß auch nicht immer so unwahrscheinlich sein. So wird zwar in einer Kerzenflamme, in der viel Wasserstoff umherschwirrt, der sich an lose Enden binden kann, das Sich-Wölben und -Schließen der graphitartigen Plättchen behindert. Bei der Kondensation von reinem Kohlenstoff jedoch sollte sich die Zeit verlängern lassen, in der die Wabennetze noch lose Enden haben. Wenn die Temperatur hoch genug ist, können dann Baufehler ausheilen und die Netze ihre gemäß der Fünfeck-Regel günstigste Form annehmen. Unter solchen Bedingungen ist nach Ansicht von Smalley durchaus eine hohe Ausbeute an C_{60} möglich.[53]

Darin besteht das Erfolgsgeheimnis von Krätschmer und Huffman. Weil sie einen einfachen, widerstandsbeheizten Graphitstab benutzten, ist dafür gesorgt, daß die Konzentration von kurzen linearen Kohlenstoff-Ketten niedrig bleibt und diese sich nur verhältnismäßig langsam an die graphitischen Plättchen anlagern. Die Rolle des Heliums besteht unter anderem darin, daß es die Plättchen daran hindert, allzu schnell von dem Graphitstab abzuwandern. Auf diese Weise bleiben sie länger in der Nähe des Lichtbogens, wo es heiß genug ist, daß sie sich optimal wölben und schließlich zum Käfig schließen können.

Smalley und Kroto waren so erpicht darauf, die Existenz der Fußball-Moleküle zu beweisen, daß sie ihrem 1985 entworfenen Wachstumsmodell nicht mehr an Einsichten abverlangten, als zur einfachen Herstellung geringer C_{60}-Mengen erforderlich war. Hätten sie weitergedacht und alle logischen Konsequenzen in Betracht gezogen, hätten sie bemerken müssen, daß sie den Kohlenstoff zu schnell erwärmten und kühlten, als daß die Cluster in Ruhe wachsen und zu ihrer optimalen, stabilsten Struktur finden konnten. Dann wäre die Lösung offenkundig gewesen: Die Apparatur als Ganzes muß erwärmt werden, damit die Wolke aus laserverdampftem Kohlenstoff, wenn sie sich ausdehnt, heiß genug bleibt, daß die enthaltenen Cluster sich noch umlagern können. Und richtig: Als sie im Herbst 1990 schließlich so verfuhren und die Graphitproben im Ofen auf 1200 °C erhitzten, schlug sich augenblicklich ein gelbbrauner Film von C_{60} und C_{70} an den Wänden nieder. Sie fanden, was sie gesucht hatten – fünf Jahre zu spät.

Man mag sich inzwischen gefragt haben, ob Fullerene auch in unserem «normalen» Alltags- oder Industrieruß oder sonstwie auf der Erde auftreten. Tatsächlich gibt es einige natürliche Vorkommen. In winzigen Spuren sind sie einerseits in einer gewöhnlichen Kerzenflamme nachgewiesen worden[54], andererseits haben Forscher in einigen wenigen Mineralien Fullerene entdeckt. In Shunghei, einer russischen Stadt in Karelien, rund 300 km nordöstlich von St. Petersburg, wurden Fullerene in einem Mineral entdeckt. Dieses als *Shungit* bezeichnete Mineral aus dem Präkambrium besteht aus fast reinem, nur schwach graphitisiertem Kohlenstoff. Es gleicht in etwa Anthrazitkohle, die durch Einwirkung von sehr hohen Drücken und Temperaturen ihre Struktur änderte. Geologen von der Arizona State University haben darin Spuren von C_{60} und C_{70} massenspektrometrisch nachgewiesen.[55] Vor allem in den Grenzflächen zwischen den einzelnen Shungit-Schichten und entlang von Brüchen im Gestein fand man die Verbindungen. Unklar ist aber noch, ob die gefundenen Fullerene aus dem Präkambrium stammen, also rund eine halbe Milliarde Jahre alt sind, oder sich erst später aus Sekundärprodukten gebildet haben.

In jedem Falle zeigt der Fund, daß Fullerene einerseits nicht nur temperatur- und druckbeständige Substanzen sind, sondern auch eine erstaunlich hohe Langzeitstabilität aufweisen, andererseits könnten sie in der sehr dichten Umgebung eines Festkörpers entstanden sein. Das ist insofern bemerkenswert, als bei der Laborsynthese die Konzentration an Atomen äußerst gering sein muß, damit die Käfige überhaupt entstehen. Sind reaktive Fremdstoffe zugegen, werden die freien Kohlenstoff-Valenzen abgesättigt, bevor sich die Cluster schließen können. Das Wachstum wird gestoppt und die Fulleren-Bildung unterbleibt. Bei der Graphit-Verdampfung fällt, wie bereits erwähnt, die Ausbeute stark ab, wenn dem inerten Helium ein Gas wie Sauerstoff oder Wasserstoff zugemischt wird.

Außerdem entdeckten die Forscher aus Arizona Spuren von Fulleren in *Fulgurit*, einem glasartigen Gestein, das vor mehreren Millionen Jahren durch Blitzeinschlag entstanden ist. Die Hitze beim Einschlag des Blitzes war offenbar so groß, daß das Gestein schmolz und sich gleichzeitig C_{60}-, C_{70}- und höhere Cluster formten. Woher der zur Synthese erforderliche Kohlenstoff stammt, ist noch unklar; der Stein selbst enthält nämlich keinen Kohlenstoff.

Mit zwei grundsätzlichen Aspekten wollen wir dieses Kapitel abschließen. Zum einen ist das oben beschriebene Wachstumsmodell notwendigerweise stark vereinfacht dargestellt. Man darf nicht übersehen, daß in Wirklichkeit die Bildung von Fulleren in einem heißen, chaotischen Plasma ein für den Menschen unüberschaubar komplexes Problem ist. Der einzige Grund für die Annahme, daß ein solcher Prozeß oder irgendeine andere chemische Reaktion überhaupt ablaufen, ist allein die Beobachtung, daß sie tatsächlich stattfinden. Das klingt zunächst trivial, doch die Konsequenzen sind dramatisch. Naturwissenschaft und damit auch die Chemie besteht aus mehr oder weniger logischen *Plausibilitätsannahmen*, die sich in Form der Technik im Laufe der Geschichte als mächtiges Hilfsmittel zum Verstehen und zur Gestaltung unserer Umwelt erwiesen haben. Niemand hat je ein Atom gesehen. Niemand weiß, wie eine Reaktion wirklich abläuft, wir haben nur Modellvorstellungen und Theorien. Jedes Werkzeug trägt aber nur den Geist in sich, aus dem heraus es geschaffen wurde. Der Mensch ist ein Teil der Natur, ein recht unvollkommener Teil dessen, was ein ungeheures Geheimnis ist. Wir können es nicht angeben, wir erkennen es nicht, wir verstehen ja genau genommen fast nichts von dem, was wir um uns herum sehen und entdecken. Wie will man da einen so komplizierten Vorgang wie die Bildung eines Kohlenstoff-Clusters verstehen!? Womöglich sieht unsere «Vernunft» in der Natur nur, was unsere Vernunft selber hervorbringt. Vielleicht gibt es gar keine objektive Antwort der Materie auf den Ruf der Menschen, der Ruf gibt womöglich die Antwort vor. Man erläßt Gesetze, um sie dann herauszulesen. «*Alles was ist, ist nur in der Idee, die es erkennt*»[56], bemerkte der Grieche Parmenides. Eine zweitausendfünfhundert Jahre alte Warnung, sich nicht selber zu übertölpeln. Sinnsuche ist trickreich, da wird der Wunsch zum Vater des Gedankens.

Das Experiment ist auch nicht mehr als eine *Demonstration*, die sich in den Rahmen einer Theorie oder eines Modells einfügt oder sich dagegen sperrt. Die Wissenschaftler setzen in der Regel alles daran, die Spuren ihrer Überzeugungsarbeit zu verwischen: Die Beschreibung einer experimentellen Prozedur stellt eine von allen mittlerweile überwundenen Irrtümern, Schwierigkeiten, mißlungenen Ansätzen und Umwegen gereinigte und stark geglättete Version der Realität dar – den Endzustand, ordentlich, salonfähig, optimiert. Uns schmeichelt eben die Vorstellung, die Materie völlig kontrolliert, ihr unser geistiges Konzept übergestülpt zu haben. Wenn die Forscher ihre Arbeit getan haben, erscheint es, als habe die Natur im Experiment direkt geantwortet. Mit Hintersinn schrieb deshalb Friedrich Wilhelm Schelling* 1846: «*Jedes Experiment ist eine Frage an die Natur, auf welche sie zu antworten gezwungen ist. Aber die Frage enthält ein verstecktes a priori; jedes Experiment, das Experiment ist, ist Prophezeiung; das Experimentieren selbst ein Hervorbringen der Erscheinung.*» Der Naturphilosoph kannte das Widersinnige: Ihre Geheimnisse sollen der Natur ausgerechnet über die Herstellung unnatürlicher Zustände entlockt werden. Insofern mag es zweifelhaft sein, ob das Experiment tatsächlich etwas über die Wahrheit und die Gesetze der Natur aussagt. Vielleicht muß uns Menschen die Erkenntnis genügen, daß die Natur ein ungeheures Geheimnis ist, das wir zwar (experimentell) beobachten, aber nicht «wahrnehmen» können.

Der zweite Aspekt hat einen wesentlich handfesteren Hintergrund. Wenn sich nämlich tatsächlich erhärten sollte, daß nicht die an den Rußteilchen anhaftenden Kohlenwasserstoffe carcinogen wirken, sondern die Rußpartikel selbst, vielmehr deren Kerne, könnten sich auch die Fullerene als hochtoxisch erweisen! Außerdem entstehen bei den verschiedenen Methoden zur Herstellung von Fulleren nicht nur die erwiesenermaßen krebserzeugenden PAKs, sondern ein aufgrund der geringen Dimension

* Friedrich Wilhelm Joseph von Schelling (1775 bis 1854), deutscher Philosoph; die Aufgabe der Naturwissenschaft sah Schelling darin, in den ursprünglichen Zustand von Mensch und Natur zurückzukehren (*Erster Entwurf eines Systems der Naturphilosophie*, 1798/99).

der Teilchen wahrscheinlich lungengängiger Feinstaub, über dessen Abbaubarkeit im Organismus nichts bekannt ist. Um den Anforderungen für denkbare technische Anwendungen von Fulleren gerecht zu werden, müssen deshalb vorerst noch grundsätzliche toxikologische Fragen geklärt werden. Die Wirkung unbekannter molekularer Strukturen auf Organismen muß stets in jedem Einzelfall untersucht werden, da sich hier kaum Vorhersagen machen lassen.

Kapitel 3
Was sind Cluster?

In diesem Kapitel werfen wir einen Blick in das lange Zeit von den Wissenschaftlern vernachlässigte, aber faszinierende Gebiet der *Cluster*, das heißt Atomaggregate, die zu groß sind, um Moleküle genannt zu werden, aber noch zu klein, um zumindest die Struktur eines Kristalls zu haben.

Für das Verständnis des Übergangs von Atomen über Moleküle und größere Teilchenansammlungen zum Festkörper sind Cluster ein entscheidendes Bindeglied. Angesiedelt im Bereich zwischen der Atom- und Molekülphysik mit zwei bis zu einigen hundert Bauelementen auf der einen und der Festkörperphysik mit mehr als 100 Millionen Teilchen auf der anderen Seite, schlagen sie eine Brücke zwischen Forschungsgebieten, die sich in der Vergangenheit getrennt entwickelt haben.

Die potentielle Bedeutung von Clustern wurde erkannt, lange bevor sie sich im Labor herstellen ließen. Den wohl frühesten Hinweis auf Cluster* gab schon 1661 Robert Boyle** in seinem Werk *The Sceptical Chymist* (Der skeptische Chemiker). Er spricht darin von «*minute masses or clusters (that) were not easily dissipable into such particles as compos'd them*»[57] (kleinen Mengen oder Clustern, die sich nicht leicht weiter in Teilchen zerlegen ließen, aus denen sie sich aufbauen).

Seit Anfang der 80er Jahre und speziell seit Entdeckung von Fulleren erfährt die Cluster-Forschung in Chemie und Physik einen stürmischen

---

* Das Wort «*Cluster*» ist nordgermanischen Ursprungs (*Klustro*) und bezeichnet eine Anhäufung von materiellen oder immateriellen Dingen, zum Beispiel Trauben oder Ideen.

** Robert Boyle (1627 bis 1691), britischer Naturforscher; Boyle ist in die Geschichte der Chemie vor allem eingegangen als erster fundierter Kritiker der Lehre von den vier empedokleischen Elementen Feuer, Wasser, Luft und Erde.

Aufschwung. Dies gilt sowohl für die experimentellen Methoden zur Präparation, Spektroskopie und Strukturbestimmung als auch für den theoretischen Bereich. Der interdisziplinäre Charakter dieses Gebiets hat aber auch zu einer verwirrenden Terminologie geführt: man spricht unter anderem von *kleinen Teilchen*, *Mikroclustern*, *Körnern*, *Oligomeren*, *Aerosolen* und *Mikrokristallen*. Wir wollen uns deshalb zunächst einige Begriffe veranschaulichen, die im wesentlichen auf Patrick Martin[58] zurückgehen.

Ein Ring aus acht Schwefel-Atomen (S_8), ein Tetraeder aus vier Arsen-Atomen (As_4) oder eine Verbindung wie Phosphorpentoxid (P_4O_{10}) können mit gutem Gewissen nicht als Cluster bezeichnet werden (Abbildung 36). Solche stabilen Einheiten sind durch so starke Bindungen zusammengehalten, daß sie im festen, flüssigen und gasförmigen Zustand existieren und deshalb von jeher *Moleküle* genannt werden. Moleküle sind in der Regel leicht zugänglich, und ihre Eigenschaften sind gewöhnlich gut untersucht.

Zerteilt man in einem Gedankenexperiment einen Festkörper in immer kleinere Stücke (Abbildung 37), so ist auch intuitiv klar, daß bei dieser Operation der Gegenstand seine Festkörpereigenschaften wie Härte und Schmelzpunkt verliert, lange bevor er in einzelne Atome zerlegt ist. Seine Merkmale verschwinden also eines nach dem anderen. Sie werden nach und nach durch Eigenschaften ersetzt, die aber auch nicht typisch für Gase oder Flüssigkeiten sind, sondern kennzeichnend für eine neue Phase, die man *Cluster* nennt.

Als Cluster bezeichnet Martin deshalb solche «*Atom- oder Molekülaggregate, die nur in geringer Anzahl in einer sich im Gleichgewicht befindlichen Gasphase vertreten sind*» (Abbildung 36). Häufig macht es auch keinen Sinn, den Aggregatzustand eines Clusters mit flüssig oder fest zu beschreiben; für die charakteristischen Eigenschaften kondensierter Materie ist die Zahl der Atome einfach zu klein. Daher können Ansammlungen von wenigen Atomen einen eigenständigen Aggregatzustand bilden.*

* Interessant in dem Zusammenhang ist auch ein Streit unter den Theoretikern: Während die einen behaupten, Fullerene sollten unter bestimmten Bedingungen auch als Flüssigkeit existieren, streiten ihre Kollegen dies ab. Behalten letztere recht, und einiges deutet darauf hin, wären die Kohlenstoff-Cluster die ersten Verbindungen, die es prinzipiell nur als Feststoff oder Gas gibt.

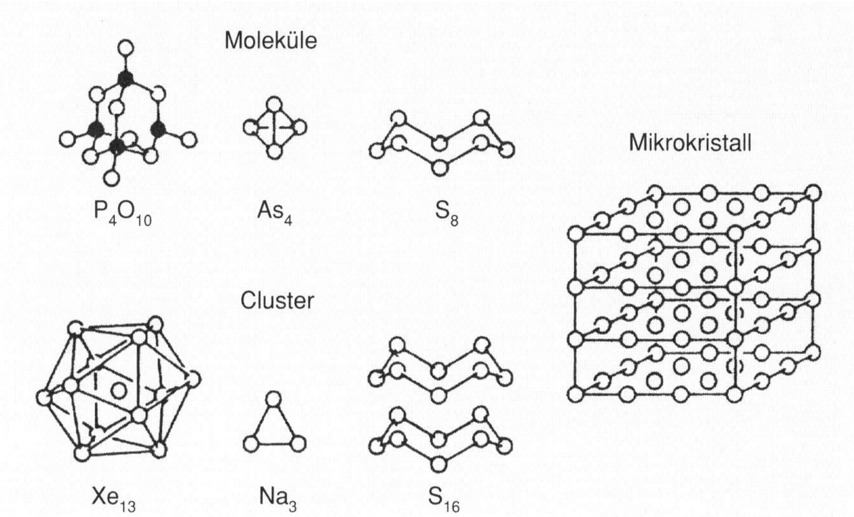

Abb. 36
Moleküle, Cluster und ein Mikrokristall.

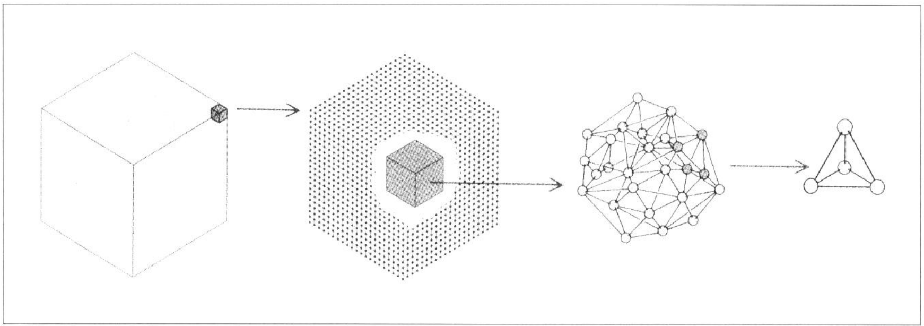

Abb. 37
Ein Festkörper läßt sich immer weiter verkleinern, ohne daß bei diesem Prozeß ein wohldefinierter Übergangspunkt zu einem Cluster festzustellen wäre. Unterschiedliche Eigenschaften wie Schmelzpunkt, Ionisierungspotential und Geometrie ändern sich von denen des Festkörpers bei unterschiedlicher Größe – gleichbedeutend mit unterschiedlicher Anzahl von Atomen – zu denen des Mikroclusters.

Bei größeren Clustern gibt es Temperaturbereiche, in denen beide Phasen, flüssig und fest, koexistieren. In diesen Fällen erstreckt sich dann der Schmelzvorgang in einem Cluster über ein endliches Temperaturintervall, das mit zunehmender Clustergröße immer enger wird, bis es schließlich den scharfen Schmelzpunkt des Festkörpers erreicht. So liegt zum Beispiel der Schmelzpunkt von Gold Clustern mit etwa 100000 Atomen noch etwa 5% unter dem Schmelzpunkt von kristallinem Gold (1065 °C), während andere Eigenschaften schon bei wesentlich kleineren Clustern den Festkörperwert erreichen. Die Situation wird noch dadurch kompliziert, daß es aus theoretischen Berechnungen deutliche Hinweise auf ein vorzeitig einsetzendes Schmelzen der Clusteroberfläche gibt. Die Tendenz zu solchen «weichen» Strukturen wird durch eine häufig recht ungerichtete Bindung unterstützt (Edelgas-Cluster), im Gegensatz zu Molekülen mit stark hybridisierter kovalenter Atombindung.

Wenn ein Cluster eine kritische Größe erreicht, kann er seinen Bau beziehungsweise seine Geometrie nicht mehr jedesmal verändern, wenn ein neues Atom hinzukommt. Im Cluster wird dann eine endgültige Gitterstruktur eingefroren. Diese «Kristallisation» kann schon bei Aggregaten aus weniger als 100 Atomen auftreten. Solche Systeme nennt man *Mikrokristalle* (Abbildung 36).

Eigenschaften

Welche Ziele verfolgt die Cluster-Forschung? Die Existenz von Clustern wirft Fragen auf, die an den Kern der Festkörperphysik und -chemie sowie der ihnen verwandten Materialwissenschaften gehen: Wie klein muß eine Ansammlung von Teilchen werden, bevor die Eigenschaften der ursprünglichen Substanz verlorengehen? Gibt es einen kontinuierlichen Übergang von der kompakten Materie zu einfachen ein- oder zweikernigen Komplexen?

Es zeigt sich, daß die Antworten von der jeweils untersuchten Eigenschaft abhängen. Man kennt heute beispielsweise vielkernige, aber noch molekulare Systeme, die über 500 Metallatome enthalten. Wo aber fängt der metallische Zustand an? Wieviele Atome sind notwendig, um metallische Eigenschaften zu erzeugen? Niemand kann diese fundamentalen Fragen zur Zeit zuverlässig beantworten. Sicher wird das, was man als metallischen Zustand bezeichnet, nicht plötzlich bei Erreichen einer bestimmten Zahl von Metallatomen auftauchen. Vielmehr wird sich diese Eigenschaft allmählich einstellen. Cluster geben die Möglichkeit, den Übergang zu untersuchen. Mit Hilfe von *Clusterstrahlen* will man unter anderem herausfinden, ob Baueinheiten, die im Festkörper nachgewiesen wurden, auch als isolierte Cluster in der Gasphase existieren. Elektronenbeugungsbilder können die Struktur der Cluster, die mittlere Größe und den mittleren Atomabstand liefern.

Warum sind die Eigenschaften von Clustern interessant? Man möchte beispielsweise verstehen, wie der Prozeß des Kristallwachstums in der Anfangsphase verläuft. Jedesmal, wenn sich ein Atom oder Molekül an den Cluster anlagert, ordnen sich die Atome im Cluster vollständig um; der Cluster «rekonstruiert» sich. Man würde gerne die Abfolge der Strukturen eines Clusters kennen, die er beim Übergang vom Molekül zum Kristall durchläuft.

Alle Eigenschaften, die auf der Anordnung der Atomkerne und der Elektronen im Cluster beruhen, ändern sich mit der Clustergröße. So lassen sich beispielsweise das Lichtabsorptions- und das Emissionsverhalten und damit die Farbe durch Variation der Größe über das gesamte optische Spektrum verschieben. Beim Übergang vom Atom über Molekül und Cluster zum Festkörper wächst die Anzahl der diskreten Energiezustände (Orbitale), welche die Elektronen besetzen können, immer mehr an, bis schließlich beim Festkörper kontinuierliche *Bänder* entstehen, die – je nach ihrer Besetzung – den Kristall zum Leiter, Halbleiter oder Isolator werden lassen. Von besonderem Interesse ist hier die Anzahl von Atomen, die ein Cluster aufweisen muß, ehe sich die Elektronen frei im Leitungsband bewegen können.

Ein anderer Beweggrund für das Studium von Clustern ist, daß es die Massenspektrometrie von Clusterstrahlen auf neuartige und praktische Weise ermöglicht, eine kontrollierte Reaktion der Elemente durchzuführen und die Stabilität der Reaktionsprodukte zu bestimmen.[59] Mehrfach geladene Cluster «explodieren», wenn die Bindungskräfte kleiner sind als die Coulomb-Abstoßung der Elektronen. Dies erlaubt Aussagen über Bindungsverhältnisse. Cluster zeigen auch besondere chemische Reaktionen und interessante katalytische Aktivitäten.

Viele Eigenschaften von Clustern beruhen darauf, daß sich die Mehrzahl der Atome, aus denen sie bestehen, im oberflächennahen Bereich befindet. Andere Eigenschaften rühren von unabgesättigten elektronischen Bindungsmöglichkeiten her: Die Cluster sind gewissermaßen «nackt» und damit hochreaktiv. Deshalb lassen sich mit ihnen zum einen sehr wirksam Festkörpereigenschaften untersuchen, zum anderen ergeben sich wirtschaftlich interessante, industrielle Anwendungen: etwa bei der Züchtung von Kristallen, der selektiven chemischen Katalyse oder der

Erzeugung völlig neuer Materialien mit maßgeschneiderten elektronischen, magnetischen und optischen Eigenschaften.

So haben sich zum Beispiel Platin-Iridium-Cluster als äußerst wirksame Katalysatoren bei der Umwandlung gewöhnlicher Erdölkohlenwasserstoffe in solche mit hoher Oktanzahl erwiesen. In der Mikroelektronik, etwa bei der Datenspeicherung, werden die Bauteile immer kleiner, teilweise befinden sie sich schon im Bereich sehr großer Cluster. Ihre elektrischen und magnetischen Eigenschaften beginnen sich deshalb von den bekannten Merkmalen des Festkörpers zu unterscheiden. In der Photographie dagegen ist die Bedeutung von Silber- und Silberhalogenid-Clustern schon länger bekannt; neuere Ergebnisse bestätigen, daß Systeme aus vier Silber-Atomen besonders wirksam sind. Einer wesentlich älteren Anwendung verdanken manche Glaswaren und Keramiken ihre brillanten Farben: Durch Zusatz von Gold-Clustern färbt man Glas rot, durch Silber-Partikel blau.

Herstellung

Wegen ihrer mikroskopischen Ausmaße und zumeist extremen Reaktivität konnte man bis in die 50er Jahre dieses Jahrhunderts Cluster nicht mit den Methoden der traditionellen Chemie untersuchen oder gar synthetisieren. Bei den damaligen Ansätzen, in solche Dimensionen vorzustoßen, verdampfte man in einem *elektrisch beheizten Ofen* Metall, das sich dann auf einem Substrat in Form von Clustern abschied. Die ersten Versuche führten japanische Wissenschaftler mit Alkalimetallen wie Natrium und Kalium bei Temperaturen von etwa 1000 °C durch. Aus diesen und anderen Elementen mit höheren Übergangstemperaturen ließen sich jedoch üblicherweise nur Cluster von drei bis fünf Atomen herstellen.

Schon damals fanden die Forscher Strukturen, die sich von der makroskopischen Kristallstruktur des Festkörpers unterscheiden. So zeigten manche großen Cluster mit Durchmessern bis zu einigen Mikrometern* (µm) äußerlich eine Ikosaeder-Struktur mit mehreren 5zähligen Dreh- oder Symmetrieachsen**, die bei Festkörpern (Kristallen) nicht vorkom-

* 1 Mikrometer (µm) = 10^{-6} Meter = ein millionstel Meter = ein tausendstel Millimeter.

** Ein Körper bsitzt eine 5zählige Drehachse, wenn er bei Drehungen von 72°, 144°, 216° und 288° um diese Achse in sich übergeht.

men können*. Solche Ikosaeder (griech. Zwanzigflächner) sind nahezu kugelförmige Polyeder (Abbildung 38). Sie stellen die stabilste Möglichkeit dar, Cluster dicht zu packen. Ihr Muster unterscheidet sich nur wenig von dem eines dicht gepackten Festkörpers. Inzwischen konnte eine Ikosaeder-Struktur in zahlreichen Clustern nachgewiesen werden. Vor allem bei Edelgasen wie Argon oder Xenon erweisen sich derartige Konfigurationen als erstaunlich stabil; die Kristallstruktur des festen Argons oder Xenons zeigt sich erst in wesentlich größeren Clustern. Wie allerdings der Übergang von der 5zähligen Symmetrie der Edelgas-Cluster zu der 4zähligen Symmetrie der Kristalle erfolgt, ist noch immer ein ungelöstes Rätsel.

Eine andere Methode zur Herstellung von Clustern ist das *Düsenstrahl-Verfahren*. Seit den 60er Jahren weiß man, daß bei der Expansion eines sich unter relativ hohem Druck (bis 100 bar) befindenen Gases durch eine kleine Düse (0.1 mm) in ein Vakuum Cluster aus dem abgekühlten Gas kondensieren.[60] Die Relativgeschwindigkeit und damit die Temperatur der Gasatome nimmt bei der Expansion rasch ab, und bei genügend tiefer Temperatur bilden sich aus den Atomen Cluster unterschiedlicher Größe. Die Größenverteilung kann experimentell über die Expansionsbedingungen (Druck, Düsendurchmesser) beeinflußt werden. Typische mittlere Radien liegen im Bereich von 0.4 bis 100 nm (zum Vergleich: C_{60} circa 0.35 nm), etwa entsprechend 10 bis 10^8 Teilchen, also noch unterhalb der Wellenlänge des sichtbaren Lichts (400 bis 800 nm). Mit dieser Me-

* Aus elementaren Sätzen der Geometrie folgt, daß in den Kristallstrukturen nur 1-, 2-, 3-, 4- und 6zählige Drehachsen vorkommen können. 5zählige Symmetrie ist hingegen mit der Periodizität des Gitters nicht verträglich, weshalb unter den Kristallen weder Ikosaeder noch solche Körper vorkommen, die sich aus dem Ikosaeder und dem Dodekaeder ableiten. Das folgt auch aus der Forderung, daß ein Kristall ein homogener Körper sein muß. Dies ist gleichbedeutend mit der Forderung nach vollständiger Raumausfüllung ohne Lücken, und dies schließt 5-, 7- und höherzählige Drehachsen aus.

Nur in der belebten Natur, die uns immer wieder durch den Reichtum und die Skurrilität ihrer Formen überrascht, finden wir Körper mit 5zähliger Symmetrie: Gypsophila elegans, eine Art des Gipskrautes, zeigt die Struktur eines regulären Dodekaeders, während eine Apfel-, Magnolien- oder Kirschblüte regelmäßig fünfeckig gestaltet sind; Seeigelschalen erstaunen den Betrachter durch die geometrische Regelmäßigkeit der Plattenanordnung mit fünfstrahliger Symmetrie. Es gibt sehr viele Viren, die die strenge Form eines Ikosaeders mit 5zähliger Symmetrie haben: Herpes-, Pocken- und Adenoviren, um nur einige zu nennen. Auch die kugelförmigen Silikat-Skelette mancher Radiolarien im Meer haben Ikosaeder-Symmetrie.

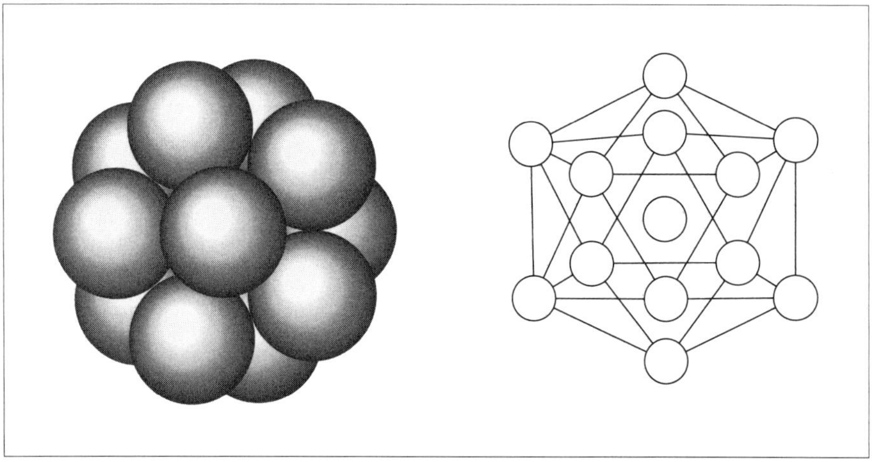

Abb. 38
Modell eines stabilen Clusters mit 13 Atomen; die dichteste Kugelpackung (links) entspricht einem Ikosaeder mit zentralem, dreizehnten Teilchen (rechts).

thode wurde eine Vielzahl von Clustern in der Gas- oder Dampfphase erzeugt, etwa Cluster von Wasserstoff, Wasser, Natrium und Edelgasen.

Bei einem noch effektiveren und vor allem umfassender einsetzbaren Verfahren zum Erzeugen von Clustern verdampft man feste Substanzen mit einem gepulsten Laserstrahl. Diese außerordentlich leistungsfähige Methode wurde 1981 an der Rice-University von Chemikern unter der Leitung von Richard Smalley entwickelt.[61] Sie gestattet die massenspektrometrische Untersuchung hitzeunempfindlicher Cluster, die in einem von inertem Trägergas (Helium, Argon) mitgerissenen Plasma entstehen, das mit einem auf ein festes Target fokussierten Laser erzeugt wird.

Die *Laser-Verdampfung*, heute Standard in fast jedem Clusterlabor, ermöglichte erstmals die gezielte Herstellung von Clustern mit 100 und mehr Atomen – aus fast allen Substanzen, die Festkörper bilden können. Inzwischen hat man das Verfahren wesentlich verfeinert. Auch aus Gemischen lassen sich mittlerweile *heteronucleare* Cluster herstellen.[62] Sie bestehen aus mehr als einem Element und können dadurch erzeugt werden, daß man die Elemente in der Dampfphase miteinander reagieren läßt.

In der Smalleyschen *Clusterstrahl-Apparatur* fokussiert man einen hochenergetischen Laserstrahl auf eine Substanzoberfläche (Abbildung 39). Die Verdampfung wird so eingestellt, daß sie am Maximum eines Hochdruck-Helium-Pulses (1 bis 10 bar für etwa 200 µs) erfolgt. Am Auf-

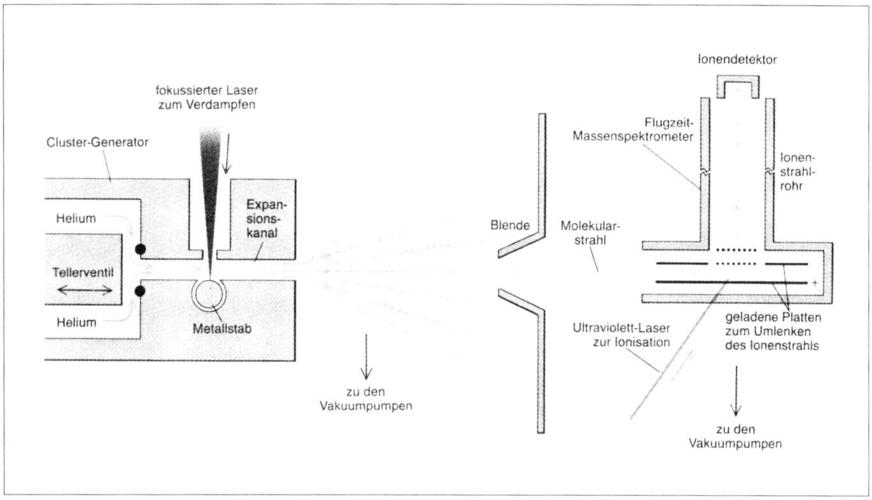

Abb. 39
Cluster-Generator zur Verdampfung von Metallen mit Laserstrahlen.

treffpunkt des Strahls lassen sich leicht Temperaturen von über 10000 °C erreichen; dies ist mehr als die Temperatur an der Oberfläche der meisten Sterne und sicherlich genug, um jedes bekannte Material zu verdampfen, sogar Kohlenstoff. Atome werden dabei als extrem heißes Plasma verdampft. Ein kräftiger Helium-Strom, der über den Dampf geleitet wird, reißt ihn mit und kühlt ihn augenblicklich ab, so daß er zu kleinen Klümpchen kondensieren kann. Das Edelgas hat also die Aufgabe, das Plasma zu quenchen (kühlen) und die Atome durch eine feine Düse zu treiben. Bei ausreichend hohem Druck kommt es dabei zu häufigen Stößen zwischen drei oder mehr Atomen. Während einige agglomerieren, tragen andere – ebenso das Helium – die überschüssige Kondensationswärme fort und stabilisieren damit die gebildeten Cluster. Die Größe der Cluster hängt unter anderem vom Gasdruck und verschiedenen Laser-Parametern ab. Das cluster-beladene Helium wird dann durch eine Düse in einen evakuierten Expansionskanal gesaugt, durch die Druckentlastung dehnt sich der *Spray* mit Überschallgeschwindigkeit aus. Die Cluster kühlen sich dabei rapide bis nahe dem absoluten Nullpunkt (minus 273.15 °C) ab und werden dadurch so stabil, daß man sie leichter analysieren kann.

Der sich aufweitende Spray trifft dann auf eine Blende, die nur den Kernbereich passieren läßt, so daß ein gerichteter *Clusterstrahl* entsteht.

Er wird soglcich mit einem zweiten Laserstrahl ionisiert, das heißt aus den Clustern C_n werden Elektronen herausgeschlagen ($C_n \rightarrow C_n^+$). Dadurch werden sie positiv geladen und können in einem (Flugzeit-) Massenspektrometer durch ein elektrisches Feld definierter Stärke über eine Strecke bekannter Länge beschleunigt werden. Dieses Instrument separiert die Cluster nach der Zahl ihrer C-Atome und damit ihrer Masse.*

Die Apparatur ermöglicht jedoch keine «Massenproduktion» von Clustern. Mit jedem Laserpuls werden lediglich wenige Nanogramm einer Sustanz verdampft, so daß die Aggregate nur mit Hilfe eines empfindlichen Massenspektrometers analysiert und detektiert werden können. Smalley entwickelte die Laser-Verdampfung ursprünglich zur Untersuchung instabiler Spezies, die auf keine andere Weise zugänglich waren. Die Cluster haben zu keiner Zeit Kontakt mit irgendeiner Oberfläche. Das Verfahren erlaubt deshalb auch keine Aussagen darüber, ob die Moleküle in makroskopischer Menge stabile Verbindungen bilden. Die Eigenschaften der Cluster bestimmten Smalley und Kollegen durch Laser-Ionisation und -Photodissoziation sowie Gasphasen-Ultraviolett-Spektroskopie.

Magische Zahlen

«Weiche» Clusterstrukturen lassen erwarten, daß vor allem in größeren Aggregaten die Anordnung der Atome wesentlich durch geometrische Kriterien bestimmt wird. Insbesondere dann, wenn das atomare Wechselwirkungspotential eine schwache oder keine Richtungsabhängigkeit zeigt, wie etwa im Fall der weitgehend inerten Edelgase, aber auch offenschaliger Elemente, die kaum zur Hybridisierung neigen, wie zum Beispiel die Alkalimetalle Natrium und Kalium. Erste Hinweise kamen aus der Massenspektrometrie von Edelgas-Clustern.

Ganz analog zur Kernphysik zeigen Massenspektren Strukturen, die auffallenden Stabilitäten zuzuordnen sind (*magische Zahlen*). Die häufig-

---

* Bei der *Massenspektrometrie* wird die Probe zum Beispiel durch Erhitzen in Gas umgewandelt und dann elektrisch aufgeladen. Ein elektrisches Feld beschleunigt die geladenen Partikel (Ionen) auf geradliniger Bahn, von der sie das anschließende magnetische Feld abzubringen sucht. Je nach Masse werden die Teilchen unterschiedlich stark abgelenkt. So lassen sich die einzelnen Spezies, die die Probe enthält, voneinander trennen. Es entsteht ein «Massenspektrum».

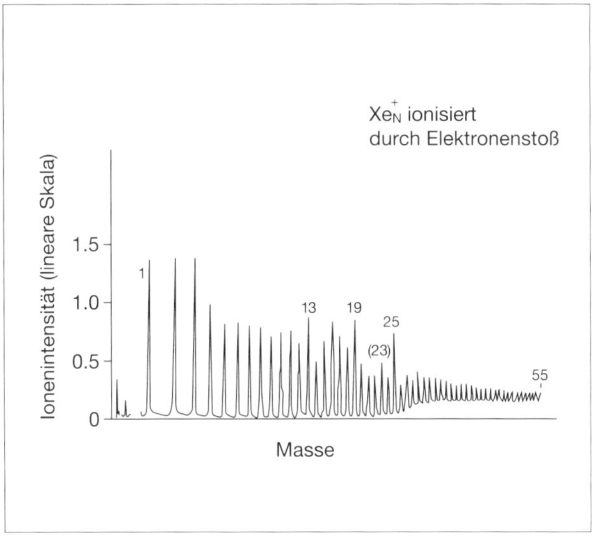

Abb. 40
Massenspektrum von Xenon-Clustern, gewonnen durch Überschall-Düsenexpansion.

sten Clustergrößen entsprechen offenbar besonders stabilen Konfigurationen. In einer graphischen Darstellung der Clusteranzahl (Ionenintensität) als Funktion der Masse erscheinen sie als scharfe Linien – oder wie man auch sagt *Peaks* – mit besonders großen Maxima bei den entsprechenden Massen, in Abbildung 40 zum Beispiel bei den Massenzahlen 13, 19 und 25.

Für praktisch isotrope Wechselwirkungspotentiale lassen sich die magischen Zahlen und damit die Clusterstabilitäten durch besonders dichte Kugelpackungen erklären, wie sie auch schon 1937 von W. Wefelmeier für Nukleonen zur Erklärung besonders stabiler Atomkerne vorgeschlagen wurden (Kerne mit den magischen Protonen- und Neutronenzahlen 2, 8, 14, 20, 28 sowie vor allem 50, 82 und 126)[63,64]. Wie dort, sind auch im Cluster Zustände mit abgeschlossenen Elektronenschalen besonders stabil und treten in Massenspektren durch Intensitätserhöhung in Erscheinung (magische Zahlen der Elektronenstruktur).

Wie man in Abbildung 38 (S. 108) sieht, und wie man sich mit Tischtennisbällen jederzeit selbst vorführen kann, entstehen die dichtest gepackten Geometrien durch Ikosaeder, die um ein Zentralteilchen herum aufgebaut werden . Die große Stabilität des Ikosaeders könnte erklären, daß ein Xenon-Cluster aus 12 Atomen, die um ein zentrales dreizehntes Xe-Atom gelagert sind, im Massenspektrum hohe Intensität ergibt (Abbildung 40). Abgeschlossene Ikosaeder unterschiedlicher Größe (mit n = 13, 55, 147, 309, 561, ...) beziehungsweise Erweiterung eines Ikosaeders mit einer geschlossenen Kappe aus Xenon-Atomen (mit n = 19) führen also zu jeweils besonders stabilen Konfigurationen.

Cluster-Katalyse

Wie aber läßt sich nun die Oberflächenchemie der Cluster nutzen? Ein besonders vielversprechendes Anwendungsgebiet ist die industrielle Katalyse, die beispielsweise bei der Erdölraffination zur Gewinnung von Benzinfraktionen aus schwereren Destillaten eine zentrale Rolle spielt, aber auch im Umweltschutz zur Oxidation und Reduktion giftiger Emissionen etwa in Kraftfahrzeugen oder bei der Synthese von Pharmazeutika. Überhaupt ist die heutige chemische Industrie ohne Katalyse nicht vorstellbar: Über 80% aller chemischen Produkte werden zur Zeit durch Verwendung von Katalysatoren hergestellt, bei den neuentwickelten Verfahren sind es sogar mehr als 90%! Die Katalyse ist von der Anwendungsbreite, der Wirksamkeit und der wirtschaftlichen Bedeutung her eines der wichtigsten Gebiete der Chemie!

Es gibt viele chemische Reaktionen, bei denen die Bildung der Produkte energetisch zwar begünstigt ist, die aber so langsam ablaufen, daß kein oder nur ein sehr geringer Umsatz pro Zeiteinheit erfolgt. Der Grund dafür liegt im Energieprofil der chemischen Reaktion. Was aber hat das mit einem Katalysator zu tun?

Ein Katalysator ist ein Stoff, der chemische Reaktionen bezüglich ihrer Geschwindigkeit (Aktivität) oder in ihrem Verlauf (Selektivität) beeinflußt, selbst aber unbeeinflußt bleibt. Diese Definition wollen wir uns anhand eines einfachen Beispiels veranschaulichen. Die beiden Gase Wasserstoff (H_2) und Sauerstoff (O_2) lassen sich miteinander mischen, ohne daß etwas passiert. Bringt man aber die Mischung mit feinverteiltem Platin in Kontakt, so entzündet sie sich augenblicklich, je nach den experimentellen Bedingungen sogar unter heftiger Explosion; daher der Name *Knallgas*. Das Platin katalysiert die Vereinigung der beiden Elemente zu Wasser (H_2O) und geht selbst unverändert aus der Reaktion hervor. Ein Katalysator muß deshalb nur in sehr geringer, eben «katalytischer» Menge zum Reaktionsgemisch gegeben werden.

Soweit das Phänomenologische – doch was steckt dahinter? Mit einem glühenden Draht lassen sich die Gase ebenfalls entzünden, das

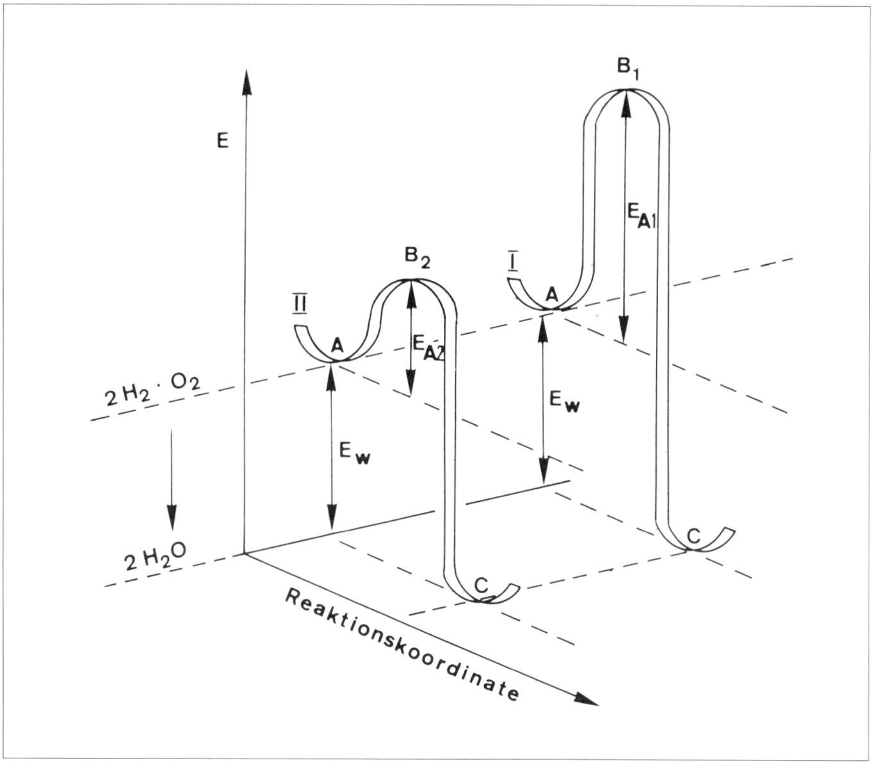

Abb. 41
Energieprofil der Knallgasreaktion $2H_2 + O_2 = 2H_2O$ entlang der eingezeichneten Reaktionskoordinate. Damit die Edukte (A) in das Produkt (C) umgewandelt werden können, muß die Aktivierungsenergie (E_A) aufgebracht werden. E_W entspricht der Differenz zwischen den Energieinhalten von A und C. Durch Verwendung eines Katalysators (B_2) wird die Aktivierungsenergie erniedrigt ($E_A < E_{A1}$) und ein anderer Reaktionsweg eingeschlagen.

heißt, in diesem Fall werden sie rein thermisch angeregt, so daß sie eine Reaktionsbarriere, die sogenannte *Aktivierungsenergie*, überwinden können. Mit Hilfe des Platins, des Katalysators, wird ein anderer Reaktionsweg eingeschlagen, bei dem eine viel niedrigere Energieschwelle zu überwinden ist (Abbildung 41).

Die katalysierte Reaktion ist also durch eine wesentlich geringere Aktivierungsenergie (in Abbildung 41: E_{A2}) gekennzeichnet. Diese Charakteristik gilt für alle katalytischen Reaktionen, unabhängig von der Art der Katalysatoren, seien es heterogene, homogene oder Biokatalysatoren (Enzyme).

Während die *homogene Katalyse* einen vollständig löslichen Katalysator erfordert, findet die chemische Reaktion bei der *heterogenen Katalyse* an der Oberfläche von Substanzen statt. Diese bestehen normalerweise aus fein verteilten Partikeln – meist Metalle oder metallische Verbindungen –, die auf einem festen Träger fixiert sind. Die Größe der Teilchen spielt dabei eine entscheidende Rolle: je kleiner und einheitlicher sie sind, desto stärker beschleunigen sie die Reaktion. Besonders vielversprechend sind deshalb kleine Cluster.

Die Katalyse beginnt, wenn die Oberfläche des Katalysators zum Beispiel Stickstoffmonoxid- und Kohlenmonoxid-Moleküle (NO bzw. CO) adsorbiert. Diese Moleküle wandern dann zu sogenannten *aktiven Zentren*, an denen Bindungen aufgebrochen und neu gebildet werden, so daß in diesem Falle NO_2 und CO_2 entstehen. Diese Moleküle werden nun abgegeben, der Katalysator ist dann wieder frei verfügbar und der Prozeß kann von neuem beginnen. Entscheidend für den gesamten Vorgang ist also das aktive Zentrum. Aber bei den meisten katalytischen Reaktionen ist dessen Geometrie bis heute ein ungelöstes Rätsel.

Cluster sind ideal für Untersuchungen aktiver Zentren, denn aufgrund ihrer ungesättigten Bindungen neigen sie stark zur Adsorption, und ihre geringe Größe erlaubt nur wenige Adsorptionsgeometrien. Diese Einschränkung prädestiniert sie zum Einsatz als hochspezifische Katalysatoren, die genau das tun, was sie tun sollen, und sonst nichts. Eine solche spezifische Wirksamkeit ist für die Industrie außerordentlich wichtig, denn viele der heutigen Katalysatoren beschleunigen unerwünschte Reaktionen ebenso wirksam wie die erwünschten.

Katalysatoren können nämlich nicht nur die Geschwindigkeit (*Aktivität*) einer Reaktion beeinflussen, sondern auch deren *Selektivität*. Verläuft eine Reaktion auf verschiedenen Wegen zu unterschiedlichen Produkten, kann ein Katalysator durch Beschleunigung einer der alternativen Reaktionen die Bildung des entsprechenden Produktes begünstigen. Durch Einsatz eines Katalysators kann die Reaktion also in eine bestimmte Richtung gelenkt werden (Abbildung 42). Der wirtschaftliche Nutzen liegt auf der Hand: Da jede chemische Reaktion mit Energieumsätzen gekoppelt ist, führt der Einsatz von Katalysatoren zur Verminderung des Energieverbrauchs. Außerdem lassen sich Reaktionen erreichen, etwa die katalytische Reinigung von Autoabgasen, die unter gegebenen äußeren Bedingungen ohne «Kat» nicht ablaufen wür-

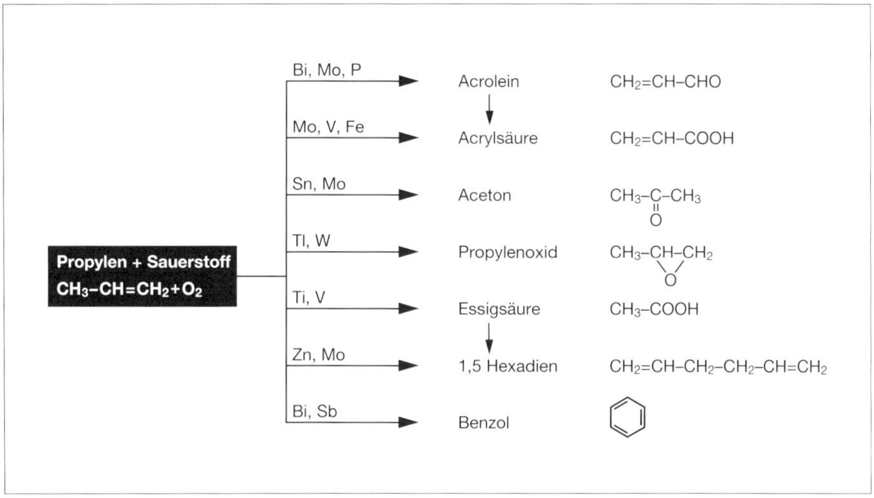

Abb. 42
Produkte, die durch selektive Oxidation von Propylen an unterschiedlichen Metalloxidkatalysatoren hergestellt werden können.

den. Schließlich führt die effektive Steuerung von Reaktionen durch Einsparung von Verfahrensschritten oder Vermeidung von Nebenprodukten zur besseren Ausschöpfung der Rohstoffe. Der gemittelte Wert der in katalytischen Verfahren erzeugten Produkte beträgt heute das 135fache der Katalysatorkosten!

Trotz der genannten Vorteile weiß man bisher wenig über die genaue Wirkungsweise dieser so nützlichen Verbindungen. Pionierarbeit auf dem Gebiet der Cluster-Katalyse hat Anfang der 80er Jahre die Gruppe um Richard Smalley geleistet. Mit der von ihnen entwickelten Überschall-Apparatur waren sie erstmals in der Lage, nahezu beliebige Cluster in fast jeder Größe und Anzahl herzustellen. In zahlreichen Experimenten und theoretischen Berechnungen untersuchten die Texaner «haufenweise» Metall-Cluster auf ihre katalytischen Eigenschaften. Sie erkannten, daß ihre hohe Aktivität Vorteil und Nachteil zugleich ist: Sie katalysieren nämlich nicht nur eine chemische Reaktion, sondern neigen je nach Trägermaterial dazu, sich bei hohen Temperaturen zu großen, stabileren Partikeln zusammenzulagern. Dadurch sinkt ihre Wirksamkeit rasch ab.

Diese Schwierigkeit soll es mit Fullerenen nicht geben. Ihre enge Verwandtschaft zur Aktivkohle und ihre einzigartigen elektrochemischen Eigenschaften führten Smalley et al. schon 1985 zu der Vermutung, daß Fullerene ideale Trägermaterialien für Metallkatalysatoren sein könnten.

Der Arbeitsgruppe um Robert Schlögl von der Universität in Frankfurt am Main ist es dann 1993 tatsächlich gelungen, temperaturbeständige Cluster aus jeweils vier Metallatomen auf C_{60}-Basis herzustellen; verwendet wurden die Elemente Eisen (Fe), Palladium (Pd) und Ruthenium (Ru). Schlögl konnte spektroskopisch nachweisen, daß es sich dabei um echte Einlagerungsverbindungen, sogenannte *Intercalationen*, handelt. Die Metall-Cluster sind dabei nicht locker an der Oberfläche des Fullerens gebunden, sondern besetzen *exohedral*, das heißt außerhalb des Käfigs, einen Teil der freien Gitterplätze (Zwischenräume) im Kristall. Diese Art der Anordnung hält die Metallatome an ihrem Platz fest, so daß sie sich bei hohen Temperaturen nicht zu größeren Aggregaten verbinden können.

Die Experimente zeigen unter anderem, daß man mit Pd_4C_{60} oder Ru_4C_{60} effektive Hydrierkatalysatoren auf Fulleren-Basis herstellen kann, die widerstandsfähiger gegen Wasserstoff und thermische Belastung sind sowie haltbarer und effektiver als vergleichbare Systeme auf Aktivkohle- oder Graphitträgern. Außerdem bietet das reaktionsträge Fulleren den Vorteil, daß es nicht selbst in die Reaktion eingreift. Mit solchen Verbindungen lassen sich daher Kinetik und Dynamik katalytischer Prozesse an Metall-Clustern studieren. Besonders aus technischer Sicht herrscht großes Interesse an diesen Komplexen. Man hofft, daß sie aufgrund ihrer hohen Aktivität eine ganze Reihe von chemischen Reaktionen ermöglichen, die katalytisch bisher nicht zugänglich waren. Aber auch die nach der Abtrennung von C_{60} und C_{70} verbleibenden schwereren Fraktionen des Fulleren-Rußes sind im Hinblick auf den Einsatz als Katalysatoren vielerorts Gegenstand intensiver Untersuchungen.

Halten wir fest: Seit der Entwicklung der ersten Apparaturen zur Laser-Verdampfung unter Bildung von *Clusterstrahlen* durch Richard Smalley et al. zu Anfang der 80er Jahre haben die Cluster-Forscher ein neues interdisziplinäres Forschungsgebiet geschaffen und sind dabei auf grundlegende Fragen über die Natur molekularer Oberflächen gestoßen. Die Chemie dieser *neuen Phase der Materie* hat zwar in den letzten Jahren schnelle Fortschritte gemacht, steckt aber insgesamt noch in den Anfängen.

Quantenmechanische Methoden können eine recht genaue Beschreibung kleiner (mit $N \leq 10$) und «einfacher» Cluster geben. Komplexere Elemente, wie beispielsweise die Übergangsmetalle und größere Cluster – höhere Fullerene –, bieten zur Zeit noch fast unüberwindliche Schwierigkeiten. Ein zentrales Problem ist die zumeist unbekannte geometrische Struktur insbesondere kleiner Cluster; hier ist man weitgehend auf anspruchsvolle theoretische Berechnungen der Gesamtenergie angewiesen.

Massenspektren können zwei Arten der Clusterstabilität aufdecken: Eine isolierte, intensive Massenlinie ist ein Hinweis auf die Stabilität eines bestimmten Clusters (z. B. Xe_{13}, vgl. Abbildung 40, S. 111). Ein periodisches Auftauchen intensiver Linien (magische Zahlen) zeigt hingegen, daß ein Cluster nicht nur als isolierte Einheit stabil ist, sondern auch als Baustein zum Aufbau größerer Cluster (Xe_{19}, Xe_{25}) dienen kann. Es sollte dann grundsätzlich möglich sein, Festkörper aus solchen Einheiten zu gewinnen.

Die üblichen Strukturbestimmungstechniken der Festkörperwissenschaft, zum Beispiel Röntgen- oder Neutronenbeugung, sind wegen der sehr geringen Dichte freier massenseparierter Clusterstrahlen zumindest gegenwärtig kaum verwendbar. Insgesamt gesehen ist aber schon jetzt genug bekannt, um sagen zu können, daß die Cluster für so verschiedenartige Gebiete wie Materialwissenschaft, Petrochemie, Elektronik und Astrophysik eine außerordentlich wichtige Bedeutung erlangen werden.

Kapitel 4
Die Fulleren Story

Man weiß schon seit längerem, daß Kohlenstoff ein sehr «clusterfreudiges» Element ist, weil es leicht große, kovalent gebundene Atomverbände bildet. Die erste – dokumentierte – Beobachtung von reinen Kohlenstoff-Clustern gelang 1942 dem berühmten Chemiker und Nobelpreisträger Otto Hahn, der zusammen mit Fritz Strassmann und Lise Meitner am Kaiser-Wilhelm-Institut in Berlin-Dahlem die Kernspaltung entdeckte (1938).

Hahn und Mitarbeiter interessierten sich für isotopische Mineralverbindungen und benutzten bereits Massenspektrometer zu deren Bestimmung. Die Proben wurden im Hochfrequenzfunken zwischen zwei Kohle-Elektroden verdampft und massenspektrometrisch untersucht. Dabei trat in den Spektren «*unter Umständen die Linienserie C_1, C_2, C_3 bis C_{15} auf; demnach fand im Funken eine Zerstäubung der Kohle bis zu molekularen Dimensionen herab statt*»[65], kommentierte Hahn die Entdeckung. Nach dem heutigen Kenntnisstand ist nicht ganz auszuschließen, daß auch höhere Kohlenstoff-Cluster, vielleicht wirkliche Fullerene, bei diesen Experimenten erzeugt wurden, aber mit den seinerzeit verfügbaren Massenspektrometern nicht nachgewiesen werden konnten. Die Verbindungen mit 2 bis 15 C-Atomen bestehen, wie man heute weiß, aus linearen Kettenmolekülen oder Ringstrukturen. Für Otto Hahn waren diese Arbeiten, verglichen mit der damals schon entdeckten Uranspaltung, nebensächlich.

Einen wesentlich größeren Schritt in Richtung Fulleren machte 1959 eine andere deutsche Arbeitsgruppe. Am Max-Planck-Institut für Chemie in Mainz (Otto-Hahn-Institut) konnten Wissenschaftler um Heinrich Hintenberger massenspektrometrisch «*Molekülionen des Kohlen-*

stoffs» mit bis zu 28 C-Atomen nachweisen, die sie im Hochfrequenzfunken zwischen Graphit-Elektroden darstellten.[66]

1963 beobachtete Hintenberger sogar die Bildung von Ionen C_n mit bis zu n = 34! In seiner Veröffentlichung heißt es dazu: «*Die Häufigkeit dieser Ionen nimmt mit zunehmender Atomzahl n schnell ab. Dieser Abnahme sind zwei verschiedene Häufigkeitsperioden überlagert ... Im Bereich von n = 1 bis 9 erscheint eine Zweierperiode, wobei die Ionen mit ungeradem n häufiger sind als die ihnen benachbarten* [geradzahligen] *Ionen. Für Ionen mit n > 9 tritt eine Viererperiodizität auf. Hier sind diejenigen Ionen besonders häufig, deren Atomzahl n gleich 4r + 2 ist (r = beliebige ganze Zahl ≥ 2), während die Ionen mit n = 4r + 1 besonders selten sind ... Auch bei Verwendung von Diamantelektroden und beim Verfunken von kondensierten aromatischen Kohlenwasserstoffen* [wahrscheinlich Benzol] *wird der gleiche periodische Häufigkeitswechsel beobachtet ... Offensichtlich hängt die Häufigkeitsverteilung der C_n-Molekülionen mit ihrer Struktur zusammen, und das verschiedene Verhalten der Ionen mit n ≤ 9 und n >9 deutet auf eine Verschiedenheit im Aufbau der C_n-Moleküle hin ... Die Periode 2 bis zu n = 9 läßt sich aus dem Modell gestreckter Ketten, die Periode 4 für n > 9 aus dem Modell monocyclischer Ringe verstehen.»*[67]

In dieser Arbeit wird zum ersten Mal auf die Periodizität in der Häufigkeitsverteilung von Kohlenstoff-Clustern hingewiesen. Die molekularen Strukturen von größeren Spezies wie C_{28}, C_{32} und C_{34} konnte Hintenberger nicht bestimmen. Seine Ansicht, daß es sich dabei um ringförmige Verbindungen handelt, könnte sich als Irrtum erwiesen haben: Geradzahlige Kohlenstoff-Cluster mit 32 und mehr Atomen sind Fullerene!

Es gab auch einige theoretische Chemiker, die schon viele Jahre vor Kroto und Smalley vermuteten, daß es ein C_{60}-Molekül und weitere, in sich geschlosssene Kohlenstoff-Strukturen geben müßte. Bereits 1966 dachte David Jones in einem spekulativen Artikel für das britische Wissenschaftsmagazin *New Scientist* über die «*Synthese eines hohlen Moleküls aus zusammengerollten Graphit-Schichten*» nach.[68] Unter dem Pseudonym *Daedalus* regte er an, daß der Hochtemperaturprozeß zur Graphit-Produktion so modifiziert werden könnte, daß sich damit winzige «*Kohlenstoff-Fußbälle*» erzeugen ließen.

Wenige Jahre später (1970) veröffentlichte Eiji Osawa von der Hokaido-Universität in Japan ausführliche Berechnungen, wonach ein

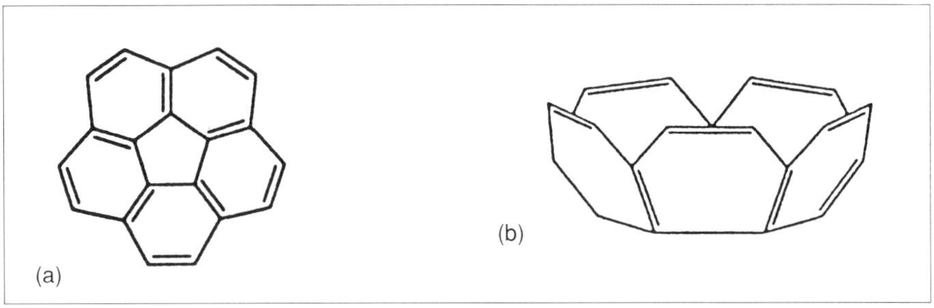

Abb. 43
Corannulen $C_{20}H_{10}$: (a) planares Molekül und (b) gewölbte Struktur.

sechzigatomiges Kohlenstoff-Molekül «*superaromatisch*» sein sollte.[69] Osawa beschäftigte sich in seiner Arbeit mit dem Aufbau nichtbenzoider* Systeme, die aromatischer sein sollten als Benzol. Mit Blick auf das Corannulen (Abbildung 43) dachte er darüber nach, ob es möglich sei, Moleküle derart zu wölben, daß man Aromatizität in drei Dimensionen erhält.

1973 zeigten dann zwei russische Wissenschaftler, D. Bochvar und E. Gal'pern vom Institut für hetero-aromatische Verbindungen in Moskau, daß ein «*gekappt-ikosaedrischer C_{60}-Cluster*» über eine besonders stabile Elektronenkonfiguration verfügen müßte.[70]

Einige weitere theoretische Arbeiten befaßten sich mit denkbaren Netzwerken (A. Balaban, 1968) oder kristallinen Strukturen aus Kohlenstoff-Atomen, die neben Graphit und Diamant existieren könnten.[71] Bei den damals zur Verfügung stehenden mathematischen Näherungsverfahren waren die Ergebnisse solcher Kalkulationen aber nicht unbedingt zuverlässig. Jahre später stellte sich heraus, daß, obwohl es an phantasievollen Geistern durchaus nicht mangelte, fast alle Experimentatoren – mit der Ausnahme von Orville Chapman (UCLA) – diese «verrückten» Ideen einfach ignoriert hatten. Manchmal ist es eben schwierig, vor lauter Bäumen den Wald zu erkennen.

Chapman unternahm die ersten ernsthaften Anstrengungen zur Darstellung von ausschließlich aus Kohlenstoff aufgebauten Molekülen. Er hatte sich, unabhängig von anderen, Gedanken über die Struktur von C_{60}

* Nichtbenzoide Aromaten haben im Gegensatz zu benzoiden eine ungerade Anzahl von Ringatomen.

gemacht und seit 1981 viel Zeit in dessen systematische, planmäßige Synthese gesteckt. Schließlich handelte es sich im Grunde um ein einfaches Molekül ohne ausgedehnte, sich selbst wiederholende Gitterstruktur wie in Graphit oder Diamant. Folglich sollte es herstellbar sein. Einer der Synthesewege zu C_{60} bestand darin, das Molekül aus zwei Hälften mit je 30 Kohlenstoff-Atomen aufzubauen. Aber trotz hartnäckiger Versuche über einen Zeitraum von 10 Jahren schaffte Chapman es nicht. Seine erfolglosen Versuche sind in vier Dissertationen dokumentiert[72], die aber, wie es scheint, von der Fachwelt ebenfalls ignoriert wurden. Heute gilt die klassische Totalsynthese von C_{60} als die größte präparative Herausforderung der Organischen Chemie!

1984 wurde dann ein neues Kapitel in der Fulleren Story aufgeschlagen. Auf der Suche nach katalytisch aktiven Clustern experimentierten Andrew Kaldor, Eric Rohlfing und Donald Cox vom Exxon Research and Engineering Center in Annandale (New Jersey) mit einem Nachbau der Smalleyschen Clusterstrahl-Apparatur. Sie verdampften zum ersten Mal Kohlenstoff (Graphit) mit einem Laser und veröffentlichten ein aufregendes Ergebnis[73]: die Entdeckung einer völlig neuen Familie von Kohlenstoff-Molekülen mit bis zu 190 Atomen – viel größere Spezies als Hintenberger gefunden hatte!

Das unerwartet linienreiche Massenspektrum zeigte zwei seltsame Muster in der Verteilung der Kohlenstoff-Cluster (Abbildung 44). Bei den kleinen Molekülen C_n mit $n < 40$ konnten für die magische Viererfolge mit $n = 11, 15, 19, 23$ und 27 ausgeprägte Maxima, das heißt eine große Ausbeute im Massenspektrum beobachtet werden, während für $n = 13, 17, 21$ und 25 ebensolche Minima festzustellen waren. Bis zu $n \approx 40$ wurden Cluster sowohl mit geradzahligen als auch mit ungeradzahligen C-Atomen nachgewiesen. Ganz anders war das Ergebnis bei den Clustern mit mehr als 40 C-Atomen: Hier beobachteten die Forscher nur Cluster mit einer geraden Anzahl von C-Atomen!

Trotzdem verfehlten die «Exxonisten» die Entdeckung von Fulleren als einer neuen und eigenständigen Substanzklasse. Sie nahmen keine Notiz von der ungewöhnlich hohen Intensität des C_{60}-Moleküls, und interpretierten die geradzahligen Kohlenstoff-Cluster als langkettige Verbindungen mit Strukturelementen vom Carbintyp (…–C≡C–…). Ein andermal deuteten sie die «spezielle» Natur des C_{60}-Peaks als ein Phänomen, das nur bei bestimmten Laserenergien auftritt.[74] In ihrer Theorie war

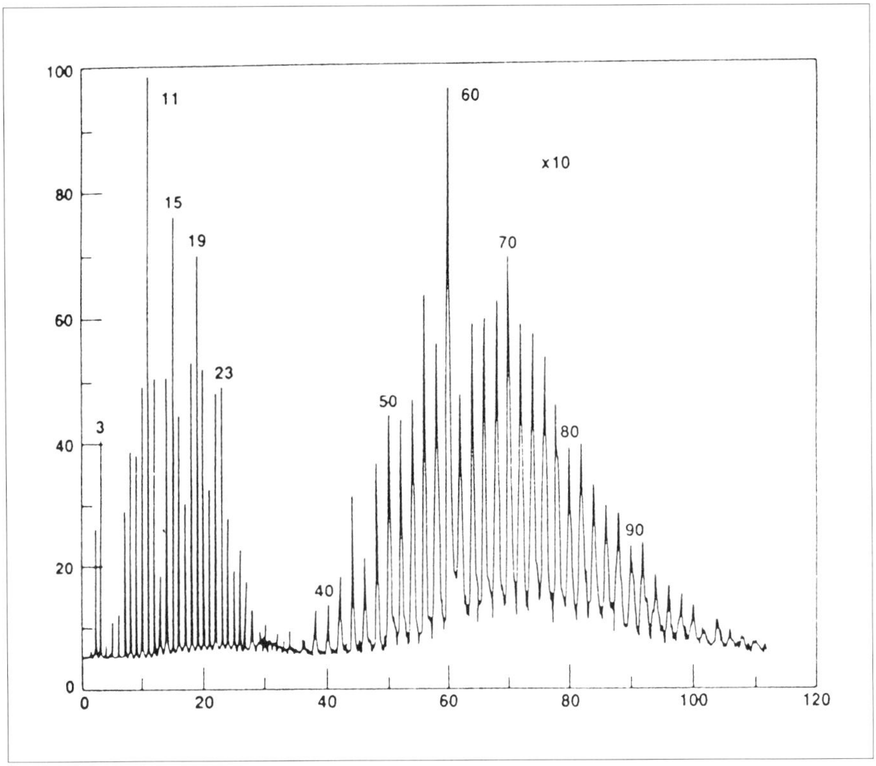

Abb. 44
Historisches Massenspektrum von Kohlenstoff-Clustern, erhalten durch Laser-Verdampfung von Graphit (Exxon, 1984); aufgetragen ist die relative Intensität (Ordinate) gegen die Anzahl der Kohlenstoff-Atome im C_n-Cluster (Abszisse). Man erkennt sehr deutlich den Peak für das C_{60}-Molekül.

C_{60} kein besonders stabiles Molekül, es konnte lediglich, wenn überhaupt, leichter detektiert werden als andere Cluster. Ähnliche Experimente wurden an den At & T Bell Laboratories in Murray Hill durchgeführt, ohne daß die Ballstruktur erkannt wurde.[75]

Die experimentellen und theoretischen Untersuchungen von Kohlenstoff-Clustern waren jedoch von grundlegender Natur. An der Rice University in Houston begannen Richard Smalley, Robert Curl, James Heath und Sean O'Brien verschiedene elementare Cluster zu studieren, um tiefere Einsichten in die Strukturen kleiner Atomverbände zu gewinnen.

Im Gegensatz dazu untersuchte Harold Kroto an der University of Sussex in Brighton (GB), wie sich acetylenische Kohlenstoff-Kettenmoleküle vom Typ HC_nN (mit n = 3, 5, 7, 9, 11) bilden, beispielsweise HC_3N, H–C≡C–C≡N. Diese sogenannten *Polyinylcyanide* hatte er zwischen 1975 und 1978 zusammen mit einigen Radioastronomen im Mikrowellenspektrum von kalten Dunkelwolken des interstellaren Raumes entdeckt. Damit war der Weltraum nicht länger nur eine Spielwiese für die Astronomen, sondern diente den Chemikern gewissermaßen als «Riesenküvette», die eine Unmenge exotischer Moleküle unter den verschiedensten physikalisch-chemischen Bedingungen enthält.

Aus heutiger Sicht ist es nicht mehr so einfach nachzuvollziehen, aber in jenen Jahren waren solche Kettenmoleküle mit stabilen Dreifachbindungen eine ganz neue und unerwartete Komponente des interstellaren Mediums, und man konnte nicht verstehen, wie sie überhaupt entstehen konnten. Der Weltraum ist ungeheuer verdünnt (maximal einige wenige Atome oder Moleküle pro cm^3 im Vergleich zu den etwa 10^{19} Teilchen bei Gasen auf der Erde), die einzelnen Atome besitzen dort so große Freiräume, daß sie eigentlich keinerlei Anlaß haben, sich zu verbinden. Die Polyinylcyanide HC_nN sollten nach Ansicht von Kroto durch chemische Reaktionen in den äußeren Atmosphärenschichten kohlenstoffreicher roter Riesensterne entstehen.[76] Er fragte sich, ob diese langen Ketten eine Art Übergangsform des Kohlenstoffs zwischen Atomen und kleinen Molekülen wie C_2 und C_3, die alle wohlbekannt waren, und Partikeln mit hohem C-Gehalt wie Ruß sind.

Auf der Suche nach der Quelle dieser Verbindungen kam Kroto im Sommer 1985 zu Richard Smalley nach Houston, um mit dessen Clusterstrahl-Apparatur jene Art von Chemie zu simulieren, die in der Atmosphäre eines Kohlenstoff-Sterns abläuft und die ungewöhnlichen Moleküle erzeugt. Vielleicht würde es ihnen gelingen, sogar Ketten mit 24 bis 32 C-Atomen zu finden, ähnlich den von Walton im Reagenzglas hergestellten linearen Polyinen oder Hintenbergs ebenso erstaunlich reinen Kohlenstoff-Spezies C_{28}, C_{32} und C_{34}.

Smalley aber war von Krotos Vorhaben überhaupt nicht begeistert. Erst nach längeren Diskussionen stimmte er zu. Die Untersuchung von Silicium- und Germanium-Clustern stand wegen ihrer potentiellen Bedeutung für die Halbleitertechnik ganz oben auf der Prioritätenliste der Rice-Gruppe. Man betrachtete solche Experimente als wichtig, weil die Ergebnisse vielleicht einmal nützliche Anwendung finden könnten. Beim Kohlenstoff-Projekt sah man keine möglichen Anwendungen, weshalb es schnell durchgeführt werden sollte, um die Halbleiteruntersuchungen nur so kurz wie möglich zu unterbrechen.

Beim Variieren der Bedingungen, unter denen sie Graphit mit dem Licht eines Neodym-YAG-Lasers* verdampften und den Kohlenstoff-Dampf kondensieren ließen, fiel ihnen im Massenspektrum die ungewöhnlich hohe Intensität des C_{60}-Peaks auf, die den Exxon-Forschern nicht außergewöhnlich schien. «*Wie ein Fahnenmast ragte das C_{60} im Verteilungsdiagramm aus den übrigen Clustern heraus*»[77], erinnert sich Smalley. Mit der Veröffentlichung dieses Ergebnisses in dem renommierten britischen Wissenschaftsmagazin «Nature»[78] weckte das Kohlenstoff-Projekt erstmals allgemeines Interesse, und die Fortsetzung des Halbleiterprogramms wurde aufgeschoben, damit sich das Team voll und ganz auf das bemerkenswerte Phänomen, das Kroto und Smalley entdeckt hatten, konzentrieren konnte.

Was in aller Welt konnte dieses C_{60} nur sein? Das Signal beherrschte zunehmend die Gedanken und Gespräche der Forscher. Für Kroto begann ein äußerst strapaziöses Programm: Alle vier bis sechs Wochen flog er von England nach Houston, um nach zwei bis drei Wochen Arbeit mit der Gruppe an der Rice University wieder zu seinen Verpflichtungen in Sussex zurückzukehren. Auf der Suche nach einer Struktur für die eigenartige Kohlenstoff-Verbindung führten sie in jenen Jahren das grundlegende Verdampfungsexperiment auch unabhänging voneinander durch. In Houston diskutierten sie dann immer wieder von neuem all die Ideen, die ihnen während der vergangenen Monate gekommmen waren. Die Frage allerdings, wer nach Auswertung ihrer Meßergebnisse die Idee hatte, es könnte sich um ein fußballförmiges Molekül handeln, sollte die beiden Wissenschaftler später restlos entzweien.[79]

Jedenfalls weckte die Idee bei Kroto lebhafte Erinnerungen an den berühmten *Geodätischen Dom*, das Ausstellungsgebäude der Vereinigten Staaten auf der Weltausstellung 1967 in Montreal. Der amerikanische Architekt und Philosoph *Richard Buckminster Fuller*, kurz *Bucky* genannt, entwarf den spektakulären Pavillon nach seinerzeit avantgardistischen Bauprinzipien: 60 Meter hoch erhob sich über einem künstlichen

---

* Ein *Neodym-YAG-Festkörperlaser* besteht aus mit einem Massenanteil von 0.73% Nd^{3+} dotiertem Yttriumaluminiumgranat (YAG). Die wichtigste Wellenlänge des Neodym-Lasers liegt bei 1060 nm im Infraroten.

Abb. 45
Fuller-Kuppel auf der Expo 1967 in Montreal, Kanada.

See der bis dahin größte geodätische Kuppelbau der Welt, eine riesige, transparente Kugel aus rund 2000 Plexiglasscheiben, die in ein wabenförmiges Stahlgitter gefügt waren (Abbildung 45).

Das Besondere an diesem Bauwerk ist seine Struktur: Die *Fuller-Kuppel* bestand aus einer ungeheuren Zahl von Stabverstrebungen, die in Form von Fünf- und Sechsecken miteinander verbunden waren und damit ein ähnliches Bindungsmuster zeigten wie das C_{60}-Molekül (Abbildung 46). Mit einem Minimum an Material überdeckte die Kuppel ein Maximum an Volumen. Dadurch verteilte sich das Gewicht gleichmäßig auf

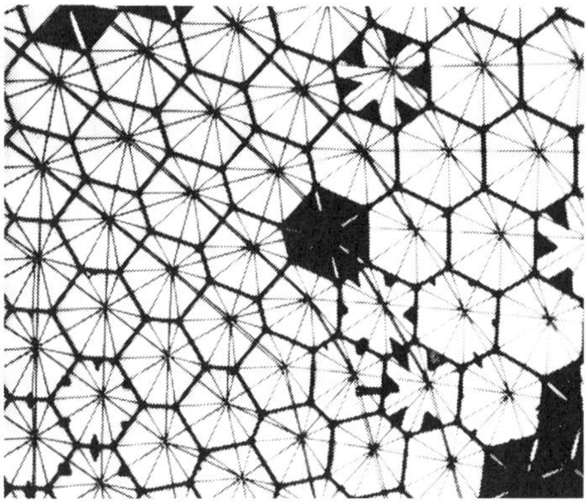

Abb. 46
Wie jedes regelmäßige oder halbregelmäßige Polyeder, das Fünfecke enthält, müßte Fullers Kuppel, wäre sie eine vollständige Kugel, zwölf und nur zwölf Fünfecke enthalten. Eines sieht man etwas unterhalb der Mitte des Bildes.

das gesamte Gebäude, so daß man auf Stützgewölbe und -pfeiler verzichten konnte.

Da die Eigenschaften der Fuller-Kuppel eine bedeutende Rolle bei den Strukturvorschlägen für das C_{60}-Molekül gespielt hatten, wurde die Verbindung nach einem Vorschlag von Kroto *Buckminsterfulleren* getauft. Der Name rief wegen seiner Länge zwar hier und da Kritik hervor, er geht aber allemal besser über die Lippen als die folgende, sogenannte «rationelle» Nomenklatur für C_{60} nach IUPAC*:

Hentriacontacyclo[29.29.0.$0^{2.14}.0^{3.12}.0^{4.59}.0^{5.10}.0^{6.58}.0^{7.55}.0^{8.53}.0^{9.21}.0^{11.2}.0^{13.18}.0^{15.30}.0^{16.28}.0^{17.25}.0^{19.24}.0^{22.52}.0^{23.50}.0^{26.49}.0^{27.47}.0^{29.45}.0^{32.44}.0^{33.60}.0^{34.57}.0^{35.43}.0^{36.56}.0^{37.41}.0^{38.54}.0^{39.51}.0^{40.48}.0^{42.46}$*]hexaconta-1,3,5(10),6,8,11,13(18),14,16,19,21,23,25,27,29(45),30,32(44),33,35(43),36,38(54),39(51),40(48),41,46,49,52,55,57,59-triaconten.*[80]

Vielleicht macht sich ein unermüdlicher Theoretiker ja auch einmal daran, die IUPAC-Namen für wirkliche Riesen-Fullerene wie C_{240}, C_{540} oder gar C_{960} zu formulieren – vielleicht «spinnen» sie ja doch, die Chemiker!

In den darauffolgenden Wochen und Monaten entdeckte die Rice/Sussex-Gruppe weitere Spielarten des Bucky-Balls, unter anderem das C_{70}-Molekül. Sie erkannten, daß sich die Dominanz dieser geradzahligen Kohlenstoff-Cluster erklären läßt, wenn man annimmt, daß alle Verbindungen von C_{32} bis mindestens C_{600} eine in sich geschlossene, ikosaedrische Form haben. Es schien ihnen angebracht, diese neue Klasse von Molekülen zu Ehren von Fuller *Fullerene* zu nennen. Mit Überlegun-

* IUPAC: International Union of Pure and Applied Chemistry (Internationale Vereinigung für Reine und Angewandte Chemie mit Sitz in Genf).

gen zur Ebenmäßigkeit der Clusteroberflächen und der bevorzugten Anordnung der Fünferringe (Gesetz der isolierten Fünfecke) konnten die Forscher zugleich plausibel machen, warum manche Fullerene, insbesondere C_{60} und C_{70}, häufiger auftreten als andere.

Smalley und Kroto konnten mit ihrer Clusterstrahl-Apparatur allerdings nur homöopathische Mengen der begehrten Moleküle herstellen. Eine direkte Strukturbestimmung der Cluster, etwa durch Röntgenbeugung, war daher nicht möglich; dafür benötigt man einen winzigen Kristall. Ihre «*Befunde waren indirekter Natur – etwa so wie bei Physikern, die Antimaterie studieren*»[81]. Es gab deswegen weltweit viele Skeptiker, insbesondere unter den Organikern. Man wollte den neuen Stoff einfach sehen.

Es gelang der Gruppe jedoch, mit einem eleganten Verfahren die Ursache der bevorzugten Geradzahligkeit großer Kohlenstoff-Cluster zu finden[82]: In einer Ionenfalle hielten sie C_{60}-Moleküle in der Schwebe und beschossen sie mit einem energiereichen Laserstrahl. Dabei schlägt der Blitz genau ein Paar von Kohlenstoff-Atomen aus dem Käfig heraus, das heißt, C_{60} fragmentiert unter Abspaltung von C_2-Radikalen. Daraufhin müssen sich die Bindungen des entstandenen C_{n-2}-Clusters (C_{58}) derart umgruppieren, daß nunmehr zwei der 12 Fünfecke über eine gemeinsame Kante verfügen (C_{60} ist ja das kleinste Fulleren, bei dem alle Fünfecke isoliert vorliegen können). Aus dem C_{58}-Cluster entsteht, wiederum durch C_2-Abspaltung, das nächstkleinere Molekül (C_{56}), aus dem seinerseits ein noch kleineres Fulleren (C_{54}) entsteht und so fort. Dieses schrittweise Schrumpfen endet, wie Heath und O'Brien feststellten, abrupt bei C_{32}. An diesem Punkt ist der Käfig zu eng geworden, beim nächsten Laserblitz zerplatzt das Molekül in lineare oder ringförmige Bruchstücke.

Daß gerade C_2 abgespalten wird, liegt an dessen relativ hoher Bindungsenergie, die diesen Zerfall gegenüber der Abspaltung einzelner Atome energetisch stark begünstigt. Je heißer die Cluster zu Beginn des Prozesses sind, desto mehr Fragmentationsschritte sind möglich. Größere Cluster mit 70 und mehr Atomen können, wie sich inzwischen herausgestellt hat, auch unter Abgabe von linearen C_4-, C_6- oder noch längeren Kohlenstoff-Ketten und unter Bildung entsprechend kleinerer geradzahliger Cluster fragmentieren. Obwohl es für C_{72} und alle größeren Fullerene durchweg Strukturen gibt, bei denen die Fünferringe genügend Abstand voneinander haben, bleiben ihnen dennoch nur Positionen, an

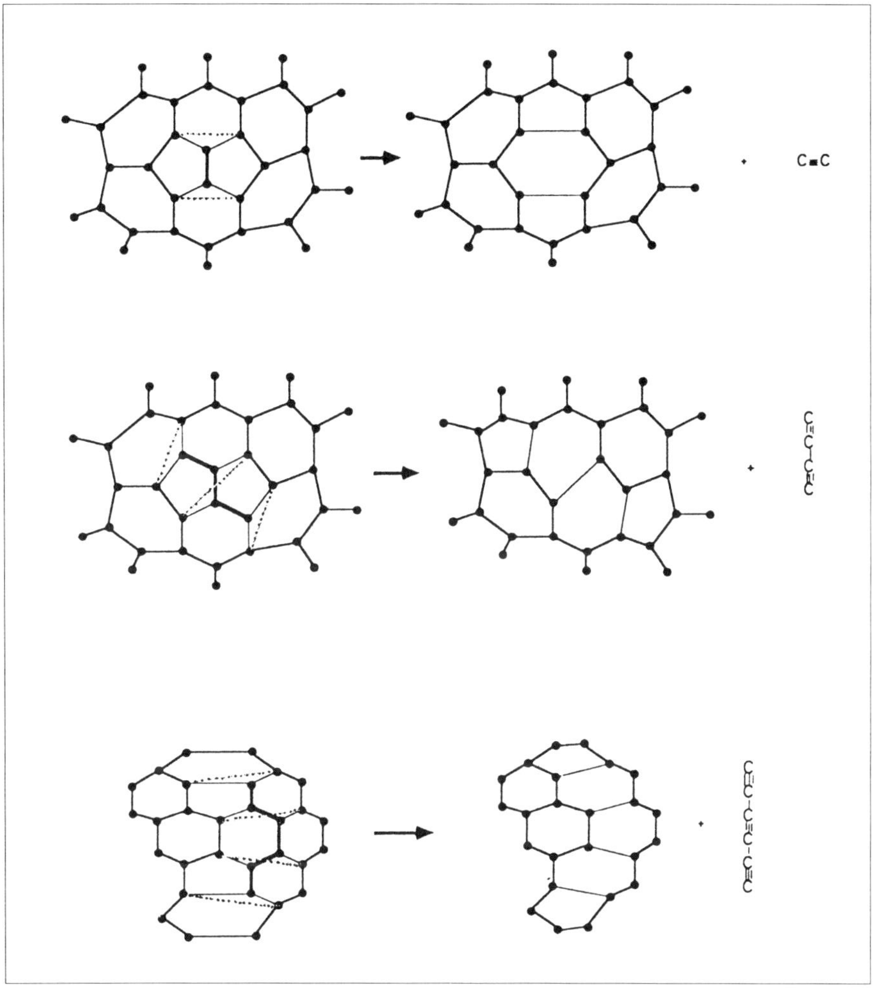

Abb. 47
Möglicher Mechanismus für die Fragmentation von Fulleren; dargestellt ist die Abspaltung von (a) C_2-, (b) C_4- und (c) C_6-Radikalen.

denen sie verspannt sind. Solche Stellen sterischer Spannung bilden Schwachpunkte, an denen der Käfig bei Energiezufuhr (Blitzlichtphotolyse) leicht aufbrechen kann.

Als Mechanismus für den elementaren C_2-Abspaltungsprozeß schlug O'Brien ein Schema entsprechend Abbildung 47 vor: Zwei benachbarte Fünferringe, wie sie im heißen Cluster durch thermische Fluktuationen zeitweilig auftreten können, werden in ein Sechseck umgewandelt und zwei neue Fünfecke gebildet. Denkbar sind aber auch Siebenecke als Zwischenzustand. In jedem Fall sind vier starke Kohlenstoff-Bindungen zu brechen, was eine verhältnismäßig hohe Aktivierungsenergie erfordert.

Die Zweierperiode erklärt sich aber auch auf natürliche Weise, wenn man bedenkt, daß die π-Elektronen der Fullerene nicht ganz gleichmäßig über die Kohlenstoff-Schale verteilt sind. Wir haben gesehen, daß an Stellen, wo sie teilweise delokalisiert sind, die C-Atome Doppelbindungscharakter besitzen. Bei der Zerstörung der Moleküle brechen deshalb bevorzugt ungesättigte C_2-Einheiten heraus. Würden hingegen Teilchen mit einer ungeraden Anzahl von Atomen (C_3, C_5 usw.) eliminiert, wäre es für die im Cluster verbleibenden Atome nicht möglich, alle freien Valenzen abzusättigen, ohne die sp^2-Hybridisierung (Graphit-Struktur) aufzuheben. Die erforderliche sp^3-Hybridisierung (Diamant-Struktur) würde aufgrund ihrer Tetraederwinkel die Kugeloberfläche sehr stark deformieren. Ein entstandenes C_{59}-Molekül beispielsweise wäre demnach hochreaktiv und würde rasch abgebaut.

Die erste Frage, die aus der Erkenntnis hervorging, daß Kroto und Smalley ein Molekül mit einer hohlen Fußballstruktur entdeckt haben, lag auf der Hand: Ist es möglich, ein Atom im Inneren des C_{60}-Käfigs einzuschließen? Die Antwort gab Heath, indem er einen stabilen C_{60}-Lanthan-Einschlußkomplex ($La@C_{60}$) erzeugen und massenspektrometrisch nachweisen konnte.[83] Dieses Experiment war der erste überzeugende Hinweis auf die Richtigkeit der Annahme einer in sich geschlossenen Fulleren-Struktur. Die Schreibweise «$La@C_{60}$» läßt übrigens erkennen, daß es seitdem eine neue chemische Formelsprache gibt: Das Zeichen «@» symbolisiert ein Fulleren (in diesem Fall C_{60}), das im Inneren eine Fremdsubstanz beherbergt (hier das Element Lanthan, La). Vereinbarungsgemäß werden die innerhalb des Käfigs befindlichen Substanzen links vom «@» geschrieben.[84]

Sofort nach Bekanntwerden dieser Ergebnisse verdampften viele andere Forschergruppen ebenfalls Substanzen, die im Massenspektrum die Bildung von Fulleren anzeigten. Diese Materialien enthielten Flammenruß, Kohle und verschiedene Kohlenwasserstoffe. Aus dem Vergleich einiger verdampfter Polymere und anderer Verbindungen mit Graphit konnte man allmählich erkennen, daß Fulleren durch Kondensation von kohlenstoffhaltigem Material in einem heißen Plasma entsteht.[85] Nach der völligen Zerstörung des Ausgangsmaterials würden sich die Kohlenstoff-

Cluster in der Gasphase unter schrittweiser Eliminierung aller anderen Atome außerordentlich leicht bilden, was in Einklang stand mit den beobachteten festen Bindungen in den Käfig-Verbindungen. Daraus folgerte man, daß Fulleren in Flammen oder in kohlenstoffreichen Sternen entsteht.

Die Theoretiker begannen den C_{60}-Cluster im Detail zu studieren. Zahlreiche molekulare und elektronische Eigenschaften wurden berechnet. Diese Arbeiten konnten zwar keine Anhaltspunkte dafür liefern, wie man die postulierte Fußballstruktur etwa durch Gasphasen-Spektroskopie oder Massenspektrometrie beweisen könnte. Die Berechnungen der Schwingungsfrequenzen[86] und Elektronenstruktur[87] sollten sich aber als außerordentlich wichtig zur Identifizierung des C_{60}-Moleküls erweisen, nachdem es von Krätschmer und Huffman in makroskopischer Menge hergestellt worden war.

Wolfgang Krätschmer und Donald Huffman interessierten sich ebenfalls für die Zusammensetzung der interstellaren Materie. Daß es einen kosmischen Staub gibt, weiß man seit langem. Er ist innerhalb der galaktischen Scheibe unserer Milchstraße konzentriert und zum Beispiel für die Rötung beziehungsweise Absorption (Abschwächung) des Sternenlichts verantwortlich. Gemeint ist ein Phänomen, das jeder kennt: Staub («Dreck») in unserer Erdatmosphäre sorgt bei Morgen- oder Abendrot für dieselbe Art der Rötung, nämlich die des Sonnenlichts, genauso wie der interstellare Staub bei den Sternen. Diese scheinbaren Rötungseffekte kommen durch die stärkere Streuung des blauen Spektralanteils des Lichts an kleinen Staubteilchen auf dem Weg zum Beobachter zustande. Hinweise auf die chemische Zusammensetzung der interstellaren Materie enthalten die Absorptionsspektren, die die Astronomen aus vergleichenden Untersuchungen von Sternspektren gewonnen haben. Laborspektroskopie an künstlich erzeugten Staubteilchen ist eine Möglichkeit, die astronomischen Daten zu verstehen.

Im Mittelpunkt des Interesses von Krätschmer und Huffman stand eine starke *interstellare Absorption* im ultravioletten Spektralbereich mit Zentrum bei 217 nm Wellenlänge, und eine Anzahl schwächerer «diffuser» Absorptionen im sichtbaren Bereich, die den Astronomen und Spektroskopikern seit Mitte der 30er Jahre Rätsel aufgibt.[88] Bei der Suche nach entsprechenden Materialien muß man zwangsläufig auf Kohlenstoff kommen: Kohlenstoff ist im Kosmos das häufigste Element, das in der

Lage ist, Staubteilchen zu bilden. Die Interpretation der interstellaren Absorption durch Kohlenstoff basierte allerdings im wesentlichen auf Berechnungen, deren Grundlagen sehr umstritten waren.

Als Huffman (University of Arizona, Tucson, USA) im Jahre 1982/83 als Humboldt-Preisträger am Max-Planck-Institut für Kernphysik in Heidelberg gastierte, beschlossen er und Krätschmer, der mysteriösen 217 nm-Absorption durch Laborexperimente nachzugehen. Dabei stießen sie bei dem Versuch, im Labor so etwas wie einige Nanometer große «interstellare» Graphit-Teilchen zu erzeugen, das erste Mal auf das C_{60}-Molekül – allerdings ohne es zu wissen, denn es wurde ja erst zwei Jahre später entdeckt.

Zur Herstellung von Kohlenstoff-Teilchen verwendeten die Forscher eine alte und klapprige Vakuumglocke, mit der normalerweise Oberflächen durch Verdampfen von elektrisch leitfähigen Materialien beschichtet werden (Abbildung 48). Im Inneren des gläsernen Rezipienten befinden sich zwei angespitzte Graphit-Elektroden, die in einer Helium-Atmosphäre – dieses äußerst reaktionsträge Edelgas ist neben Wasserstoff das zweithäufigste Element im All – durch elektrische Widerstandsheizung verdampft werden. Bei Temperaturen von bis zu etwa 3000 °C bildet sich um die Kontaktstelle eine kleine Zone heißen Dampfes, umgeben von einer Rauchwolke. Der Rauch steigt durch thermische Konvektion empor, und die aus dem Kohlenstoff-Dampf kondensierenden Cluster werden als Ruß auf einem vorbereiteten Substrat (smoke catcher) abgeschieden.

Durch Variation der Versuchsbedingungen (Edelgasdruck, Temperatur) stellten Krätschmer und Huffman «interstellare» Staubteilchen unterschiedlicher Größe her.[89] Der Ruß wurde anschließend spektroskopiert. Dabei bemerkten die Astrophysiker folgendes: Die Spektren zeigten gewisse Ähnlichkeiten mit der breiten 217 nm-Absorption, zum Beispiel in der Lage des Bandenmaximums, produzierten jedoch ein viel zu breites Kontinuum, das auch nicht gut zu den interstellaren Spektren paßte. Das war natürlich enttäuschend. Sehr merkwürdig waren außerdem einige unerwartete zusätzliche Absorptionen im ultravioletten Spektralbereich, die sich die beiden nicht erklären konnten.

Immer wieder führten die «Himmelsforscher» das Experiment durch, wobei sie jeweils die Randbedingungen wie Druck oder Temperatur des Kühlgases geringfügig änderten; doch die merkwürdigen Absorptionen

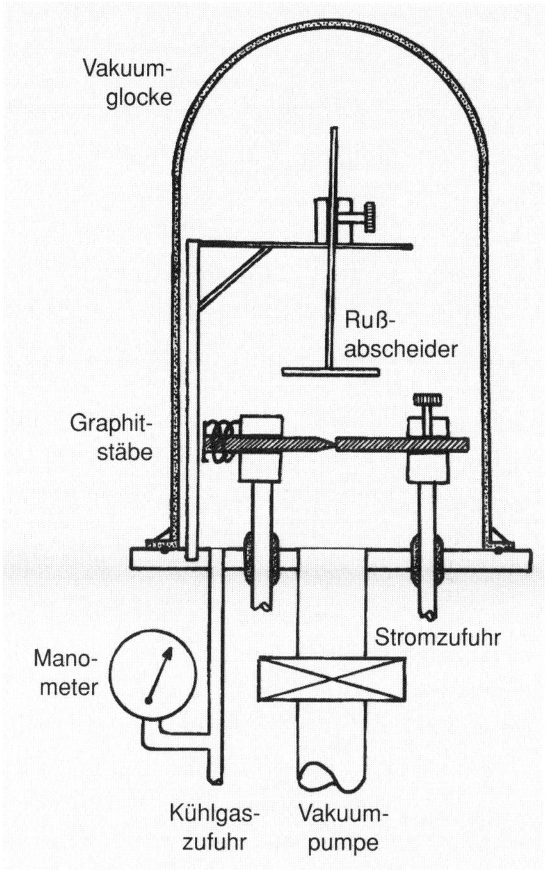

Abb. 48
Apparatur zur Herstellung von Kohlenstoff-Staubteilchen.

tauchten immer wieder auf. Krätschmer glaubte an eine Verunreinigung der Rußteilchen durch «Pumpenöl». Der auf dem Gebiet der Stauberzeugung mehr erfahrene Huffman tendierte hingegen dazu, die Absorptionen dem Kohlenstoff zuzuschreiben. Er sollte recht behalten, wie sich Jahre später herausstellte.

Huffman vermutete schon bald nach der Entdeckung von Fulleren (1985) einen Zusammenhang zwischen den mysteriösen Spektren und jenen ungewöhnlichen Molekülen, von denen in der Fachpresse, vor allem in «Nature», nun immer häufiger die Rede war. 1988 nahmen er und sein langjähriger Freund Krätschmer ihre Experimente in Heidelberg wieder auf. Unter der Mitarbeit ihrer Doktoranden Konstantinos Fostiropoulos (MPI Heidelberg) und Lowell Lamb (University of Arizona) reproduzierte die Gruppe den Graphit-Ruß von 1982/83 und registrierte erneut das

Ultraviolett-Spektrum. Dabei entdeckten sie einen sehr interessanten Einfluß des Kühlgasdrucks (Helium) auf die Rußspektren. Der «Niederdruckruß» (< 40 mbar He) zeigt ein breites Kontinuum, mit einem Maximum bei etwa 220 nm; das entsprach durchaus dem erwarteten Wert von kosmischen Staubteilchen. Beim «Hochdruckruß» (≈ 150 mbar He) erschien ein ähnliches Kontinuum, das jedoch von drei zusätzlichen Absorptionen bei 215, 265 und 340 nm überlagert wurde. Diese Spektren entsprachen denen von 1982/83, und es zeigte sich, daß diese UV-Banden überhaupt nicht von interstellaren Graphit-Teilchen stammen konnten (Abbildung 49). Eine Bestätigung dafür erhielten die Forscher, als sie ihr Augenmerk auf die Absorption infraroter Strahlung richteten, die Schwingungsbewegungen von Molekülen anregt. Sie entdeckten im Infrarot-Spektrum von Hochdruckruß vier schwache, aber deutlich erkennbare IR-Banden, die zusammen mit den unerklärlichen UV-Absorptionen auftraten (Abbildung 50). Schärfe und Intensität deuteten auf einen molekularen Träger hin. Das Aufregende daran war, daß Position und Anzahl der vier Schwingungsbanden sehr gut mit dem theoretisch vorhergesagten Spektrum für das C_{60}-Molekül übereinstimmten, und zwar für den Fall fußballförmiger Molekülstruktur. Dann, und nur dann, erwartet man – wegen der hohen Symmetrie dieses Clusters – genau vier Infrarot-aktive Schwingungen des Molekülgerüstes! Das war der Durchbruch. «*Uns war klar, daß wir dabei waren, eine sensationell simple Methode zur Massenproduktion von C_{60} zu finden*»[90], blickt Krätschmer heute zurück.

Um dieses Ergebnis zu untermauern, stellte Fostiropoulos Anfang 1990 Ruß her, der aus reinem ^{13}C bestand. Aufgrund der isotopen-bedingten Verschiebung der vier IR-Banden konnte er beweisen, daß diese Absorptionen von Vibrationen von einem großen, nur aus Kohlenstoff bestehenden Molekül stammen, und nicht etwa von Verunreinigungen wie Pumpenöl.[91] Das war ein überaus starker Hinweis darauf, daß C_{60} tatsächlich in dem Ruß enthalten sein mußte. Der Chemiker W. Schmidt (Institut für PAH-Forschung, Greifenberg am Ammersee), der wie Krätschmer an der Zusammensetzung des interstellaren Staubes interessiert ist, bekam Kenntnis von den Arbeiten und gab den Physikern die entscheidenden Anregungen zur Fulleren-Extraktion. Im Mai 1990 gelang es daraufhin dem Heidelberger Team, den Träger der UV- und IR-Absorptionen durch Extraktion mit Benzol vom Ruß zu trennen. An den nun erstmals zugänglichen präparativen Mengen ließ sich die Struktur von C_{60}

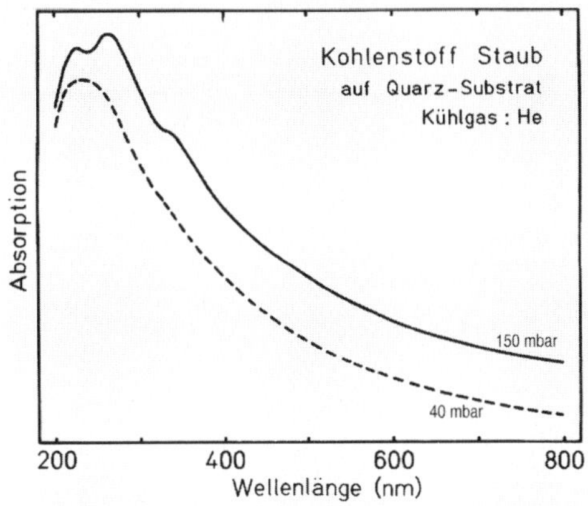

Abb. 49
Ultraviolett-Spektrum von Kohlenstoff-Staubteilchen, die bei Verdampfung von Graphit in einer Inertgas-Atmosphäre entstehen.

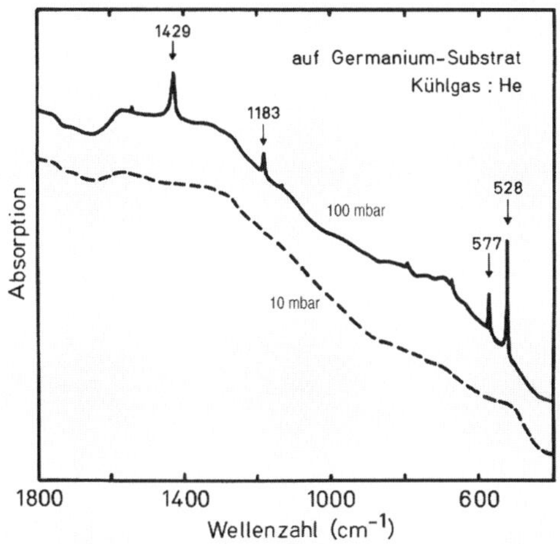

Abb. 50
Infrarot-Spektrum von Kohlenstoff-Staubteilchen. Die vier markierten IR-Linien stammen von C_{60}.

– und wenig später auch die von C_{70} – durch Massenspektrometrie, Röntgenbeugung und IR-Spektroskopie eindeutig bestimmen. Die Ergebnisse lieferten eine hervorragende Bestätigung der Fulleren-Hypothese! Das historische Massenspektrum von C_{60}/C_{70}-Fullerit zeigt Abbildung 51. Man erkennt die dominanten Massenpeaks von C_{60} (720 amu*) und C_{70} (840 amu).

* Nach englisch *atomic mass unit* (amu), veraltete Bezeichnung für atomare Masseneinheit; seit 1961 ist das Symbol für die atomare Masseneinheit m_u und die Einheit u: Ein u ist der zwölfte Teil der Masse eines Atoms des Nuklids ^{12}C (1 u ≈ $1.660 \cdot 10^{-27}$ kg).

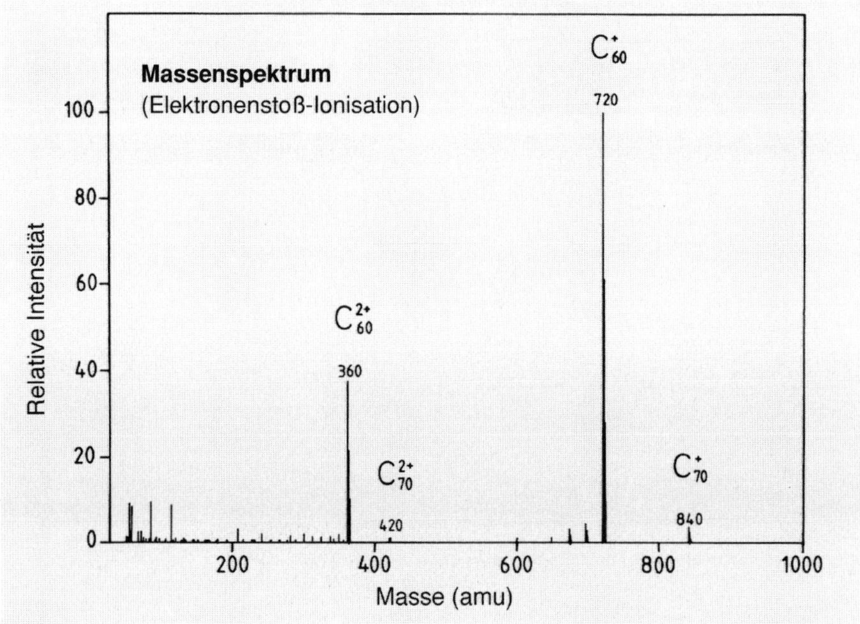

Abb. 51
Das Massenspektrum positiver Ionen, gewonnen durch Verdampfen von Fullerit mit anschließender Elektronenstoß-Ionisation. Hauptbestandteile sind einfach und zweifach geladene C_{60}- und C_{70}- Ionen. Die Feinstruktur der Massenlinien (hier nur andeutungsweise zu erkennen) entspricht der, die man bei natürlicher Kohlenstoff-Isotopie erwartet. Die anderen Massenlinien stammen von Fulleren-Fragmenten und Lösungsmittelresten.

Nachdem die Gruppe um Krätschmer das lang ersehnte Molekül-Rezept in «Nature»[92] veröffentlicht hatte, konnte Donald Bethune vom IBM Almaden Research Center im kalifornischen San José die Ergebnisse umgehend bestätigen. C_{60} und C_{70} erwiesen sich tatsächlich als außergewöhnlich stabile und reaktionsträge Verbindungen, die in makroskopischer Menge gewonnen werden können – so wie es Smalley und Kroto vorhergesagt hatten. Den überzeugendsten Strukturbeweis der hochsymmetrischen Käfig-Moleküle lieferte Kroto[93] mit Hilfe der ^{13}C-NMR-Spektroskopie, dem wohl wichtigsten analytischen Hilfsmittel eines Chemikers. Da im Buckminsterfulleren alle 60 C-Atome die gleiche magnetische Umgebung haben und daher äquivalent sind – jedes Atom ist von zwei Sechsecken und einem Fünfeck umgeben –, besteht das experimentelle Spektrum (Abbildung 52 a) erwartungsgemäß aus nur einem einzigen Resonanzsignal (bei $\delta = 143.2$ ppm).

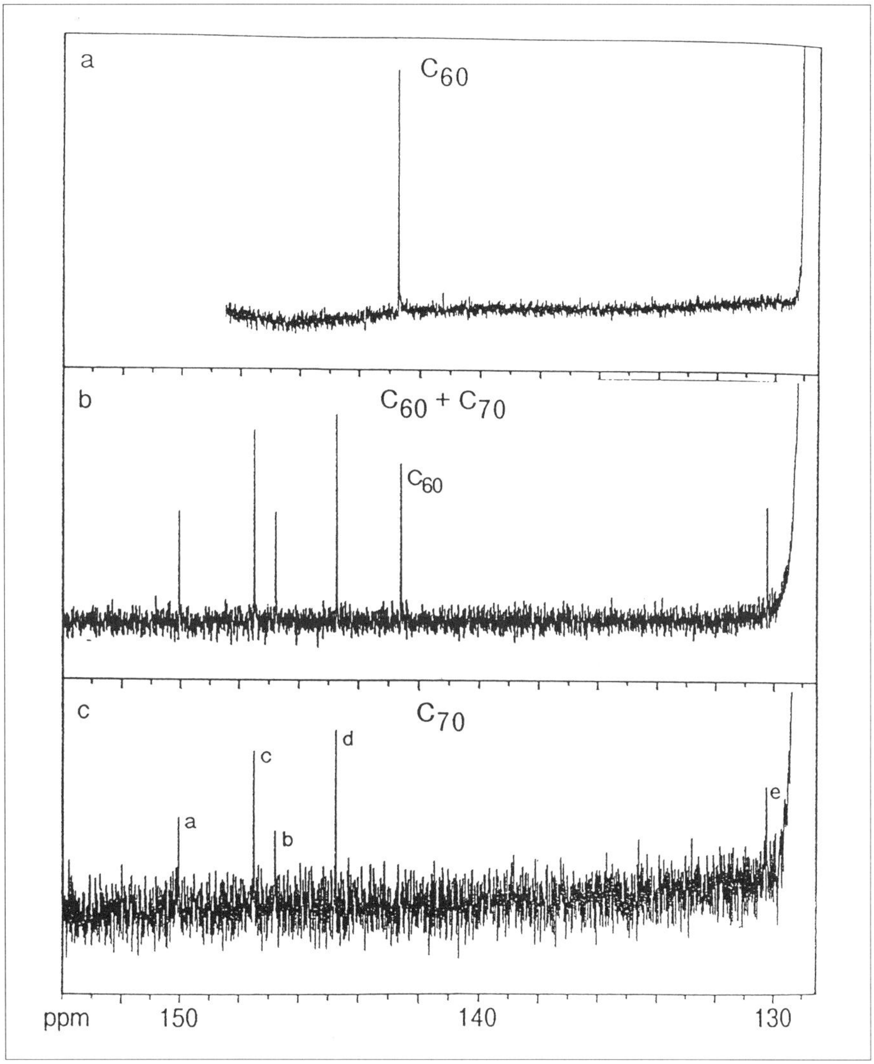

Abb. 52
^{13}C-NMR-Spektren: a) Spektrum von gereinigtem C_{60}, b) Mischprobe C_{60}/C_{70} und c) Spektrum von gereinigtem C_{70}.

Dagegen zeigt das ^{13}C-NMR-Spektrum von C_{70} (Abbildung 52 c) die für ein symmetrisches eiförmiges Molekül erwarteten fünf Linien (δ = 130.8, 144.4, 147.8, 148.3 und 150.8 ppm). Sie rühren daher, daß es in jedem C_{70}-Cluster fünf verschiedene Positionsmöglichkeiten für die Atome mit jeweils unterschiedlicher magnetischer Umgebung gibt (Abbildung 53). Diese fünf Signale sind in vielerlei Hinsicht wesentlich wichtiger als das C_{60}-Singulett. Zum einen bestätigen sie, daß das Kohlenstoff-Gerüst dieser Moleküle nicht fluktuiert, das heißt schnell die Plätze austauscht, wie es bei vielen organischen Verbindungen der Fall ist; zum anderen zeigen die fünf NMR-Peaks, daß die Atome nicht zu einem monocyclischen Ring gehören. In beiden Fällen erhielte man lediglich ein einziges ^{13}C-Resonanzsignal. Am bedeutendsten ist aber die Tatsache, daß die NMR-Resultate das Konzept der Fullerene als eigenständige Substanzklasse, als eine neue Modifikation des Elements Kohlenstoff bestätigen!

Abb. 53
Fulleren-70; die Kohlenstoff-Atome können fünf verschiedene Positionen (a bis e) besetzen.

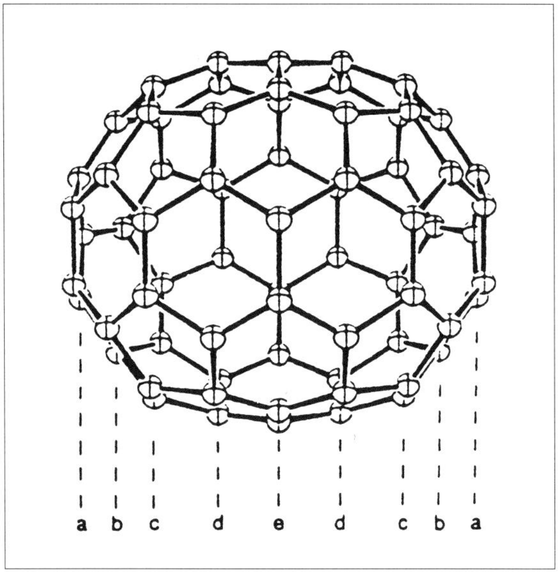

Diese Entdeckung revolutionierte nicht nur die Chemie – bis dato kannte man keine Käfigmoleküle aus nur *einer* Atomsorte –, vielmehr wurde sie zum «*Fanal für ein furioses Wettforschen*»[94]. Quasi über Nacht entstand eine neue «Postbuckminsterfulleren-Ära» der runden Organischen Chemie. Chemiker, Physiker und Materialwissenschaftler verfielen in einen interdisziplinären Fulleren-Rausch. Außerdem wurde ein alter Traum der Clusterphysik wahr: die Isolierung ausreichender Mengen eines neutralen Clusters mit exakt bekannter Masse. Spektroskopie und Stoßphysik, die klassischen Methoden für das Studium isolierter Atome und Moleküle, können seitdem erstmals in voller Breite auf ein System angewandt werden, das im spannenden Grenzfeld zwischen Molekül- und Festkörperphysik angesiedelt ist.

Krätschmer und Huffman waren dennoch etwas enttäuscht, ergaben sich aus den optischen Spektren nun doch keine Anhaltspunkte dafür, daß Fullerene Bestandteile des interstellaren Staubes sind. Krätschmer nennt heute seine damalige Hypothese, Fullerene könnten im All herumfliegen, naiv. Seine Experimente sprechen inzwischen dagegen. Zu bedenken ist allerdings, daß alle Messungen an festem und neutralem Fullerit durchgeführt wurden. Wenn es überhaupt Fullerene im Weltraum gibt, dann kann man mit Sicherheit davon ausgehen, daß die Moleküle gasförmig und angesichts des dort herrschenden hohen UV-Strahlenpegels ionisiert vorliegen dürften. Dann wird zweifellos ein Proton (positives Wasserstoffion) oder irgendein anderes Atom auf ihrer Oberfläche haften. $C_{60}H^+$ ist wahrscheinlich bis in alle Ewigkeit beständig. Ob solche Derivate eine «kosmische» Rolle spielen, bleibt noch zu untersuchen.

Die Moral aus dieser Entdeckungsgeschichte – zunächst aus Heidelberger Sicht – ist, daß man in der Wissenschaft jeglichen «Dreckeffekten» (Krätschmer) nachgehen sollte, um das Heureka-Erlebnis nicht den anderen überlassen zu müssen. Wie so oft liegen auch hier Erfolg und Mißerfolg nahe beieinander, und oftmals entscheidet eher eine Kette skurriler Zufälle über eine grundlegende Entdeckung – nicht jeder, der nach Indien fährt, entdeckt Amerika.

Nach Ansicht von Harold Kroto lehrt die Fulleren Story aber auch, «*daß aufregende neue und strategisch bedeutsame Gebiete der Chemie und der Materialwissenschaften praktisch über Nacht im Zuge eines Grundlagenforschungsprogramms entdeckt wurden, dem es häufig genug an finanzieller Unterstützung mangelte und das seine Stimulation ausnahmslos aus der Faszination über die Rolle des Kohlenstoffs im Weltraum und in den Sternen bezog ... Abgesehen von dem Erfolg der Entdeckung der ‹einsamen› NMR-Linie bereiten mir zwei weitere Umstände großes Vergnügen: zum einen die Tatsache, daß* C_{60} *eine so wunderschöne Farbe hat, die zudem erstmals in Sussex gesehen wurde; zum anderen der Umstand, daß sich anscheinend niemand eingehender mit den frühen IR-Resultaten (September 1989) der Gruppe aus Heidelberg und Tucson beschäftigt hat. Im nachhinein finde ich dies erstaunlich; vielleicht lag es daran, daß die Arbeit in der Astronomie-Literatur erschienen ist, wahrscheinlicher hat es aber damit zu tun, daß die heutige Forschung unter enormem Erfolgsdruck betrieben wird und daß unsere Angst vor Versagen so groß ist (und noch verstärkt wird durch die Modalitäten der Mittelbewilligung). Nur wenige Gruppen können sich den Luxus leisten, im Dunkeln zu arbeiten – jenen Aspekt der Forschung, der meiner Ansicht nach den wahren Geist wissenschaftlichen Strebens verkörpert... Dies wirft ein trauriges Licht auf den heutigen Wissenschaftsbetrieb, besonders da wir in unserem Innersten wissen, daß die Menschen am meisten leisten können, wenn sie nicht unter Druck stehen. Wir wissen, daß kleine Kinder beim Spielen am effizientesten lernen und die Freuden der Natur entdecken können.»*[95]

Kroto verdeutlicht hier sehr gut die Atmosphäre und Spannung echter Forschungsarbeit, vor allem das Gefühl, im Dunkeln zu arbeiten – und nicht, wie es jetzt in der Postbuckminsterfulleren-Ära allzuoft geschieht, fieberhaft und um jeden Preis nach Ergebnissen zu jagen! Die Erfahrung zeigt immer wieder, daß wirklich bedeutende und aufregende Entdeckungen häufig einen solch scheinbar «ungünstigen» Anfang nehmen.

Die Geburt der Fullerene ist eine Leistung der Grundlagenforschung, nicht der anwendungsbezogenen Forschung, und sollte als «*Warnung zur rechten Zeit*» (Kroto) dienen, daß die Grundlagenforschung Ergebnisse erzielen kann, die für zukünftige Anwendungen und neue Technologien von herausragender Bedeutung sind! Das ganze Programm erwuchs aus dem Interesse an gewissen Aspekten der Moleküldynamik, verbunden mit dem abenteuerlichen Versuch, die Herkunft der Kohlenstoff-Ketten im Weltraum und ihre mögliche Beziehung zu der interstellaren Materie und dem Ruß zu verstehen. Diese Ideen paßten genau zu den neuesten Entwicklungen in der Cluster-Forschung, zu denen Smalley und seine Mitarbeiter an der Rice University in Houston sehr viel beigetragen hatten. Krätschmer und Huffman bezogen ihre Motivation ursprünglich aus ihrem Interesse an interstellaren Graphit-Teilchen und, was ihren erzielten Durchbruch anbelangt, aus den astrophysikalischen Aspekten von C_{60}.

Die Fulleren Story hat viele Facetten, sie ist vor allem aber ein Paradebeispiel für den großen Nutzen, den man aus der Förderung der reinen, nicht zielorientierten Grundlagenforschung ziehen kann, von «Molecular Modelling» bis zum «Griff nach den Sternen».

Ein anderer wichtiger Aspekt sollte auch nicht unerwähnt bleiben: das «Bucky-Fieber». Seit 1990 herrscht in zahlreichen Forschungslabora-

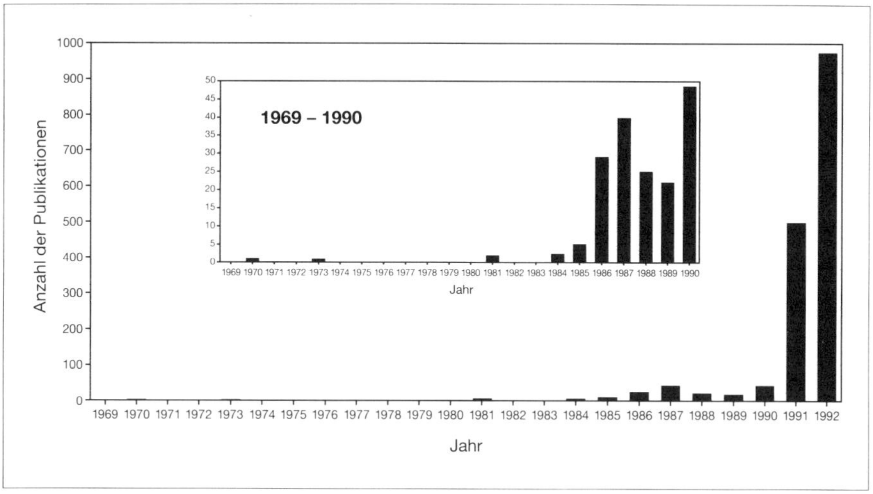

Abb. 54
Entwicklung der Fulleren-Publikationen von 1969 bis 1992; herausragende Jahre: 1970: E. Osawa; 1981: O. Chapman; 1984: E. Rohlfing et al. (Exxon); 1985: H. Kroto & R. Smalley; 1990: W. Krätschmer & D. Huffman.

torien eine hektische Betriebsamkeit, die auf den Kontakt mit einer «infektiösen» Substanz zurückzuführen ist: C_{60}. Hat einmal eine Infektion stattgefunden, so überträgt der Infizierte diese mit einiger Wahrscheinlichkeit irgendwann auf andere.

Ein Beleg für die Ausbreitung dieser «Fulleren-Epidemie» ist – vom vorliegenden Buch einmal abgesehen – das exponentielle Anwachsen der Publikationen (Abbildung 54). Nahezu jeden Tag gab und gibt es eine neue Meldung über irgendeinen neuen Aspekt der C_{60}-Forschung. 1993 erschienen monatlich etwa 80 bis 100 neue Beiträge zum Thema Fulleren in einer internationalen Fachzeitschrift. Nie zuvor hat ein einzelnes Molekül weltweit soviel Aufmerksamkeit gefunden und die Phantasie der Wissenschaftler mehr beflügelt als das Buckminsterfulleren.*

* Das Bucky-Fieber befällt inzwischen auch die Phantasie von Science-Fiction-Autoren: In der Geschichte «Iron» von Poul Anderson versacken irdische Raumfahrer auf einem fernen Planeten, dessen Oberfläche vollständig mit Fullerenen bedeckt ist, im rutschigen Kohlenstoff. Nach der Rettung in letzter Minute finden die Erdenmenschen heraus, daß die geheimnisvolle Substanz in der «Umgebung von Supernovae» zurechtgebacken wird und von dort aus zu den Planeten gelangt, auf denen der Sternenstaub schließlich eine «zentrale Rolle bei der Entstehung von Leben» spielt (vgl. Der Spiegel 48/1991, S. 286).

Die stärksten Aktivitäten sind – wie erwartet – in den USA zu beobachten (ein *Buckminsterfullerene Bulletin* gibt es bereits). An zahlreichen Universitäten und den National Laboratories werden die Fullerene auf ihre Eigenschaften hin untersucht. Verschiedene Organisationen der Forschungsförderung (DOE, DARPA, US Army Research Office) vergeben üppige Mittel. Auch bei einigen großen Konzernen wird mit zum Teil erheblichem finanziellen Aufwand geforscht, unter anderem bei Du Pont (größter Chemiekonzern der Welt), Telekommunikationsgigant AT & T, Ölmulti Exxon und Computerriese IBM. Außerdem sind rund 20 kleinere Firmen beteiligt, die sich mit der Herstellung und dem Vertrieb von Fulleren-Ruß und -Ausrüstung, teilweise auch mit aktueller Grundlagenforschung beschäftigen, wie etwa die Materials and Electrochemical Research (MER) Corp., die Texas Fullerenes Corp. und die Bluegrass Fullerenes Inc.

Die stark auf Materialforschung sowie auf billige Massenproduktion neuartiger Werkstoffe fixierten Japaner zeigen einen besonderen Eifer bei der Weiterentwicklung und Modifizierung der Kohlenstoff-Bälle. An vielen staatlichen Forschungsinstituten, vor allem aber in den Laboratorien der Industrie, werden um nahezu jeden Preis Mittel und Wege gesucht, um die Fullerene für die Praxis nutzbar zu machen. Mit von der Partie sind der Automobil-Konzern Mitsubishi und die Elektronikriesen NEC und NTT.

In Deutschland fördert das BMFT ein «Pilotprojekt Fullerene», an dem 14 Arbeitsgruppen aus Hochschulen, Großforschungseinrichtungen (Kernforschungszentrum Karlsruhe) und Max-Planck-Instituten beteiligt sind. Mit der Projektträgerschaft ist das VDI-Technologiezentrum in Düsseldorf betraut. Zielsetzung ist auch hier die «Abschätzung des technischen Innovationspotentials» dieser ungewöhnlichen Kohlenstoff-Modifikation. Nennenswerte industrielle Forschungsarbeiten auf dem Gebiet sind nur von der Hoechst AG, Frankfurt/Main, bekannt. Im Werk Knappsack betreibt der Chemiekonzern eine Lichtbogen-Anlage, die etwa 1 kg reines C_{60} und 200 g C_{70} im Monat produzieren kann.

Schwierig zu beantworten ist die Frage, wer das Bucky-Fieber nun ursprünglich ausgelöst hat. Obwohl es sich aller Wahrscheinlichkeit nach um einen synergetischen Prozeß handelt, der durch die Entdeckung der Rice/Sussex-Gruppe im Jahre 1985 und die intensive Forschung in der

Folgezeit in Gang gesetzt wurde, ist der eigentliche Ausbruch der Infektion eindeutig mit der Veröffentlichung von Krätschmer et al. über ihre Methode zur Herstellung von C_{60} aus dem Jahre 1990 in «Nature» in Zusammenhang zu bringen (vgl. Abbildung 54).

Abb. 55
Richard Buckminster Fuller.

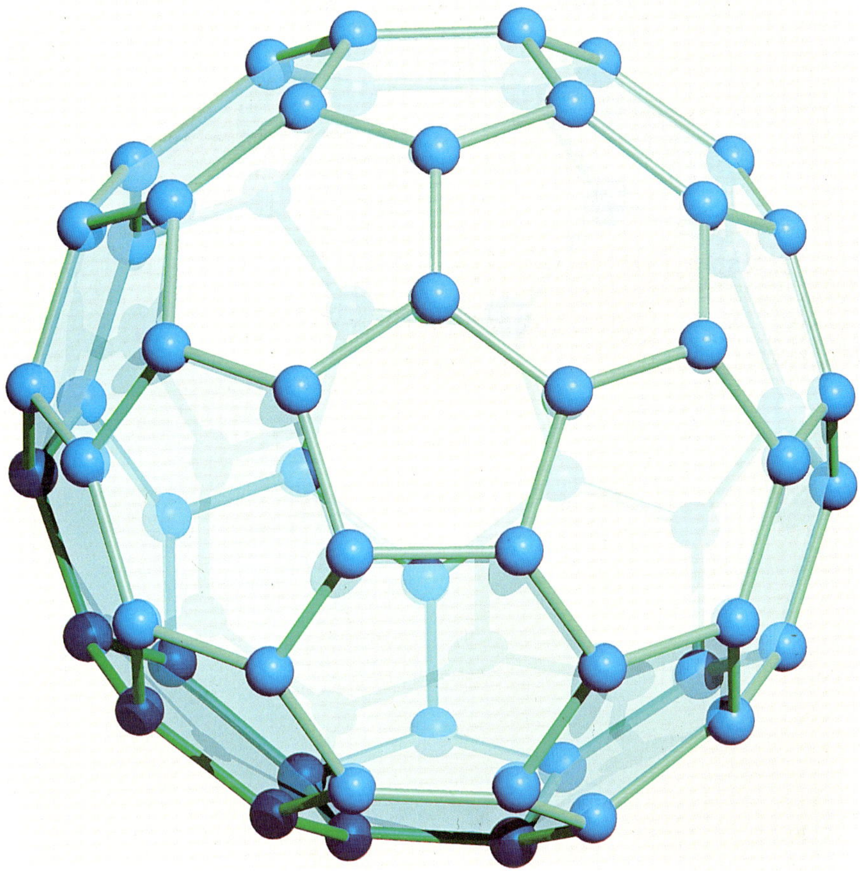

Farbtafel 1
Molekularstruktur von C_{60}. Auf jeder der 60 Ecken sitzt ein Kohlenstoff-Atom.

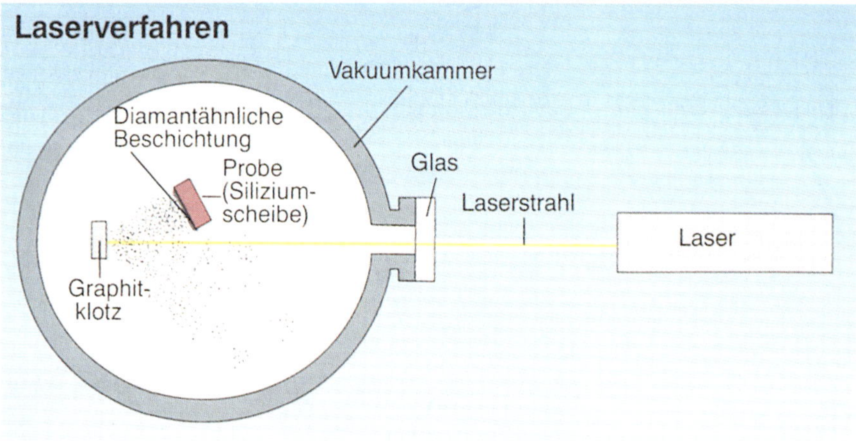

Farbtafel 2
Ein Laserstrahl bringt einen Graphitklotz zum Verdampfen. Wenn sich die Atome auf der Siliciumscheibe niederschlagen, entsteht eine diamantähnliche Schicht.

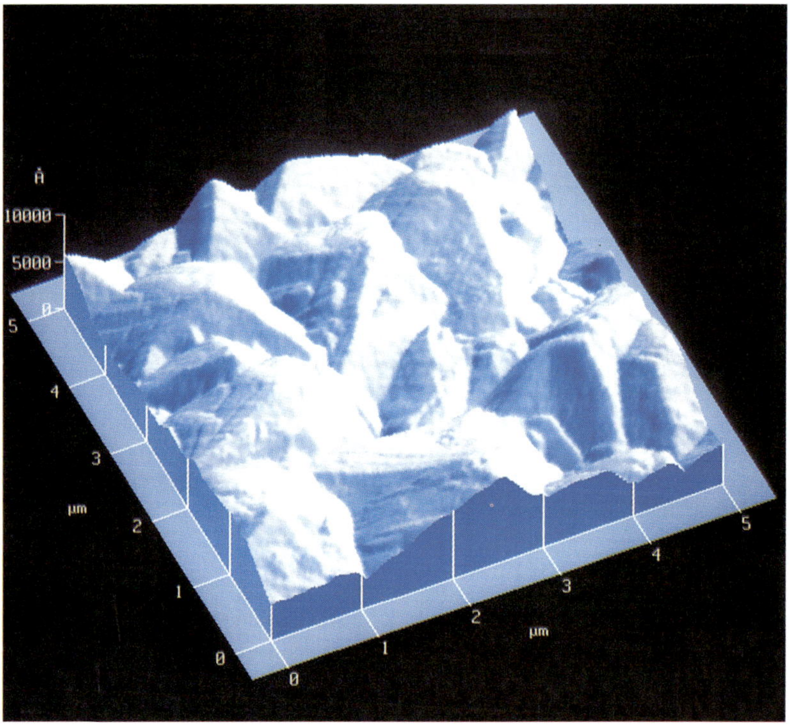

Farbtafel 3
Polykristalline Diamantschicht, wenige Tausendstel Millimeter dünn unter dem Raster-Kraft-Mikroskop.

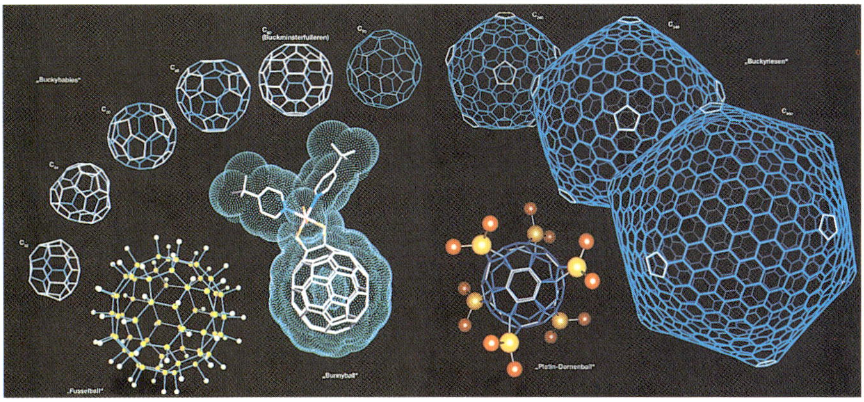

Farbtafel 4
Kleine Auswahl aus dem Fulleren-Zoo. Die «Bucky-Babies» enthalten Fünfecke mit gemeinsamer Kante und sind deswegen relativ instabil. Auch bei den «Bucky-Riesen» bilden die Fünfecke Schwachstellen, weil sie Positionen einnehmen müssen, an denen sie unter Spannung stehen. Die ideale Anordnung der Fünfecke und damit die höchste Symmetrie und Stabilität hat das Buckminsterfulleren. Der «Fussel-Ball» ist ein hypothetisches Molekül, bei dem alle 30 Doppelbindungen von C_{60} hydriert sind. Andere Derivate, die das große chemische Potential der Fullerene illustrieren, sind der «Bunny-Ball» und der «Platin-Dornenball».

Farbtafel 5
Fullerene in Lösung. Je nach Größe der Fullerene sind ihre Lösungen unterschiedlich gefärbt. Von links: C_{84} (gelbgrün), C_{78} (rosa), C_{76} (zitronengelb), C_{70} (weinrot), C_{60} (lila).

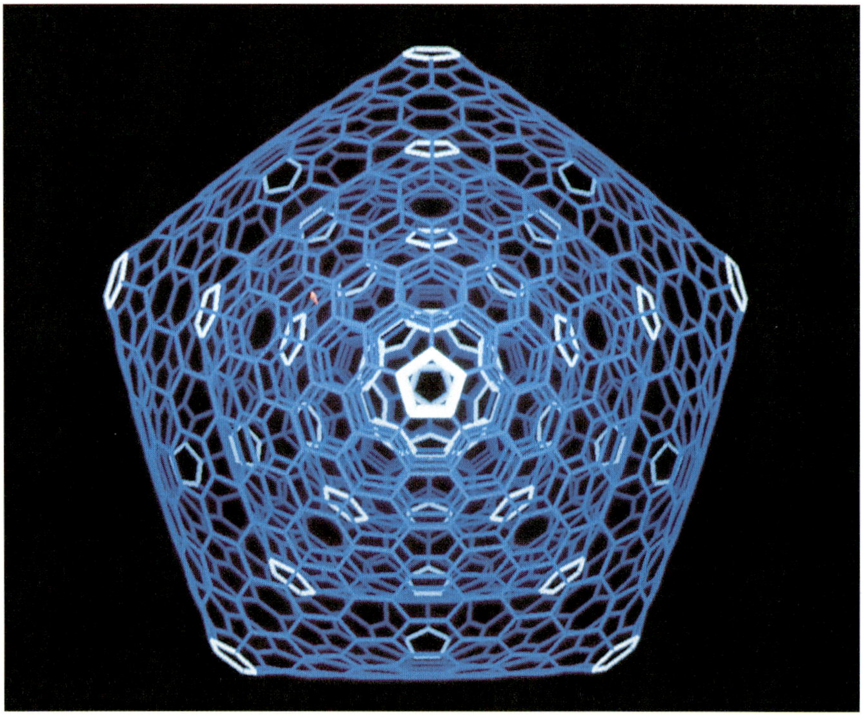

Farbtafel 6
Hypothetisches Hyper-Fulleren aus ineinandergeschachtelten Kohlenstoff-Käfigen mit 60, 240, 540 und 960 Atomen ($C_{60}@C_{240}@C_{540}@C_{960}$).

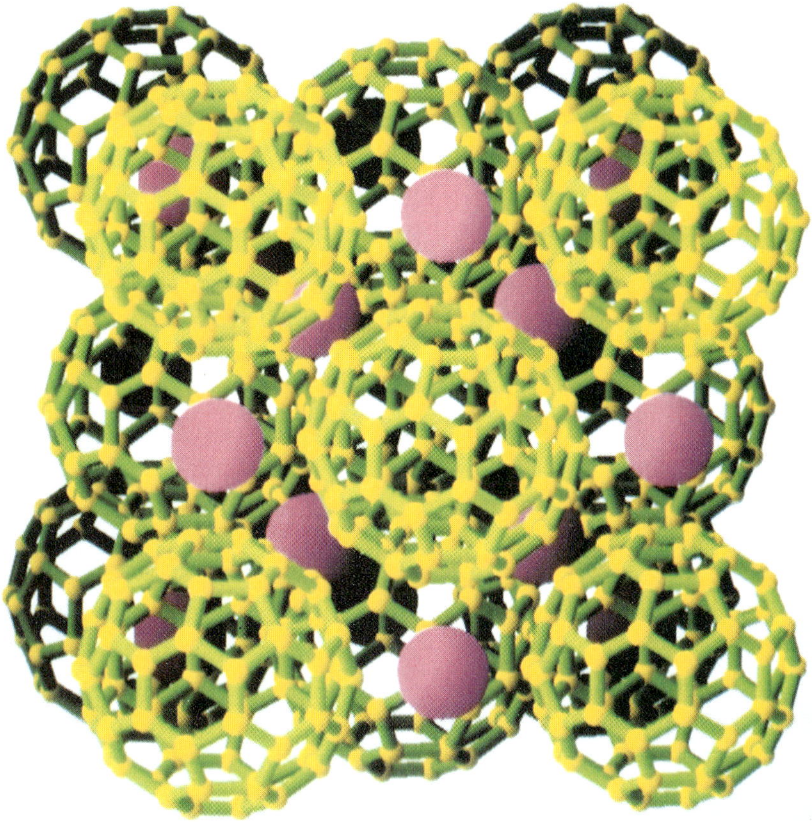

Farbtafel 7
Gitterstruktur der Supraleiter aus C_{60}-Molekülen (grün-gelb) und Alkalimetallen (violett). Die Alkalimetalle geben ihre Valenz-Elektronen an die C_{60}-Moleküle ab. Es werden leitende Salze gebildet, welche Supraleitung zeigen.

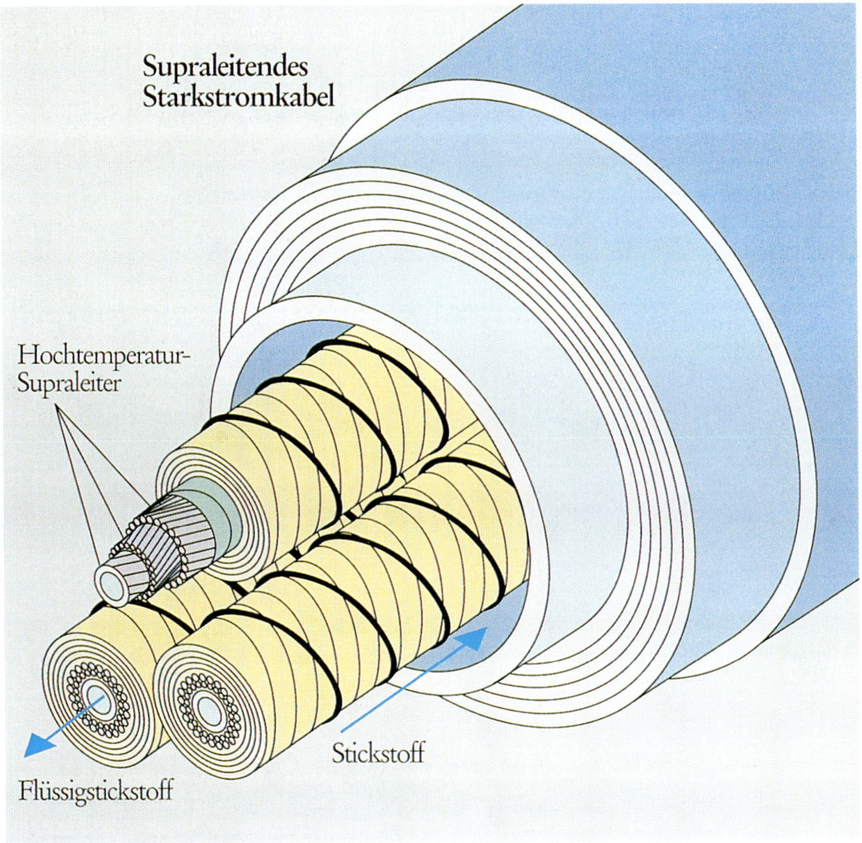

Farbtafel 8
Starkstromkabel könnten eine der ersten großtechnischen Anwendungen sein, bei denen Supraleiter Vorteile in der Energiebilanz und Wirtschaftlichkeit bieten.

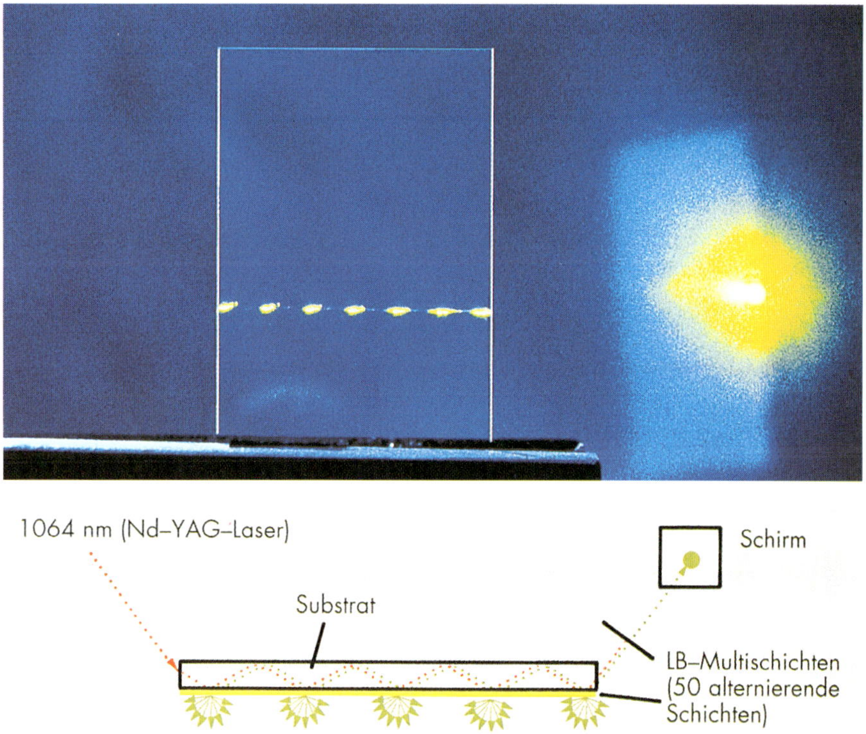

Farbtafel 9
Demonstrationsexperiment für Frequenzverdoppelung von Infrarotlicht. Sichtbar ist nur das frequenzverdoppelte grüne Licht.

Farbtafel 10
Ein magnetischer Rotor ist frei zwischen zwei supraleitenden Teilen aufgehängt und dreht sich reibungsfrei.

Kapitel 5

Richard Buckminster Fuller (1895 bis 1983)

Wer war dieser Richard Buckminster Fuller (Abbildung 55), Namenspatron einer ganzen Klasse polyedrischer Kohlenstoff-Moleküle? «*Ein Ingenieur, der an der Harvard University Poesie lehrte; ein technischer Utopist, der in den sechziger Jahren zum Guru jener amerikanischen Hippies und Drop outs wurde, die sich an der kalifornischen Westküste so billige wie phantasievolle Wegwerfhütten aus dem Müll der modernen Zivilisation bastelten*»[96], schrieb die «Frankfurter Allgemeine Zeitung» in einem Nachwort zu seinem Tode 1983.

Fuller war der letzte Vertreter einer untergegangenen Epoche, die es wie keine andere zuvor verstand, Illusionen technischer Art zu entwerfen. Er war ein Trendforscher, der Technik nicht um ihrer selbst willen verherrlichte. Dem «Dymaxion-Haus», das er bereits Ende der 20er Jahre modellierte, liegen seine Vorstellungen vom industriellen Bauen zugrunde. Es ist umweltfreundlich und naturbezogen: An einem Mast, in dessen Innerem sämtliche Installationen untergebracht sind, hängt ein polyedrischer, durchsichtiger Leichtmetall-Körper, die klimatisierten Räume werden mit Sonnenenergie geheizt, und es gibt eine Wasseraufbereitungs-Anlage – der Bewohner kontrolliert seine Umwelt. Da seine Wohnung etwa auf der Höhe des ersten Stockwerks schwebt, hat er freien Blick nach draußen, und es kann ihm nicht jedermann ins Zimmer schauen. Dieses transportable, für die Massenproduktion geplante Wohnmobil scheiterte jedoch an finanziellen Schwierigkeiten. Die ökologische Debatte der Gegenwart hat diesem Grundgedanken der naturnahen, bewußten Vorläufigkeit, jener Architektur-Philosophie des Nomadenzeltes aber wieder eine überraschende Aktualität verschafft.

Die massive Beton-Architektur hielt Fuller für einen Irrweg. Mobilität, Transparenz, Umweltfreundlichkeit – das waren für ihn Leitmotive modernen Bauens. Er war ein zukunftsweisender Prophet, der die technischen Möglichkeiten des 20. Jahrhunderts voll nutzen wollte, um zur Natur zurückzukehren. Der leichtgewichtige Pavillon auf der Expo 1967 in Montreal (*Geodätischer Dom*) war nicht nur preiswert und wiederverwendbar – wäre er nicht 1976 bei Schweißarbeiten abgebrannt –, er gab auch einem Grundgedanken des Neuen Bauens, dem fließenden Übergang von Innen- und Außenraum, der transparenten Fensterwand, eine zugleich ansprechende und ökonomisch wie ökologisch vernünftige Form.

Mit «geodätisch» – ein Begriff des Entdeckers der elektromagnetischen Wellen, Heinrich Hertz – bezeichnete Fuller die ökonomischste Relation zwischen mehreren Punkten oder Vorgängen. Er fand heraus, daß sich die leistungsfähigste räumliche Struktur aus der Kombination von Tetraeder (kleinster Rauminhalt bei größter Oberfläche) und Kugel (größter Rauminhalt bei kleinster Oberfläche) ergibt. Seine Lieblingsobjekte hatten die Gestalt eines Ikosaeders, denn abgesehen von der größeren Kraft und Schönheit dieser Form läßt sie sich leichter als eine Kugel auf einer Ebene ausbreiten. Im Ikosaeder, einem regelmäßigen Zwanzigflächner, dessen Flächen Dreiecke sind und dessen Ecken alle in der Oberfläche einer Kugel liegen, erhält man durch diese Kombination einen Körper, der bei maximalem Volumen größten Widerstand gegen Druck von innen und außen besitzt.

Fullers Konstruktionen sind beispiellos. Sie waren in keiner Ingenieurschule bekannt und konnten als wahre Erfindungen überall in der Welt patentiert werden.[97] Sie zeichnen sich durch ein Prinzip aus, das er «Tensegrity» genannt hat: Polarisierung von Druck- und Zugkräften, Verbindung von diskontinuierlichem Druck und kontinuierlicher Zugspannung. Seit 1947 entwickelte er geodätische Kuppeln auf der Grundlage einer vektoriellen Geometrie, die er *Energetic-Synergetic-Geometry* nannte und die auf einer eigenen Naturphilosophie beruhte, nach der es in der Natur ein gerichtetes System von Kräften gibt, das maximale Stärke bei minimalem strukturellen Aufwand ermöglicht.[98] Als Materialien wurden verwendet: Aluminium, Stahl, Holz, Pappe, Bambus, Sperrholz, Wellblech und Kunststoffe. Die Baukörper umschließen einen gegebenen Raum mit etwa 1% des Materialgewichts konventioneller Bauweisen.

Nach diesem eleganten Prinzip sind bis heute weltweit mehr als 250000 geodätische Kuppelbauwerke errichtet worden. Sie reichen von kleinen Gewächshäusern und Notunterkünften bis hin zu riesigen Flächentragwerken für Eissporthallen, Fabrikgebäude, Radarstationen und Planetarien. Sie überstehen Stürme, arktische Schneelasten und sind erdbebenfest, was mit den üblichen Methoden und Materialien nur schwer zu erreichen ist. Fuller fand einen Weg, mit weniger Aufwand mehr zu leisten.

Der Sohn eines Predigers steckte voll Optimismus, wußte Rat für alles und räumte Hindernisse aus dem Weg wie ein Gulliver im Land der Zwerge. Wenn einer seiner Verehrer ihn mit Newton, Leibniz und Kant verglich, die allerdings, an ihm gemessen, nur «intelligente Provinzler» seien, spürte man geradezu die Faszination, die «Bucky» ausstrahlte. Nicht ohne Neid berichteten Zeitungen über ihn, daß er zwar nie das College beendet hat (er wurde zweimal aus Harvard verwiesen), aber Besitzer von 45 Ehrendoktorwürden, von mehr als 850 Patenten und Verfasser von 20 Büchern ist. Im Durchschnitt soll er alle vier Tage vor etwa 1500 Zuschauern gesprochen haben, die sich regelmäßig am Ende seiner überraschungsreichen Stegreifvorträge, gewöhnlich auf einer Bühne voller geodätischer Modelle, zu Ovationen erhoben.

Fuller hatte schon als Junge begonnen, sich ein, wie er es nannte, «Chronoarchiv» anzulegen, eine Art privates technologisches Tagebuch, aus dem er dann seine Philosophie vom Fortschritt entwickelte. Da er ständig in der Hoffnung auf Frieden, Glück und Reichtum für die gesamte Menschheit lebte, entwarf er für seine Mitbürger riesige ikosaedrische oder dodekaedrische Raumschiffe, damit sie für den Fall einer globalen Umweltzerstörung die Erde verlassen könnten. Für diesen gewiß etwas utopischen Ansatz wurde Fuller mitunter heftig attackiert.

Er war vor allem ein Humanist, der die Welt, oder besser das Weltall, für die gesamte Menschheit produktiv machen wollte; ein Architekt des Universums, der auf nahezu allen Wissensgebieten bewandert war und der glaubhaft machen wollte, daß die Zukunft lebenswerter sei als die Gegenwart. Er entwarf Programme zur Umwandlung der seinerzeit fortgeschrittenen Kriegsproduktion in eine weltweite Bau- und Dienstleistungsindustrie. Mit seinen Berechnungen glaubte Fuller beweisen zu können, daß ohne die Trennung der Menschheit in nationale und feindliche Lager der optimale Lebensstandard bereits 1990 erreicht werden könnte. Darum wollte der «feundliche Genius des Planeten» am liebsten alle Staaten abschaffen.

Für die Politik ersann das überdimensionale Hirn eine «Erziehungsbombe»: «*Man nehme allen Industrienationen ihre Maschinen und Energienetze und lasse ihnen alle Ideologien, politischen Führer und Organisationen, dann werden in sechs Monaten zwei Milliarden Menschen an Hunger sterben. Lassen wir jedoch den Ländern Maschinen und Energie und schicken alle Politiker und Parteifunktionäre mit einer Rakete in den Weltraum, dann wird das Ergebnis lauten, daß ebenso viele Menschen wie bisher gut zu essen haben; möglicherweise geht es ihnen dann sogar ein bißchen besser als zuvor.*»[99] Überhaupt war Fuller von den Politikern schwer enttäuscht. In einem Vortrag anläßlich der Einweihung einer neuen Universität gab er 1961 zu bedenken: «*Die geschniegelsten der wissenschaftlich und intellektuell dümmsten Klasse mögen ihre gestreiften Hosen sehr schön zur Schau tragen und charmante Gesellschafter sein, aber sie haben bis heute keine akzeptablen, konstruktiven Ideen zum Weltfrieden produziert. Sie können nur sehr gut mit Krisen und Notstandskompromissen hantieren. Einer der großen Fehler der Gesellschaft während der letzten hundert Jahre war es, die wichtigsten Probleme den Männern zu überlassen, deren schöpferische Denkfähigkeit bankrott ist.*»[100]

Richard Buckminster Fuller – ein Gruru von Hippies und Drop outs?

Kapitel 6

In Form – Symmetrie, Topologie, Strukturen

Mit den Fullerenen ist zum ersten Mal ein Gebiet der Chemie in das öffentliche Bewußtsein gerückt, das anschaulich Moleküle und deren ästhetischen Reiz vor Augen führt. Die Faszination von «schönen», manchmal «exotisch», vielleicht sogar «esoterisch» anmutenden Strukturen hat indes die Chemiker schon häufig inspiriert. Solche Gebilde finden sich mehr oder weniger ausgeprägt in fast allen Verbindungsklassen der Organischen Chemie: stern- und würfelförmige Kohlenwasserstoffe, «Henkelverbindungen», Käfige, mehrfach ineinandergefädelte oder verknotete Ringe, bei Biomolekülen wie auch bei Orbitalen und Kristallgittern. Molekulare Strukturen, wie in Abbildung 56 gezeigt[101], können für den Chemiker «reizvoll» sein – ein wichtiger Aspekt der Naturforschung, der heute im Zuge einer gewissen Wissenschaftsfeindlichkeit leicht übersehen wird!

Niemand wird die Schönheit der Fullerene und anderer Moleküle bestreiten. Warum aber besteht so großes Interesse an schönen Strukturen? Weil wir einfache und strenge Formen wie das (gekappte) Ikosaeder als harmonisch empfinden. Gewiß – aber warum? Weil die Wahrnehmung von «Symmetrie» direkt an unsere Seele rührt, da wir selber symmetrisch gebaut sind: Die Entstehungsgeschichte unserer Arme, Beine und der anderen Doppelungen am Phänotypus «Mensch» begann mit einem radialsymmetrischen Plasmaklümpchen, weil alle Materie, belebt oder unbelebt, sich zunächst rotierend bewegte.[102] Gewissermaßen radschlagend habe die Menschheit auf acht Extremitäten sich bewegt (*«vier Hände hatte jeder und Schenkel ebensoviel wie Hände»*), bis Zeus die sphärische Ursymmetrie in bilaterale verwandelt habe. Das sei eine präventive Straf-

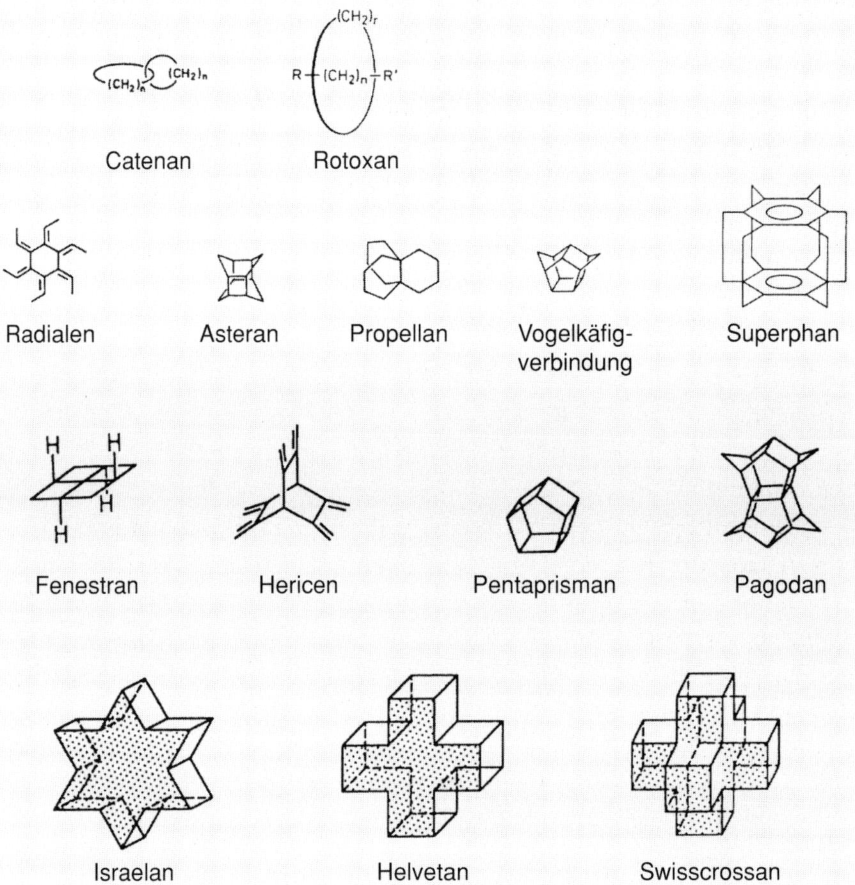

Abb. 56
Eine Auswahl reizvoller Molekülstrukturen (bis auf die untere Reihe sind alle diese Verbindungen bereits hergestellt worden).

maßnahme gewesen, wegen des Übermuts der Menschen gegenüber den Göttern. Einfach halbiert seien sie worden, *«wie man Früchte zerschneidet, um sie einzumachen»*. Jedem dermaßen Operierten mußte Apollon, Sohn des Zeus, das Gesicht zur Innenseite drehen, *«damit der Mensch, seine Zerschnittenheit vor Augen habend, sittsamer würde»*[103].

Genaugenommen geht es in diesem platonischen Dialog um die Erklärung der bisexuellen Attraktion, nicht um Symmetrie, aber symmetrisch-geometrische Anordnungen werden vorausgesetzt. Die intuitive Anschauung des Symmetrischen als Ausdruck des Vollkommenen, Strengen und Einfachen hatte bereits die Naturphilosophen der griechischen Antike dazu geführt, ihren Spekulationen Symmetrieprinzipien zugrunde zu legen.

Pythagoras (etwa 580 bis 497 v. Chr.) gab zum ersten Mal ein mathematisches Maß für Symmetrie vor*, Platon (etwa 428 bis 347 v. Chr.) zog die konkreten Folgerungen und entwickelte eine bemerkenswerte Theorie der Materie.

Platons zentrale Idee ist die des Schönen und Guten, in dem das Göttliche sichtbar wird und bei dessen Anblick «*die Flügel der Seele wachsen*». An einer Stelle in «Phaidros oder Vom Schönen» spricht er den Gedanken aus: «*Die Seele erschrickt, sie erschauert beim Anblick des Schönen, da sie spürt, daß etwas in ihr aufgerufen wird, das ihr nicht von außen durch die Sinne zugetragen worden ist, sondern das in ihr in einem tief unbewußten Bereich schon immer angelegt war.*»[104]

Seine Auffassung vom Kosmos war ihrem Wesen nach mathematisch. Platon erklärte, daß die Welt als Ganzes Kugelgestalt besitze, da die Kugeloberfläche keine ausgezeichneten Punkte enthält: «*Das ist von allen Gestalten die Vollkommenste.*» Das Universum sollte ein lebendiges Wesen sein, eine den ganzen Raum erfüllende Seele haben, und, da es lebte, sich auch bewegen. Für die Bewegung des Universums kam nach seiner Ansicht nur eine Rotation in Frage, da kreisförmige Bewegung am vollkommensten sei und «*weder Hände noch Füße erforderte*».

In seiner Theorie der Materie sind die Grundstrukturen der kleinsten Teilchen rechtwinklige Dreiecke. Größere Aggregate bilden sich, wenn diese Dreiecke sich zu Paaren zusammenfügen. Dabei entstehen zunächst gleichseitige Dreiecke und daraus Quadrate, die sich nach Meinung Platons zu komplexeren, schwereren Teilchen verbinden, und die sich in den Formen der regelmäßigen Körper wiederfinden, nämlich Tetraeder, Würfel, Oktaeder und Ikosaeder. Diese vier Polyeder, die Pythagoras gezeichnet hatte**, ordnete Platon als Grundeinheiten den vier Elementen Feuer, Luft, Wasser und Erde zu (Abbildung 57). In diesen vier Elementen sah Empedokles (etwa 490 bis 435 v. Chr.) den Urgrund aller Dinge, und er

* Satz des Pythagoras ($a^2 + b^2 = c^2$): Die Flächensumme der Quadrate über den Katheten eines rechtwinkligen Dreiecks ist gleich der Fläche des Quadrats über der Hypothenuse.

** Die exakte Konstruktion dieser Gebilde wird allerdings Theätet, einem Freund und Schüler Platons zugeschrieben.

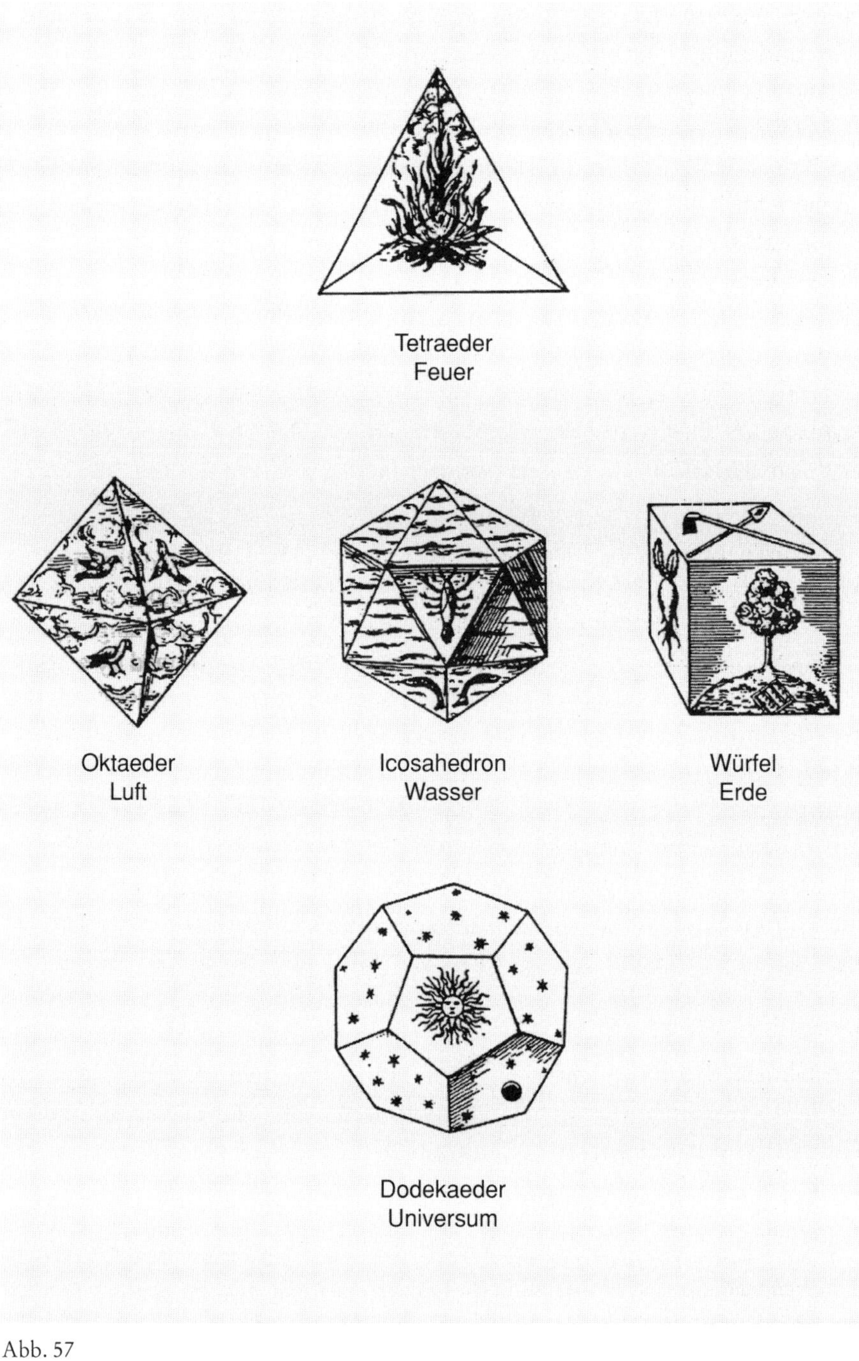

Abb. 57
Platonische Elementarbausteine nach Johannes Kepler.

erklärte Werden und Vergehen als durch Anziehung und Abstoßung, Liebe und Haß bewirkte Mischung und Trennung dieser Elemente.

Das *Feuer*-Tetraeder ist das kleinste, spitzeste und leichteste unter den Elementen, da es leicht übergreifen und alles zerstören kann. Dagegen ist das *Wasser* das größte, glatteste und schwerste Element, da es in ständig weichem Fluß auf dem Erdengrund begriffen ist. Folglich gab ihm Platon die Gestalt des regulären Ikosaeders mit seinen 20 gleichseitigen Dreiecken. Die *Luft*, der Dampf, steht zwischen Feuer und Wasser. Insofern wählte er die Formation des regulären Oktaeders aus 8 gleichseitigen Dreiecken, dessen Flächen denen der Körper von Feuer und Wasser gleichen, wobei sie zahlenmäßig zwischen beiden angesiedelt sind. Das verbleibende Element *Erde* ist so einsam wie ein Stein und so unbeweglich wie ein Berg, da ihm allein die stabile, beständige Form des Würfels eigen ist.

Die platonischen Elementarbausteine dürfen allerdings nicht als Atome im Sinne Demokrits* verstanden werden (griech. atomos = unteilbar); sie können vielmehr in die Dreiecke zerfallen, die ihre Oberfläche bilden. In Platons «Timaios» heißt es: «*Wir müssen nun also erklären, dank welcher Beschaffenheit gerade vier Körper zu den schönsten werden, die sich zwar ähnlich sind, aber doch, indem sie sich auflösen, die Möglichkeit haben, daß der eine aus dem anderen entsteht.*»[105]

So bilden beispielsweise ein Feuer-Tetraeder, das aus vier gleichseitigen Dreiecken besteht, und zwei Luft-Oktaeder mit 2 × 8 = 16 gleichseitigen Dreiecken, ein Wasser-Ikosaeder, das 20 gleichseitige Dreiecke hat (Abbildung 58). Danach entsteht aus Luft und Feuer «$\text{Luft}_2\text{Feuer}$». Setzt man Feuer und Luft mit Sauerstoff und Wasserstoff gleich, so kommt man rein formal zu einer Zusammensetzung des Wassers (H_2O), die uns von der Schule her vertraut ist. Wenn man so will, ist das die erste chemische Reaktionsgleichung.

---

* Demokrit (etwa 420 v. Chr.) war der erste «Atomist». Er glaubte, daß jedes Ding im Universum aus unteilbaren Atomen zusammengesetzt sei, daß es eine unendlich große Anzahl von Atomen gäbe und daß diese sich ständig durch eine unendliche Leere bewegten. Die Atome sollten von Ewigkeit an existiert haben, da sie nicht erschaffen worden waren, und sie sollten nicht zerstört werden können. Sie unterschieden sich nach ihrer Größe, Form und nach ihrem Gewicht voneinander. Erst die Deutung der Radioaktivität als natürlicher Atomzerfall durch Marie und Pierre Curie (1898) zeigte, daß Demokrits Anschauung von der Unveränderlichkeit der Atome falsch ist.

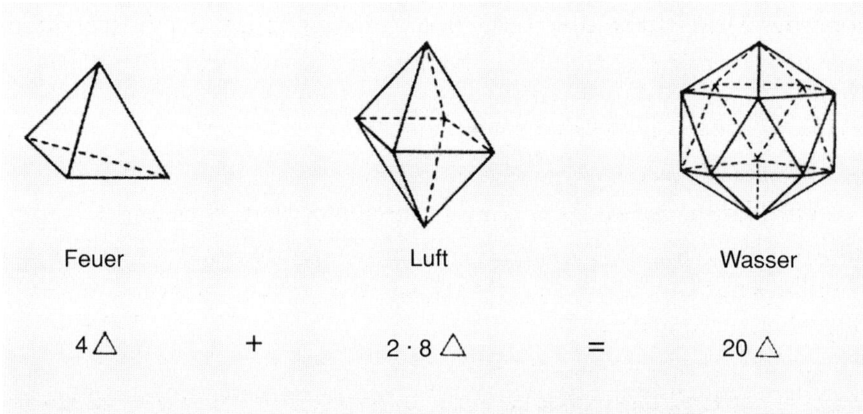

Abb. 58
Umwandlung der Elemente nach Platon; «erste chemische Reaktionsgleichung».

Nichtsdestoweniger konnte Platon das fünfte und letzte der pythagoreischen Polyeder, ein aus 12 regelmäßigen Fünfecken gezeichnetes *Dodekaeder*, im Kosmos nicht ausmachen. Es wird überliefert, daß ihn das beunruhigte und daß er *«sehnlich den unergründlichen, gestirnten Himmel betrachtete»*. Auf einmal begriff er, daß die äußere Schale des Universums, sozusagen das natürliche Behältnis für die vier Elemente, die Gestalt eines regelmäßigen Dodekaeders haben muß, in dessen Innenraum die verschiedenen Himmelskörper ihren Platz finden. Seitdem nennt man die fünf regulären Polyeder *Platonische Körper*. Im «Timaios» spricht Platon allerdings nur von dem *«verbleibenden Körper»*[106] und nicht vom Dodekaeder, vermutlich weil er die Strafe Gottes fürchtete: Pythagoras verband nämlich Besonderes mit der Zahl Fünf, das Pentagramm war zum Beispiel das Symbol seiner Schule. Er hatte deshalb angewiesen, die Existenz des Dodekaeders geheimzuhalten. Hippasus, der trotzdem das Geheimnis gelüftet hatte, soll im Meer ertrunken sein.

Später erst fügte Platons Schüler Aristoteles (384 bis 322 v. Chr.) das Dodekaeder hinzu, das die Quintessenz bilden sollte, das fünfte Element also, den alles durchdringenden «Äther». Roger Bacon*, ein Naturphilo-

* Roger Bacon (1219 bis 1292), britischer Gelehrter; Bacon prägte den Begriff des Naturgesetzes und ging davon aus, daß erst eine Experimentalwissenschaft die in theoretischen Wissenschaften erzielten Ergebnisse bestätigen könne.

soph des Mittelalters, bestätigte diese Auffassung mit der Begründung, daß die vier anderen regulären Polyeder ohne Schwierigkeit einem Dodekaeder einbeschrieben werden können, und zwar, indem man die Ecken der ersteren mit den Ecken des Dodekaeders zur Deckung bringt, oder mit Kantenmitten oder Flächenmittelpunkten.

Für Platon, der als Vater der Symmetriebetrachtungen in der Naturphilosophie gelten darf, war der geometrische Aufbau des Universums allerdings nur eine Hypothese; er selber hatte nicht daran geglaubt. Diese hypothetisch geglättete Welt hat erst Euklid (etwa 330 bis 260 v. Chr.) berechnen gelernt, daher der Name «Euklidische Geometrie». Im letzten Buch seines 13bändigen Werkes *Die Elemente* liefert Euklid den einwandfreien Beweis, daß von allen konvexen* Polyedern nur die fünf Platonischen Körper *regelmäßig* sind. Ihre Oberflächen bestehen aus lauter regulären, untereinander kongruenten Vielecken, das heißt, sie weisen jeweils identische Flächen, Ecken und Kanten auf.

Symmetrie als Harmonie der Proportionen

Die platonische Idee, daß schöne und mathematisch-symmetrische Strukturen dem materiellen Geschehen zugrundeliegen, hat auf einer anderen Ebene, nämlich in der Naturwissenschaft, zu Anfang unseres Jahrhunderts eine erstaunliche Wiedergeburt erfahren. Während zuvor der Symmetriecharakter von Gesetzen und Erscheinungen eher beiläufig und als etwas fast Selbstverständliches hingenommen wurde, sind Symmetrieprinzipien heute zum Kernpunkt der Überlegungen geworden.[107] Die Wissenschaftler weisen zunehmend auf die Symmetrie und die Schönheit einer bestimmten Theorie, eines bestimmten Experiments, bestimmter Formeln und Moleküle hin. Doch woher kommt dieser Zusammenhang zwischen Symmetrie und platonischem Schönheitsempfinden? Haftet die Schönheit als innere Eigenschaft an den natürlichen Ereignissen, oder entsteht sie erst aus der Wechselwirkung zwischen Mensch und Natur?

Die Grundgesetze der Natur seien schön, bemerkte Werner Heisenberg, und in Symmetrien lasse diese Schönheit sich begreiflich machen. In seinem berühmten Vortrag *Das Schöne in der exakten Natur-*

* Ein Polyeder heißt «konvex», wenn es ganz auf einer Seite der Ebene jeder seiner Flächen liegt; es gibt also keine «einspringenden» Ecken.

wissenschaft[*] sagte er zum Ursprung von Schönheit: «*In der Schule des Pythagoras soll der Gedanke entstanden sein, daß die Mathematik, die mathematische Ordnung, das Grundprinzip sei, von dem aus die Vielfalt der Erscheinungen verständlich gemacht werden könnte ... In diesem Schülerkreis aber spielte – und das war für die spätere Zeit das Entscheidende – die Beschäftigung mit Musik und Mathematik eine wichtige Rolle. Hier soll von Pythagoras die berühmte Entdeckung gemacht worden sein, daß gleichgespannte schwingende Saiten dann harmonisch zusammenklingen, wenn ihre Längen in einem einfachen, ganzzahligen Verhältnis stehen. Die mathematische Struktur, nämlich das rationale Zahlenverhältnis als Quelle der Harmonie – das war sicher eine der folgenschwersten Entdeckungen, die in der Geschichte der Menschheit überhaupt gemacht worden sind. Das harmonische Zusammentönen zweier Saiten ergibt einen schönen Klang ... Die mathematische Beziehung war damit auch die Quelle des Schönen. Die Schönheit ist, so lautet eine der antiken Definitionen, die richtige Übereinstimmung der Teile miteinander und mit dem Ganzen. Die Teile sind hier die einzelnen Töne, das Ganze ist der harmonische Klang. Die mathematische Beziehung kann also zwei zunächst unabhängige Teile zu etwas Ganzem zusammenfügen und damit Schönes hervorbringen. Es war diese Entdeckung, die in der Lehre der Pythagoreer den Durchbruch zu ganz neuen Formen des Denkens bewirkt und dazu geführt hat, daß als Urgrund alles Seienden nicht mehr ein sinnlicher Stoff – wie das Wasser bei Thales*[**] –, *sondern ein ideelles Formprinzip angesehen wurde. Damit war ein Grundgedanke ausgesprochen, der später das Fundament aller exakten Naturwissenschaften gebildet hat ... Das Verständnis der bunten Mannigfaltigkeit der Erscheinungen soll also dadurch zustande kommen, daß wir in ihr einheitliche Formprinzipien erkennen, die in der Sprache der Mathematik ausgedrückt werden können. Damit wird auch ein enger Zusammenhang zwischen dem Verständlichen und dem Schönen hergestellt. Denn wenn das Schöne als Übereinstimmung der Teile untereinander und mit dem Ganzen erkannt wird und wenn andererseits alles Verständliche erst durch diesen*

---

* Vortrag am 9. Juli 1970 bei der Jahresversammlung der Bayerischen Akademie der Schönen Künste in München.

** Thales (um 625 bis 547 v. Chr.), griechischer Philosoph und Mathematiker; Thales gilt seit dem 5. Jahrhundert als der erste der Sieben Weisen; als Seinsgrund des Kosmos nahm er nicht mythische Kräfte, sondern das Wasser an.

formalen Zusammenhang zustande kommen kann, so wird das Erlebnis des Schönen fast identisch mit dem Erlebnis des verstandenen oder wenigstens geahnten Zusammenhangs.»

Und auch Hermann Weyl*, der ein fundamentales Werk[108] über konkrete und abstrakte Symmetrie verfaßt hat, war geneigt, mit Pythagoras und Platon anzunehmen, daß die mathematischen Gesetze, welche die Natur beherrschen, die Symmetrie in der Natur hervorgebracht haben. Die Symmetrie sei «*eine der Ideen, mit denen die Menschheit durch die Jahrhunderte versucht hat, Ordnung, Schönheit und Perfektion zu verstehen und neu zu schöpfen*». Gott müsse Mathematiker sein. Die Theologen hätten nachzulernen, um seine Genialität plausibel machen zu können. Die Künstler, so Weyl, haben es intuitiv erfaßt. Sie erhoben den *Goldenen Schnitt*** zum Gesetz. Daher die Symmetrie in ihren Werken, zum Beispiel in Albrecht Dürers Kupferstich *Melancholia*.

Wolfgang Pauli***, einer der größten Denker in der modernen Physik, legte ein sehr verwickeltes Bild von der Wechselwirkung zwischen menschlichem Geist und natürlicher Realität bloß. Er sagte: «*Der Vorgang des Verstehens in der Natur, sowie auch die Beglückung, die der Mensch beim Verstehen, das heißt beim Bewußtwerden einer neuen Erkenntnis empfindet, scheint auf einer Entsprechung, einem Zur-Deckung-Kommen von präexistenten inneren Bildern der menschlichen Psyche mit äußeren Objekten und ihrem Verhalten zu beruhen.*»[109]

Pauli weist also auf die Möglichkeit hin, daß angeborene Urbilder das Erkennen von Formen herbeiführen. Die Fähigkeit zur Wahrnehmung sollte ebenso angeboren sein wie das Muster selbst. Zur Erfassung von Symmetrie bedarf es daher keiner Schulung, sie wird ganz unmittelbar aufgefaßt. Aber mehr noch: Nach Pauli sind Schlußweisen, die auf Symmetrien gegründet sind, die einzigen, die ohne Erfahrungshintergrund

---

* Hermann Weyl (1885 bis 1955) war einer der bedeutendsten deutschen Mathematiker; seine Zusammenarbeit mit Albert Einstein veranlaßte ihn, die mathematisch-physikalischen sowie philosophischen Grundlagen der allgemeinen Relativitätslehre herauszuarbeiten (Raum, Zeit, Materie, 1918) und die erste einheitliche Feldtheorie aufzustellen.

** Der *Goldene Schnitt* ist eng mit der Zahl 5 verknüpft. Er ist, wie schon Euklid ausführlich beschrieben hat, als $2/(1 + \sqrt{5})$ darstellbar und mehrfach an den Streckenabschnitten des Pentagramms zu finden. Die alten Ägypter und Griechen, die zwei bis drei Jahrtausende vor Pythagoras lebten, sollen unter Anwendung dieses Verhältnisses unter anderem die Große Pyramide und den Parthenon erbaut haben.

*** Wolfgang Pauli (1900 bis 1958), Wiener Atomphysiker, der in Zürich lehrte.

a priori möglich sind und dennoch zu richtigen Ergebnissen führen. Unser Gehirn sei zur Erfassung symmetrischer Strukturen evolutionär ähnlich vorbereitet wie zum Erlernen einer Sprache. Und Symmetrie empfinde der Mensch als schön.

Friedrich von Schiller (1759 bis 1805) hat dies alles in einer einzigen Zeile formuliert: «*Nur durch das Morgentor des Schönen drangst du in der Erkenntnis Land.*»[110]

Topologie und Punktgruppen

Ist Symmetrie der Schlüssel zu den innersten Geheimnissen der Materie? Bei den Versuchen, kosmische Strukturen und ihre Entstehung zu verstehen, «gründeln» die Astrophysiker nach Urknall und leidlicher Abkühlung in der Ursuppe. Darin sollen Teilchen und Antiteilchen in wundersamer Äquivalenz schwimmen, und die Kernphysiker nennen das Symmetrie. Für sie bedeutet Symmetrie die Wurzel der Naturgesetze, die Grundlage der Elementarteilchen und der zwischen diesen wirkenden Kräfte sowie der Geschichte des Kosmos. Sie erblicken darin den Bauplan der Natur, das alles tragende Grundprinzip.

Birgt Symmetrie die Weltformel? So wäre es zu verstehen, daß im Chaos des Urknalls höchste Symmetrie geherrscht haben soll. Für etwa 10^{-43} Sekunden erfüllte die Materie den Raum in voller, ihr innewohnenden Symmetrie. Danach brach sie Stück für Stück auseinander: Ursprung der heutigen Vielfalt, mit der uns die Natur erscheint.[111] Das größte Chaos ist also genauso symmetrisch wie das fiktive Nichts!

Also – was ist Symmetrie? Ein Naturprinzip? Ein Mittel der Darstellung? Eine Idee oder etwas Materielles? Allmählich steht unsereiner ratlos da, auf seinen zwei gleichartigen Beinen, und schüttelt die mehr oder minder symmetrische «Birne». Was bedeutet dieser schwer zu fassende Begriff denn noch alles?

Von Symmetrie sprechen die Wissenschaftler, wenn ein System trotz Umformungen im Prinzip unverändert (invariant) bleibt, das heißt, von der Ausgangsposition nicht unterscheidbar ist. In der anorganischen Natur sind die Kristalle das bekannteste und gewiß schönste Beispiel für das Auftreten symmetrischer Strukturen. Viele Kristalle besitzen aufgrund ihres inneren gitterartigen Aufbaus nicht nur ebene Begrenzungsflächen, sondern bilden beim Wachstum im Idealfall auch regelmäßige geometrische Formen aus, wie etwa beim Kochsalz (NaCl) einen Würfel.

Sie können aber auch äußerst komplex aufgebaut sein, und ihre Symmetrieeigenschaften sind dann entsprechend kompliziert. Hier wie im allgemeinen gilt: Je komplexer eine Struktur ist, desto geringer ist in der Regel ihr Grad an Symmetrie. Hoher Symmetriegrad bedeutet: Invarianz unter einer großen Zahl von Symmetrieoperationen.

Ähnlich ist es mit geometrischen Figuren in der Ebene. Je einfacher sie sind, desto höher ist ihr Grad an Symmetrie. Ein Kreis hat kontinuierliche Drehsymmetrie um den Mittelpunkt und unendliche viele Spiegelachsen, da er um jeden Durchmesser gespiegelt werden kann. Ein Kreis hat größere Symmetrie als ein gleichseitiges Sechseck und dieses wiederum höhere Symmetrie als ein gleichseitiges Dreieck, wobei jede der Symmetrien in der vorhergehenden enthalten ist. Betrachtet man das Rad in Abbildung 59, so wiederholen sich die Speichen in einem Winkel von 45°, und dreht man das Rad, so kommt es nach 45° oder allgemein 360°/n (n = 1, 2,..., 8) mit sich selbst zur Deckung. Ein Quadrat hat 4 Spiegelachsen und 4zählige Drehsymmetrie. Beim gleichseitigen Dreieck sind es noch je 3. So geht es weiter bis zur Tintenklecksfigur, die sehr komplex sein kann, aber nur noch eine einzige Spiegelachse hat.

Eine Kugel besitzt die höchste, für endliche dreidimensionale Gebilde mögliche Symmetrie. Auch wenn sie – etwa als Wassertropfen – aus Molekülen in ständiger ungeordneter Bewegung aufgebaut ist: der kugelförmige Wassertropfen ist symmetrischer als ein Schneekristall. Denn der Tropfen geht bei Drehungen um beliebige Winkel in sich über. Um aber einen hexagonalen Schneekristall mit sich zur Deckung

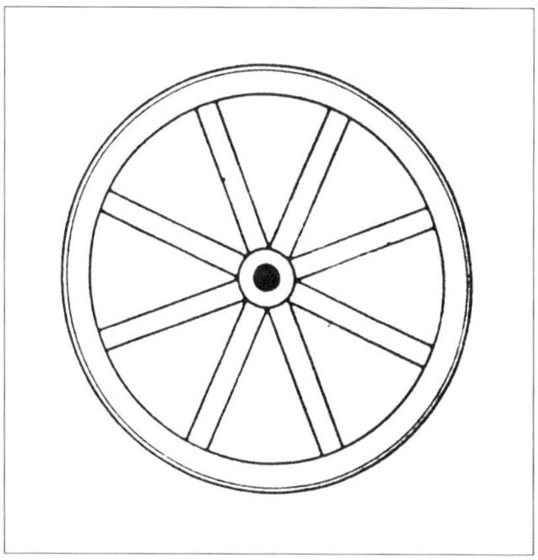

Abb. 59
Bei einem Rad wiederholt sich jeweils im Winkel von 45° das Motiv «Speiche»; anders formuliert: Durch Drehung von 45° um die Achse wird das Rad mit sich selbst zur Dekkung gebracht.

zu bringen, kann man ihn nur um Winkel drehen, die Vielfache des Winkelabstands identischer Bauteile sind: 60°, 120°, 180°, 240°, 300° und – natürlich – 360°.

Rein intuitiv scheint diese Feststellung verständlich, doch dem Wissenschaftler genügt das nicht. Er hat sich für Symmetriebetrachtungen ein formales Rüstzeug geschaffen. Dazu gehören als erstes die *Symmetrie- oder Deckoperationen*, das heißt, ein Satz geometrisch definierter Möglichkeiten des Austauschs äquivalenter Teile eines Körpers. Konventionsgemäß und für alle Fälle ausreichend bedient man sich in der Wissenschaft folgender fünf Operationen[112]:

1. Die einfache *Drehung* um eine durch den Körper laufende *Symmetricachse* um einen Winkel α. Befindet sich der Gegenstand nach Drehung um $\alpha = 360°/n$ (n = 1, 2, 3, ...) in einer der Ausgangslage identischen Position, so nennt man die Drehachse n-zählig und bezeichnet sie mit C_n (Abbildung 59). Führt eine Drehung um 2α, 3α usw. den Körper in sich selbst über, symbolisiert man die entsprechenden Symmetrieoperationen mit C_n^2, C_n^3 usw. – also durch entsprechende Produkte von C_n mit sich selbst.
2. Die *Spiegelung* aller Punkte an einer durch den Körper laufenden *Symmetrieebene*; Symbol σ, wobei σ_h die Spiegelung an einer horizontalen Fläche, σ_v eine vertikale und σ_d eine diagonale Spiegelebene bezeichnen (Abbildung 60).

Abb. 60
Symmetrieelemente des Cyclopropans, C_3H_6.

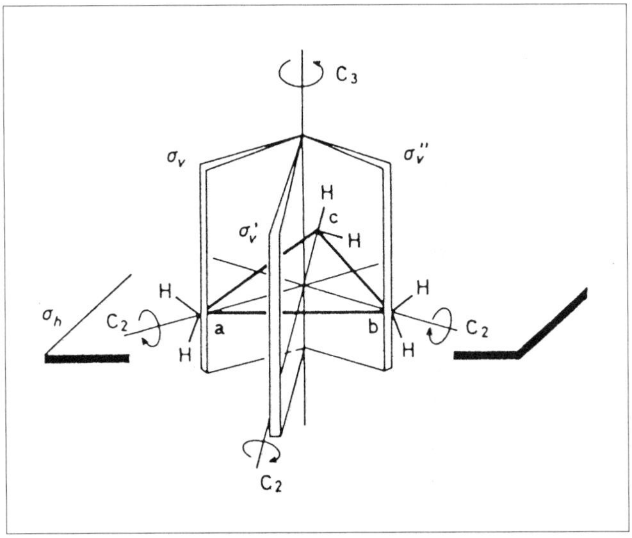

3. Die Spiegelung an einem Punkt (*Inversionszentrum i*) des Körpers (Abbildung 61).
4. Die Kombination (in beliebiger Reihenfolge) der Drehung um eine durch das Objekt laufende Achse C_n um 360°/n und der Spiegelung

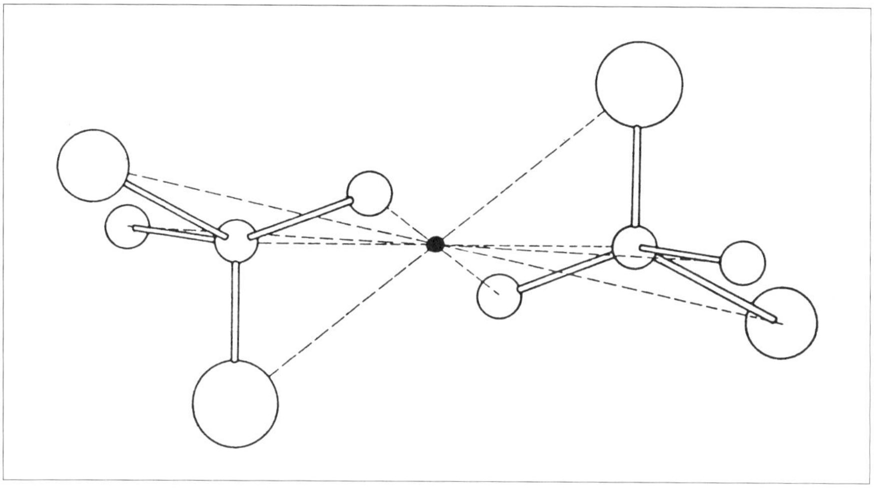

Abb. 61
Die Wirkungsweise eines Inversionszentrums (•) an asymmetrischen Molekülen.

aller Punkte an einer zu dieser Achse senkrechten Ebene (*Drehspiegelung* S_n, Abbildung 62).

5. Die identische Operation ε, die den Körper unverändert läßt (z.B. $C_3^3 = \varepsilon$).

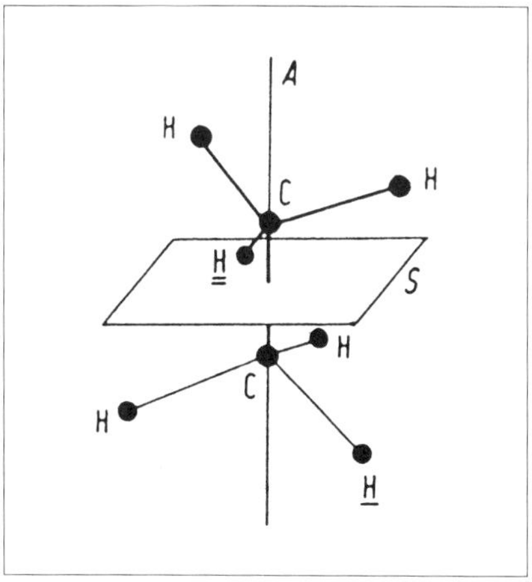

Abb. 62
Schematische Darstellung des Ethan-Moleküls (C_2H_6) zur Verdeutlichung der Drehspiegelung S_6. Dreht man das Molekül bezüglich der senkrechten Achse A um 60° und spiegelt es dann an der Ebene S, so geht z.B. das Atom H̲ in das Atom H̳ über usw. Drehung oder Spiegelung allein ist dagegen keine Symmetrieoperation.

Außerdem bedient sich der Wissenschaftler des Begriffs des *Symmetrieelements*: Zeichnet eine der oben genannten Symmetrieoperationen eine Achse, eine Ebene oder einen Punkt des Raumes aus, dann nennt man diese Achse, diese Ebene, diesen Punkt das dazugehörige Symmetrieelement. Den vollständigen Satz der Symmetrieoperationen, die an einem Körper ausgeführt werden können, bezeichnet man als *Symmetrie- oder Punktgruppe* dieses Körpers[113], weil bei den entsprechenden Operationen immer ein Punkt unverändert bleibt. Damit sind wir bereits beim Kern des klassischen wissenschaftlichen Begriffs von Symmetrie angelangt: Die Symmetrieeigenschaften eines Gegenstandes sind nämlich durch die Angabe der Gruppe von Abbildungen, unter denen er invariant ist, vollständig bestimmt (Abbildung 63).

Bezeichnung der Gruppe	Erzeugende Symmetrieoperationen
C_n	ε, C_n
C_{nv}	ε, C_n, Spiegelebene σ_v durch C_n
C_{nh}, $C_s(=C_{1h})$	ε, C_n, Spiegelebene σ_n senkrecht zu C_n
S_n, $C_i(=S_1)$	ε, S_n (n ungerade)
D_n	ε, C_n, Drehachse C'_2 senkrecht auf C_n
D_{nh}	ε, C_n, C'_2 σ_h
D_{nd}	ε, C_n, C'_2, Spiegelebene σ_d durch C_n
T	C_3, C_3, C_3 im Winkel von 109° und C_2, C_2, C_2, im Winkel von 90°
T_d	Elemente von **T** und 3 Spiegelebenen σ_d (Symmetrie des Tetraeders)
O	3 C_3-, 4C_4- und 6C_2-Achsen
O_h	Elemente von **O** und S_2 (Symmetrie des Würfels)
J	6C_5-, 10C_3- und 15C_2-Achsen

Abb. 63
Punktgruppen mit zugehörigen Symmetrieoperationen.

Veranschaulichen wir uns diesen Sachverhalt anhand der Platonischen Körper, beginnend mit dem regulären Tetraeder. Abbildung 64 zeigt zumindest je eines seiner verschiedenen Symmetrieelemente. Bei längerem Hinsehen erkennt man, daß das Tetraeder folgende Symmetrieelemente aufweist: Drei S_4-Achsen, vier C_3-Achsen und sechs diagonale Spiegelebenen (σ_d), von denen in der Abbildung 64 allerdings nur eine gezeigt ist. Es sind insgesamt, einschließlich der Identität ε, 24 Symmetrieoperationen möglich, wobei das Aussehen des Tetraeders vor und nach dem Ausführen jeder dieser Operationen exakt gleich ist. Die resultierende Symmetriegruppe wird mit T_d bezeichnet. Der Chemiker kennt eine Vielzahl von Molekülen oder Ionen mit voller T_d-Symmetrie, zum Beispiel CH_4, SiF_4, $(ClO_4)^-$, $(SO_4)^{2-}$ und $Ni(CO)_4$ sowie viele andere, die eine quasi-tetraedrische Geometrie aufweisen. Alle diese Moleküle besitzen jeweils die gleichen 24 Symmetrieelemente; ihre Struktur ist durch die Angabe der Punktgruppe T_d vollständig bestimmt.

Das Oktaeder und der Würfel (Kubus) haben die gleichen Symmetrieelemente. In der Abbildung 65 ist das Oktaeder in einen Würfel

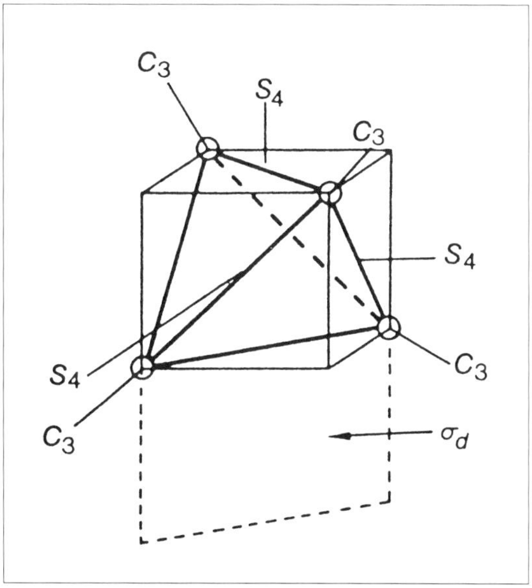

Abb. 64
Einige wesentliche Symmetrieelemente des Tetraeders. Alle S_4 und C_3, jedoch nur eine der 6 σ_d sind gezeigt.

einbeschrieben. Die sechs Flächenmittelpunkte des Würfels bilden die Ecken des Oktaeders. Umgekehrt liegen die acht Flächenmittelpunkte des Oktaeders auf den Ecken eines Würfels. Die Abbildung 65 zeigt jeweils eine der verschiedenen Arten von Symmetrieelementen, die diese zueinander dualen* Polyeder besitzen. Insgesamt treten auf: drei C_4-Achsen, die gleichzeitig S_4-Achsen sind, vier C_3-Achsen, die gleichzeitig S_6-Achsen sind, sechs C_2-Achsen durch gegenüberliegende Seitenmittelpunkte, drei

* Zwei Polyederpaare wie das Oktaeder und der Würfel, bei denen Flächen- und Eckenzahl vertauscht sind, sind zueinander *dual*. Das Tetraeder ist *selbstdual*.

σ_h und sechs σ_d, durch die sich insgesamt neun Spiegelungen ergeben. Die vollständige Gruppe besteht aus 48 Operationen und wird mit O_h bezeichnet. Für den Chemiker ist sie außerordentlich wichtig, da sie alle oktaedrischen Moleküle wie etwa SF_6 und zahlreiche Komplexe, zum Beispiel $[Co(NH_3)_6]^{3+}$, beschreibt.

Ähnlich wie Würfel und Oktaeder sind das Ikosaeder und das pentagonale Dodekaeder insofern miteinander verwandt (dual), als die Ecken

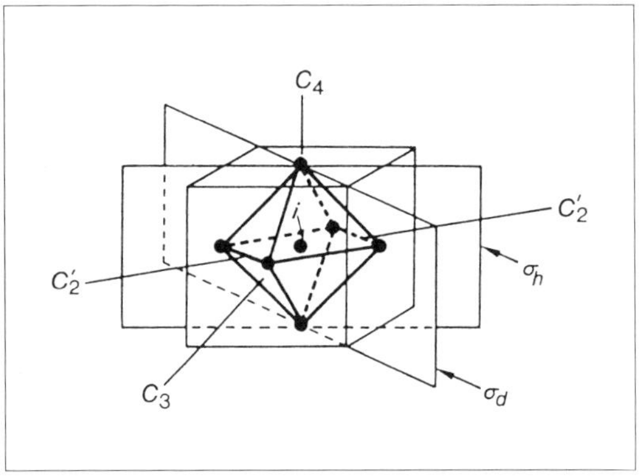

Abb 65
Das Oktaeder und der Würfel mit jeweils einer der verschiedenen Arten von Symmetrieelementen dieser Körper.

des einen auf den Flächenmittelpunkten des anderen liegen und umgekehrt. Beide Polyeder haben die gleichen 120 Symmetrieelemente, von denen einige in Abbildung 66 aufgeführt sind. Die wichtigsten sind: sechs 5zählige Drehachsen (C_5), zehn C_3, 15 C_2 und 15 Spiegelebenen. Die ikosaedrische Punktgruppe I_h ist die größte endliche Punktgruppe. Sie besitzt, wie gesagt, 120 Elemente, das heißt 120 Symmetrieoperationen, die ein Objekt in sich selbst überführen.

Das Ikosaeder hat als Struktureinheit in der Bor-Chemie große Bedeutung, da es in allen Formen des elementaren Bors wie auch im $B_{12}H_{12}^{2-}$-Ion vorkommt. Die beiden einzigen Moleküle mit der vollen Symmetrie eines regulären Dodekaeders werden wir in einem späteren Kapitel kennenlernen.

Polyedersatz von Euler

Im folgenden wollen wir einige topologische Betrachtungen anstellen und versuchen herauszufinden, warum Fullerene genau 12 Fünfecke haben. Wir beginnen mit einfachen regelmäßigen Vielecken. Ein Vieleck (Polygon) ist eine geometrische Figur auf der Ebene – dem zweidimensionalen

	F	E	K	Eckenfigur	Symmetrieelemente	Symmetrieoperationen	Symmetrie
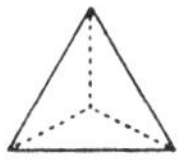	4	4	6	3^3	3 S_4, 4 C_3, 6 σ_d	24	T_d
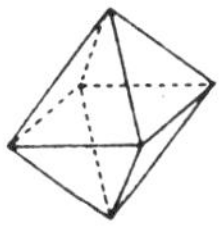	8	6	12	3^4	3 C_4, 3 S_4, 4 C_3, 4 S_6, 6 C_2; 3 σ_h, 6 σ_d; i	48	O_h
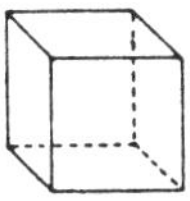	6	8	12	4^3			
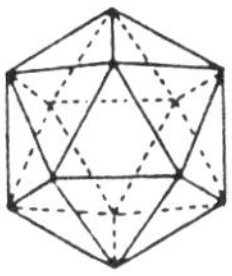	20	12	30	3^5	u.a. 6 C_5, 10 C_3, 15 C_2; 15 σ; i	120	I_h
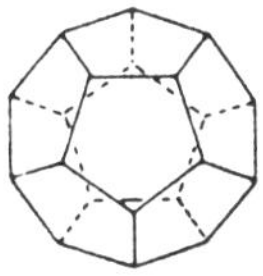	12	20	30	5^3			

C = Drehachsen, S = Drehspiegelachsen, σ = Spiegelebenen, i = Inversionszentrum

Abb. 66
Bau und Symmetrieeigenschaften der fünf Platonischen Körper.

Euklidischen Raum. Man nennt ein Vieleck «regelmäßig» oder «regulär», wenn die Seiten alle gleich lang und die Innenwinkel an den Ecken alle gleich groß sind. Man sagt auch, ein regelmäßiges Vieleck (reguläres Polygon) habe zueinander *kongruente* Seiten und Ecken.

Die Frage, wieviele regelmäßige Vielecke es gibt, ist leicht zu beantworten: unendlich viele. In der Tat gibt es zu jeder ganzen Zahl $n \geq 3$ ein reguläres n-Eck nichtverschwindenden Flächeninhalts mit n zueinander kongruenten Seiten und Ecken: gleichseitiges Dreieck, Quadrat, reguläres Pentagon, reguläres Hexagon, reguläres Heptagon und so weiter.

Wir wollen die Fragestellung auf den dreidimensionalen Euklidischen Raum ausdehnen. Jetzt fragen wir danach, ob es im dreidimensionalen Raum auch unendlich viele analoge regelmäßige Körper gibt, oder ob ihre Anzahl endlich ist. In der Tat stellt man hier einen erstaunlichen «Struktur-Sprung» fest, wenn man vom zwei- zum dreidimensionalen Raum übergeht: Im dreidimensionalen Raum gibt es fünf – und nur fünf – reguläre Polyeder! Es sind die Platonischen Körper.

Was ist an ihnen so regelmäßig? Wie man in Abbildung 66 sieht, treffen sich bei drei Körpern, und zwar Tetraeder, Würfel und Dodekaeder, jeweils drei Kanten und bilden eine dreiseitige Ecke. Das Oktaeder hat vierseitige und das Ikosaeder fünfseitige Ecken. Kein Körper hat Ecken, an denen sich mehr als fünf Kanten treffen, keiner hat Flächen mit mehr als fünf Seiten. Die Oberflächen dieser Polyeder bestehen also aus lauter regelmäßigen, untereinander kongruenten n-Ecken (n = 3, 4, 5), in allen Ecken stoßen gleichviele Kanten zusammen.

Art und Anzahl der Flächen, die eine Polyederecke bilden, nennt man *Eckenfiguren*. So hat zum Beispiel der Würfel die Eckenfigur 4^3, drei Vierecke bilden also eine Hexaederecke. Der Exponent drei gibt außerdem an, daß drei Kanten in einer Würfelecke zusammenstoßen.

Warum aber gibt es im dreidimensionalen Raum nur fünf regelmäßige Polyeder? Diese Frage läßt sich mit Hilfe des *Eulerschen Polyedersatzes** beantworten. Nehmen wir an, ein regelmäßiger Körper werde von lauter kongruenten regulären Polygonen begrenzt und besitze lauter kongruente Kanten und Ecken. Um nun die Anzahl der möglichen Polyeder zu bestimmen, beachten wir, daß die Summe der ebenen Kantenwinkel an jeder Körperecke *kleiner als 360°* sein muß, wovon man sich leicht anhand eines aufgefalteten Körpernetzes überzeugen kann. Folglich können als Begrenzungsflächen regulärer Polyeder nur ganz bestimmte regelmäßige Vielecke in Betracht kommen, da an jeder Ecke mindestens drei Flächen zusammentreffen müssen.

Denn bei Begrenzung des Polyeders (P) durch gleichseitige Dreiecke kann eine Ecke nur aus drei, vier oder fünf Seitenflächen gebildet werden, da ihre Kantenwinkel je 60° betragen; für sechs Seitenflächen wäre die Summe der Kantenwinkel bereits $6 \times 60° = 360°$. Bei Begrenzung des Polyeders durch Quadrate (Kantenwinkel je 90°) sowie durch re-

* Man nimmt an, daß der Eulersche Polyedersatz schon Archimedes (287 bis 212 v. Chr.) bekannt war. Ausgesprochen wurde der Satz von dem französischen Naturphilosoph René Descartes (1596 bis 1650) um 1620 in einer erst 1860 im Auszug bekanntgewordenen Abhandlung. Euler hat den Satz 1750 entdeckt und 1758 mit Beweis in den «Schriften der Petersburger Akademie der Wissenschaften» veröffentlicht (L. Euler, *Elementa Doctrinae Solidorum*).

guläre Pentagone (Kantenwinkel je 108°) kann eine Ecke nur aus drei Seitenflächen gebildet werden. Eine Begrenzung durch regelmäßige Hexagone (Kantenwinkel je 120°) ist nicht möglich, da hier bereits $3 \times 120°$ nicht mehr kleiner als 360° ist und so keine Ecke daraus gebildet werden kann.

P kann also nur von gleichseitigen Dreiecken, Quadraten und regelmäßigen Fünfecken begrenzt sein, nicht aber von n-Ecken, bei denen $n > 5$ ist. Das Fünfeck mit $3 \times 108° = 324°$ paßt da noch. Niemand wird daher je einen regulären Körper aus sechs-, sieben- oder achtseitigen Vielecken oder aus irgendwelchen anderen regelmäßigen Flächen herstellen können. Von gleichseitigen Dreiecken können drei, vier und fünf zu einer Ecke zusammentreten, von Quadraten und Fünfecken aber nur drei; in allen anderen Fällen sind, wie wir gesehen haben, Ecken nicht möglich. Es zeigt sich also, daß genau fünf Typen der P-Polyeder möglich sind. Der *Eulersche Polyedersatz*

$$E + F - K = 2$$

(Anzahl der Ecken E, Flächenanzahl F, Kantenanzahl K)

zeigt nun, daß zu jedem Typ höchstens ein Polyeder gehört:

a) Setzen wir im Falle des von Dreiecken und dreiseitigen Ecken gebildeten Polyeders E Ecken voraus, so wird

$K = 3/2\ E$, $F = 3/3\ E = E$, also
$E - 3/2\ E + E = 2$, somit
$E = 4$, $K = 6$, $F = 4$.

Es ist das Tetraeder P_4.

Begründung: An jeder der E Körperecken treffen 3 Dreiecksflächen zusammen. Folglich gilt $F = 3E/3$ (d.h. $F = E$), weil jede Fläche zu drei Ecken gehört. Entsprechend errechnet sich die Kantenzahl zu $K = 3F/2$, weil jede Kante zwei Flächen angehört. Durch Einsetzen in die Eulersche Formel ergibt sich $E = 4$, $F = 4$ und $K = 6$.

b) Im Falle des von Dreiecken und vierseitigen Ecken gebildeten Polyeders wird

$K = 4/2\ E = 2\ E$, $F = 4/3\ E$, also
$E - 2\ E + 4/3\ E = 2$, somit
$E = 6$, $K = 12$, $F = 8$.

Es ist das Oktaeder P_8.

c) Im Falle des von Dreiecken und fünfseitigen Ecken gebildeten Polyeders wird

$K = 5/2\ E$, $F = 5/3\ E$, also
$E - 5/2\ E + 5/3\ E = 2$, somit
$E = 12$, $K = 30$, $F = 20$.

Es ist das Ikosaeder P_{20}.

d) Im Falle des von Quadraten und dreiseitigen Ecken gebildeten Polyeders wird

$K = 3/2\ E$, $F = 3/4\ E$, also
$E - 3/2\ E + 3/4\ E = 2$, somit
$E = 8$, $K = 12$, $F = 6$.

Es ist der Würfel, das Hexaeder P_6.

e) Schließlich wird im Falle des von regelmäßigen Fünfecken und dreiseitigen Ecken gebildeten Polyeders

$K = 3/2\ E$, $F = 3/5\ E$, also
$E - 3/2\ E + 3/5\ E = 2$, somit
$E = 20$, $K = 30$, $F = 12$.

Es ist das Dodekaeder P_{12}.

Da alle Fälle jeweils genau einen Körper festlegen, gibt es insgesamt nur fünf topologisch reguläre Polyeder. Daß diese Körper tatsächlich existieren, zeigt ihre Konstruktion.

Als nächstes wollen wir als Begrenzungsflächen eines konvexen Polyeders zwei oder mehr verschiedene Arten regelmäßiger Vielecke zulassen. Wieviele neue Figuren wird es im Euklidischen Raum geben? Tatsächlich gelangt man zu einer weiteren Gruppe hochsymmetrischer Körper, den halbregulären oder *Archimedischen «Körpern»* (Abbildung 67). Sie erfüllen ansonsten alle anderen Bedingungen eines regelmäßigen Polyeders: Die Kanten aller Außenflächen sind gleich lang, alle Ecken des Körpers sind identisch; in jeder Ecke stoßen die Flächen in der gleichen Weise aufeinander. Die Archimedischen Körper sind also konvexe Polyeder, deren Flächen – nicht notwendig kongruente – reguläre Polygone sind, während die Polyederecken kongruent sind.

Aber auch hier sind die Möglichkeiten wieder beschränkt. Die vielen Prismen (ein Körper mit einem regelmäßigen n-Eck als Ober- und Unterseite, verbunden durch einen Gürtel von Quadraten) ausgenommen,

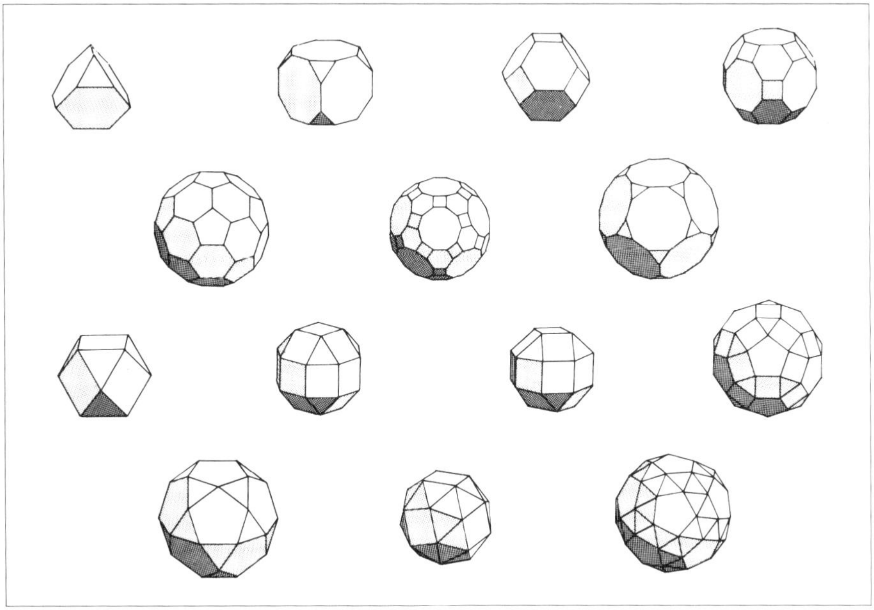

Abb. 67
Die 14 möglichen halbregelmäßigen oder Archimedischen Körper (2. Reihe, links: gekapptes Ikosaeder).

kann man nur die 14 Archimedischen Körper konstruieren, die in Abbildung 67 dargestellt sind. Sehen wir uns einige dieser Beschränkungen an: Jeder Körper hat drei-, vier- oder fünfseitige Ecken, und jeder Körper hat Seitenflächen mit drei, vier oder fünf Kanten. Dreiecke oder Sechsecke treten immer zu viert oder in Vielfachen von vier auf. Ihre Zahl kann entweder vier, acht, zwanzig, zweiunddreißig oder achtzig sein. Quadrate und Achtecke erscheinen in Vielfachen von sechs: sechs, zwölf, achtzehn oder dreißig. Treten Fünf- oder Zehnecke auf, muß ihre Zahl zwölf (!) sein. Kein Körper hat Flächen mit sieben, neun, elf oder einer höheren Anzahl von Kanten.

Ihre Konstruktion kann man sich wie folgt denken: Schneidet man jeweils die Ecken der fünf Platonischen Körper so ab, daß lauter regelmäßige, kongruente ebene Schnitte entstehen, können die Restkörper wieder ein regulärer oder aber ein halbregulärer Körper sein, je nachdem, ob bei dem «gekappten» Polyeder sämtliche Flächen kongruent sind oder an jeder Ecke regelmäßige Vielecke mit unterschiedlichen Eckenzahlen zusammenstoßen. In dieser Weise entsteht zum Beispiel aus dem Tetraeder das Oktaeder.

Im zweiten Fall erhält man die Archimedischen Körper. Wenigstens an einem wichtigen Beispiel wollen wir dies nachvollziehen: Schneidet man jede der 12 Ecken eines Ikosaeders ab, so entstehen an ihren Stellen 12 Fünfecke und jeder Eckpunkt erhält genau drei Nachbarn. Gleichzeitig werden aus den ursprünglichen 20 gleichseitigen Dreiecken 20 kleinere Sechsecke (Abbildung 68). Im Endergebnis resultiert ein aus zwei regelmäßigen Vielecken aufgebauter 32Flächner, ein *gekappter Ikosaeder*, der uns in Gestalt eines Fußballs bestens bekannt ist (Abbildung 67).

Das abgestumpfte und das reguläre Ikosaeder gehören beide der Punktgruppe I_h an. C_{60}-Fulleren weist damit die höchste Symmetrie auf, die es im dreidimensionalen Euklidischen Raum geben kann und zugleich ist es, im wahrsten Sinne des Wortes, das «rundeste aller runden Moleküle».

Nun wollen wir die Frage beantworten, warum Sechsecke allein zum Bau konvexer Polyeder nicht ausreichen, sondern warum zum Beispiel bei Fulleren genau 12 Fünfecke benötigt werden. Wir werden sehen, daß kein hexagonal-graphitisches System einen Raum umschließen kann; seien die Hexagone nun gleich oder ungleich, regelmäßig oder unregelmäßig – es ist unter allen Umständen mathematisch unmöglich.

Nehmen wir an, in einem geschlossenen Netzwerk können Fünf-, Sechs-, Sieben- oder Achtecke vorkommen. Dann wird jede Kante (K) von zwei und jede Ecke (E) von drei Flächen (F) geteilt. Bezeichnet N_n die Anzahl der Polygone mit n Seiten und n Ecken, so gilt:

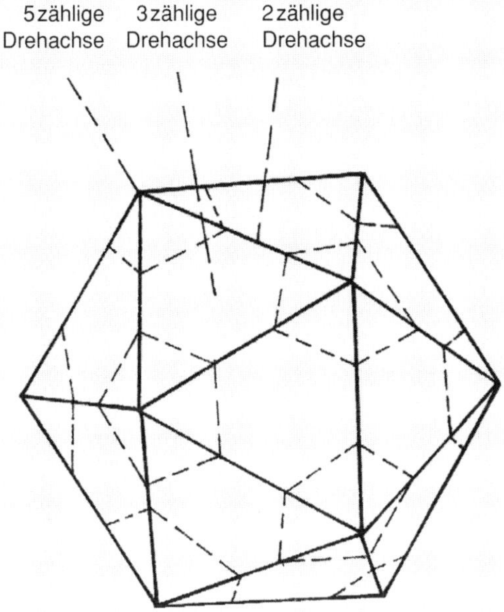

Abb. 68
Gekapptes Ikosaeder; eingezeichnet sind je eine 2-, 3- und 5zählige Drehachse (Punktgruppe I_h).

$$F = N_5 + N_6 + N_7 + N_8$$
$$2\,K = 3\,E = 5N_5 + 6N_6 + 7N_7 + 8N_8$$
$$(K = 3/2\,E).$$

Setzen wir diesen Ausdruck in den Eulerschen Polyedersatz ($E + F - K = 2$) ein, folgt daraus nach Umformung die Beziehung:

$$N_5 - N_7 - 2N_8 = 12.$$

Wenn wir uns diese Gleichung näher ansehen, stellen wir fest, daß ausgerechnet der Summand N_6 verschwunden ist; er hebt sich beim Umformen heraus. Das heißt allerdings nicht, daß es in solch einem Körper keine Sechsecke geben kann. Das Ergebnis lautet vielmehr: die Anzahl der Sechsecke ist *beliebig*.

Ein bestimmtes Polyeder kann aber nicht aus einer beliebigen oder unbestimmten Anzahl Vielecke entstehen. So erfahren wir von Euler: Wie beliebig die Anordnung der Sechsecke auch erweitert und über eine ebene oder gekrümmte Oberfläche ausgedehnt werden mag, sie schließt nie ein. Zum Bau hexagonaler Netzwerke benötigt der Raum eine Anfangsbedingung. Eine beliebige Anzahl Sechsecke können einen Polyeder erst dann aufbauen, wenn eine definierte Anzahl anderer Polygone eine Art Primärstruktur vorgeben, in unserem Beispiel Fünf-, Sieben- oder Achtecke. Das mag übrigens auch ein Grund dafür sein, daß hexagonale Gebilde wie Schneeflocken oder Honigwaben nach dem Muster ornamentaler Mosaike ausgebreitet in einer Ebene liegen und keine dreidimensionalen Körper bilden.

In unserem Polyeder kann es, wenn keine Sieben- und Achtecke zugelassen sind ($N_7 = N_8 = 0$), nur Sechsecke in beliebiger Anzahl und genau 12 Fünfecke geben ($N_5 = 12$). Damit ist das Rätsel gelöst, weshalb Fullerene 12 Fünfecke haben. Das muß allerdings nicht so sein! Die obige Gleichung ($N_5 - N_7 - 2N_8 = 12$) läßt nämlich weitere Kombinationen zu. Möglich sind auch Strukturen, die, wenn zum Beispiel keine Achtecke vorkommen sollen ($N_8 = 0$), aus beliebig vielen Sechsecken und einer definierten Anzahl Fünf- und Siebenecke bestehen ($N_5 = 12 + N_7$). Tatsächlich hat 1993 der Japaner Shigeo Ihara von den Hitachi Laboratories Berechnungen vorgelegt, wonach ein geschlossener Kohlenstoff-Cluster mit 360 Atomen mit einer Mischung aus fünf-, sechs- und siebeneckigen Ringen stabil sein sollte. Diese noch nicht beobachtete Struktur wird mancherorts[114] schon als Nano- oder «Bucky-Doughnut» (engl. doughnut = Pfannkuchen, Berliner) umjubelt.

Ein bekanntes Beispiel für eine Verbindung mit benachbarten Fünf- und Siebenringen ist das in etherischen Ölen vorkommende *Azulen*, $C_{10}H_8$ (Abbildung 69). Chemische und physikalische Befunde führten in neuerer Zeit zu der Erkenntnis, daß diese Verbindung als ein wenig mesomeriestabilisiertes *Polyen* aufzufassen ist, dessen C-Atome im 7-Ring positiviert (verringerte Elektronendichte) und im 5-Ring negativiert (erhöhte Elektronendichte) sind. In Azulen liegen also ähnliche Bindungsverhältnisse vor wie in Fulleren.

Sollte es jedoch tatsächlich Fullerene wie die postulierten Doughnuts mit einer «negativen» Krümmung und mit direkt aneinandergrenzenden fünf-, sechs- und siebeneckigen Kohlenstoff-Ringen geben (Abbildung 70), so wäre dies in der Organischen Chemie ein wirkliches Novum. Welche Polyeder-Strukturen könnten den Doughnuts zugrunde liegen? Ein Archimedischer Körper (vgl. Abbildung 67, S. 169) wohl kaum, oder?

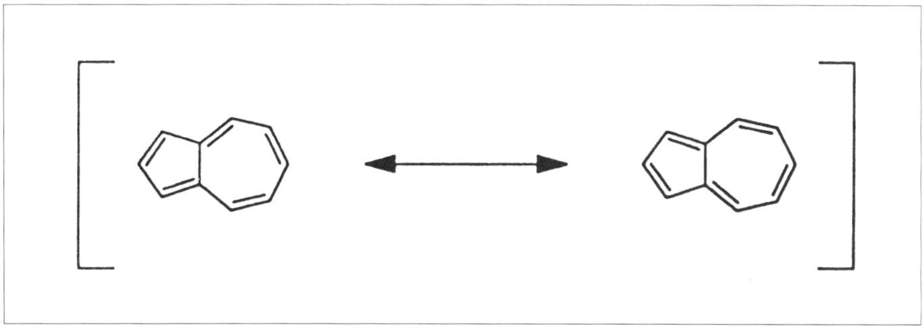

Abb. 69
Azulen (Grenzstrukturen).

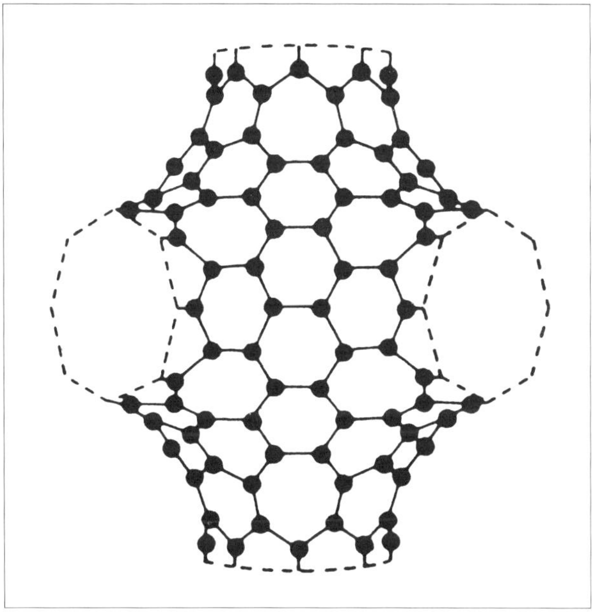

Abb. 70
Fulleren mit negativer Krümmung und direkt aneinandergrenzenden fünf-, sechs- und siebeneckigen Kohlenstoff-Ringen.

Platonische Kohlen(wasser)stoff-Polyeder

In der Chemie als der einzigen Wissenschaft, die ihren Gegenstand ständig neu schaffen muß, hat die Synthese einen hohen Stellenwert. Besonders die fünf Platonischen Körper haben seit den 40er Jahren den Ehrgeiz der Chemiker angestachelt. Ihre Darstellung aus Kohlenstoff zählt noch immer zu den großen Herausforderungen in der präparativen Organik! Das verwundert auch nicht, wenn man sich die im Grunde unüberwindbaren Schwierigkeiten vergegenwärtigt.

Den Exponenten der Eckenfiguren (vgl. Abbildung 66, S. 165) entnimmt man, daß als Syntheseziele für zunächst *ideale und reine Kohlenstoff-Polyeder* nur das Tetraeder (C_4), das Oktaeder (C_6), der Würfel (C_8) und das Dodekaeder (C_{20}) in Frage kommen. Der Bau eines regulären Ikosaeders aus vierwertigen C-Atomen ist nicht möglich; eine Eckenfigur 3^5 verlangt «fünfbindigen» Kohlenstoff.

Reine C_4-, C_6- und C_8-Cluster hatte schon Otto Hahn im Massenspektrum beobachtet (Kapitel 4.), doch bestehen diese Verbindungen, wie man heute weiß, aus linearen Kettenmolekülen oder Ringstrukturen. In der Geometrie Platonischer Körper würden die chemischen Bindungen dieser Moleküle allzu stark verbogen sein. Ein C_4-Tetraeder und ein C_8-Würfel müßten nämlich aufgrund der Vierbindigkeit des Kohlenstoffs zwei bzw. vier Doppelbindungen ausbilden (Abbildung 71). Der Winkel zwischen drei beliebigen Atomen sollte also 120° messen (sp^2-Hybridisierung). Statt dessen beträgt er im Tetraeder nur die Hälfte, nämlich 60°, und im Kubus 90°. Beide Werte sind also meilenweit vom natürlichen Bindungswinkel entfernt. Solch drastische Winkeldeformationen läßt der Kohlenstoff – allen Bemühungen zum Trotz – offenbar nicht zu. Eine ähnliche Situation finden wir in einem hypothetischen C_6-Oktaeder: Man erwartet die für ein gesättigtes Molekül typischen Bindungswinkel von 109° (sp^3-Hybridisierung), im idealen Polyeder betragen sie aber wiederum nur 60°.

Im Falle eines ungesättigten C_{20}-Dodekaeders (Abbildung 71) liegen die Verhältnisse günstiger. Die 12 Fünfecke sind zwar grundsätzlich verspannt, aber mit Bindungswinkeln von 108° kommen Tausende organischer Moleküle ganz gut zurecht. Die Verbindung müßte eigentlich zugänglich sein. Nach dem Eulerschen Polyedersatz und anhand geodätischer Überlegungen läßt sich vorhersagen, daß C_{20} der kleinstmögliche geschlossene Kohlenstoff-Käfig sein sollte. Man kann es kaum glauben, aber C_{20}-Cluster wurden tatsächlich im Massenspektrum von Fulleren-Ruß nachgewiesen! Fulleren-20 könnte das einzige Kohlenstoff-Allotrop sein, das es in Form eines Platonischen Körpers gibt!

Allerdings ist das C_{20}-Molekül aufgrund des völligen Fehlens von Sechsecken auch das instabilste Fulleren. Bisher ist es nicht gelungen, die Verbindung aus dem Ruß zu isolieren. Das braucht natürlich nicht zu bedeuten, daß sie bei der Fulleren-Produktion nicht ausreichend gebildet

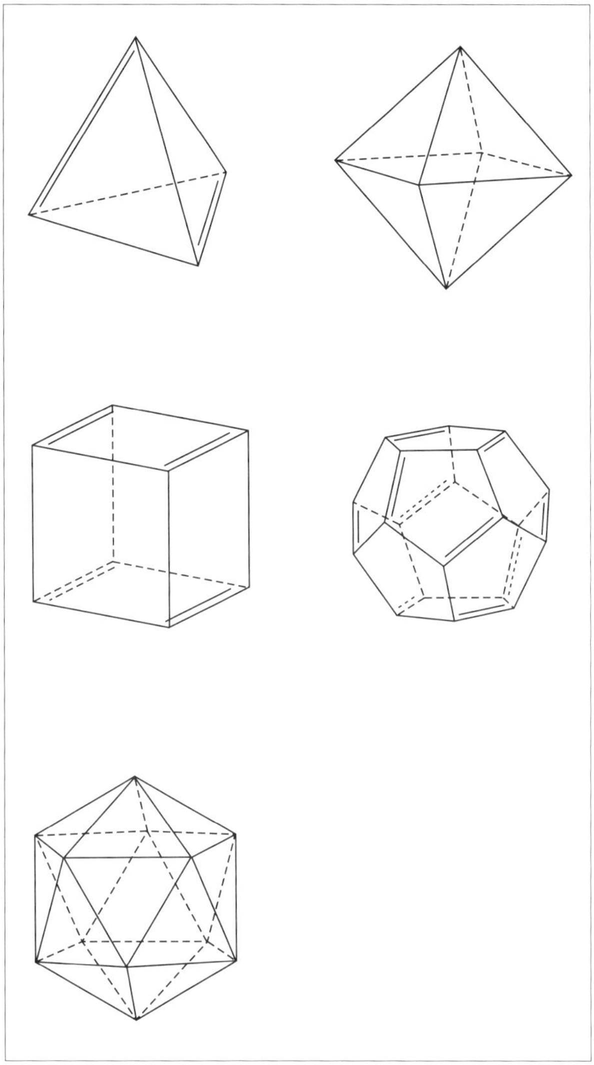

Abb. 71
Platonische Körper als Herausforderung der Synthesekunst.

würde, sondern vielleicht nur, daß sie zu reaktiv ist, um ihre Abtrennung zu gestatten. Man vermutet, daß in Fulleren-20 spontan eine Umlagerung des Molekülgerüstes eintritt, wobei lineare Kettenmoleküle oder ringförmige, acetylenische Produkte nach Art der Cyclo[n]-Kohlenstoffe (vgl. Kapitel 2) entstehen. Denkbar ist aber auch ein Zerbersten des Polyeders in viele kleine Bruchstücke.

Jedenfalls gilt es als sehr wahrscheinlich, daß der C_{20}-Dodekaeder bei der Verdampfung von Graphit entsteht und während einer kurzen Zeitspanne existiert. Die hohen Temperaturen beim Laser- und Lichtbogen-Verfahren scheinen das Molekül hervorzubringen und sofort wieder zu vernichten. Die Organiker sehen deshalb geringschätzig auf solche undurchsichtigen «Auf-einen-Streich-Synthesen» herab. Ungeachtet des bahnbrechenden Erfolgs hätten sie es wohl auch lieber gesehen, wenn C_{60} in einer planmäßigen, schrittweisen Synthese hergestellt worden wäre. Aber hier und in zahlreichen anderen Fällen führte eine radikale Vorgehensweise eben (zufällig) schneller zum Ziel. Trotzdem – oder gerade deshalb – suchen die Chemiker weiterhin nach Bedingungen, unter denen eine Synthese der Kohlenstoff-Polyeder stattfinden muß, damit auch (thermodynamisch) instabile Moleküle wie C_{20} über hinreichende (kinetische) Stabilität verfügen. Bisher sind jedoch alle Versuche fehlgeschlagen. Um es positiv auszudrücken: Hier liegt ein weites, fruchtbares Feld für die Chemie der Zukunft.

Dagegen sind die Organiker wahre Großmeister in der Synthese von Kohlenwasserstoffen. An ein nahezu punktförmiges Kohlenstoff-Atom, das zumeist Teil eines einfachen organischen Moleküls ist, bauen sie Stück für Stück weitere Atomgruppierungen an. Langsam, in mühevoller Kleinarbeit, erwächst so eine komplizierte Architektur von so gut wie verschwindenden Dimensionen. Besteht das Endprodukt nur aus Kohlenstoff- und Wasserstoff-Atomen, so handelt es sich um einen Kohlenwasserstoff.

Als Syntheseziele für *Platonische Kohlenwasserstoffe* kommen nur drei gesättigte $(CH)_n$-Äquivalente in Betracht (Abbildung 72): das Tetrahedran (C_4H_4), das Cuban (C_8H_8) und das Dodekahedran ($C_{20}H_{20}$); ein oktaedrisches $(CH)_n$-Molekül mit vierwertigem Kohlenstoff ist nicht möglich. Soweit bekannt, existiert keine dieser Verbindungen in der Natur.

Tetrahedran sollte, ähnlich wie das reine Kohlenstoff-Polyeder (C_4), unter starker innerer Spannung stehen, denn auch hier weicht der Flächenwinkel (60°) dramatisch vom idealen Bindungswinkel (109°) ab. Quantenmechanischen Rechnungen zufolge ist die Tetrahedranbindung eine der am stärksten gebogenen Bindungen, für die Spannungsenergie je C–C-Bindung werden rund 100 kJ/mol veranschlagt. Die Verbindung konnte daher, trotz großer Anstrengungen seit Mitte der 60er Jahre, bis heute nicht isoliert werden. Einige der bedeutendsten Chemiker, wie zum Beispiel Robert Burns Woodward, versuchten sich vergeblich daran.

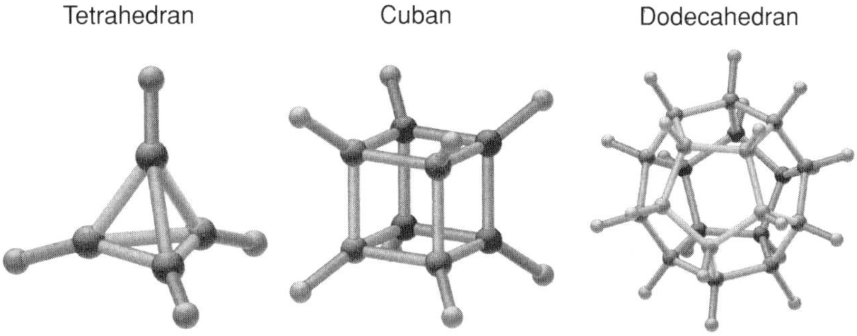

Abb. 72
Kohlenwasserstoff-Polyeder als Herausforderung der chemischen Synthesekunst: Tetrahedran C_4H_4, Cuban C_8H_8 und Dodekahedran $C_{20}H_{20}$.

Statt dessen gelang es bereits 1978 G. Maier[115], das Tetrahedran in Form eines substituierten Derivats herzustellen, bei dem die vier Wasserstoff-Atome durch sperrige $C(CH_3)_3$-Gruppen mit der ebenso sperrigen Bezeichnung Tetra-tert.-Butyl ersetzt sind (Abbildung 73). Mit der Synthese des Tetra-tertiär-Butyl-Tetrahedrans, das man seinerzeit zum «Molekül des Jahres» gekürt hat, wurden die jahrelangen, hartnäckigen Bemühungen Maiers und seiner Mitarbeiter belohnt. Ein Vielfaches an Zwischenverbindungen erwies sich zunächst als untauglich, oft erst an fortgeschrittener Stelle der Synthese, und viele erprobte Reaktionen führten zu unerwünschten Produkten.

Bemerkenswert ist die Beständigkeit des Butyl-Tetrahedrans. Entgegen allen Voraussagen ist die Verbindung gegen Luft-Sauerstoff und Wasser sowie bis Temperaturen über 100 °C erstaunlich robust! Diese außergewöhnliche Stabilität läßt sich nach Maier wie folgt erklären: Der

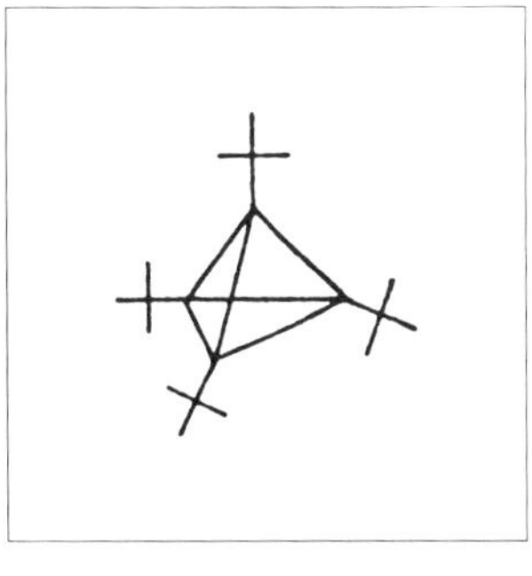

Abb. 73
Tetra-tert.-Butyl-Tetrahedran.

zu erwartende Bruch einer C–C-Bindung des Tetrahedran-Gerüsts wird verhindert, da die bei ihrer Dehnung auseinanderstrebenden, voluminösen Butyl-Gruppen von den anderen zurückgedrängt werden. Das Ganze muß man sich als ein hochgespanntes, elastisches System vorstellen, das sich in einem stabilen, dynamischen Gleichgewicht befindet. Sobald man aber die stabilisierenden Butyl-Gruppen chemisch zu entfernen versucht, «explodieren» die Gerüst-Bindungen augenblicklich. Von einem unsubstituierten Tetrahedran bleibt da nichts übrig.[116]

Beim Cuban (Abbildung 72) ist die Spannungsenergie je C–C-Bindung mit etwa 58 kJ/mol schon bedeutend geringer als beim Tetrahedran (≈ 100 kJ/mol). Die erste Cuban-Synthese gelang 1964 P. Eaton und T. Cole.[117] Doch auch dieses Molekül ist mit Bindungswinkeln von 90° an den C-Atomen thermodynamisch noch recht instabil. Gegen Luft-Sauerstoff, Licht und Wasser ist die Verbindung beständig, sie ist aber so flüchtig, daß sie sofort «verschwindet», wenn das Aufbewahrungsgefäß offen steht. Cuban wird deshalb unter anderem als Treibstoffzusatz, zum Beispiel im Rennsport, diskutiert.

Eaton gelang außerdem 1988 die Synthese des Cub<u>e</u>ns (Abbildung 74), ein ungesättigter C_8H_6-Würfel mit einer C=C-Doppelbindung! Dieses Molekül ist vor kurzem in den Brennpunkt der Forschung gerückt, da es eine interessante Modellverbindung auf dem Weg zum reinen und idealen Kohlenstoff-Polyeder (C_8) ist. Cuben selbst ist kein Platonischer Kohlenwasserstoff – warum wohl?

Die Totalsynthese von Dodekahedran, $C_{20}H_{20}$ (Abbildung 72), war eine der größten Errungenschaften in der klassischen Organischen Chemie. Sie wurde über viele Jahre hinweg in mehreren Arbeitskreisen bearbeitet. In Abbildung 75 kommt vereinfacht zum Ausdruck, daß der

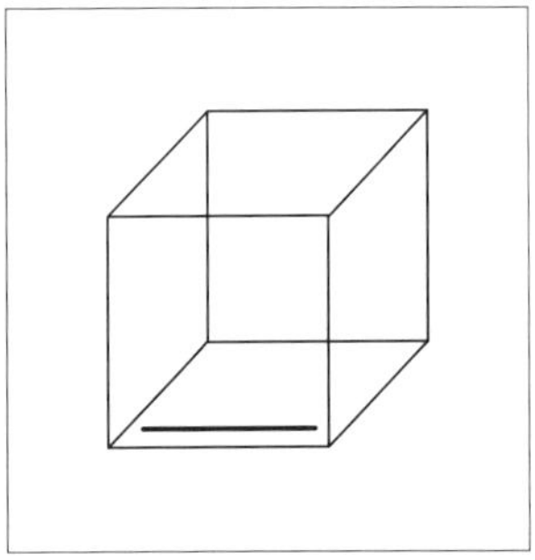

Abb. 74
Cuben, ein würfelförmiger Kohlenwasserstoff mit einer Doppelbindung zwischen zwei Kohlenstoff-Atomen.

schrittweise Aufbau dieses Käfigs auf eine stufenweise Anellierung von Cyclopentanringen hinausläuft.

Auf den ersten Blick erscheint die Darstellung von Dodekahedran einfacher als die Synthese von Butyl-Tetrahedran oder Cuban. Gleichwohl waren die zu überwindenden Hindernisse gewaltig. Dafür kann aber nicht die Instabilität des Moleküls verantwortlich sein, denn Dodekahe-

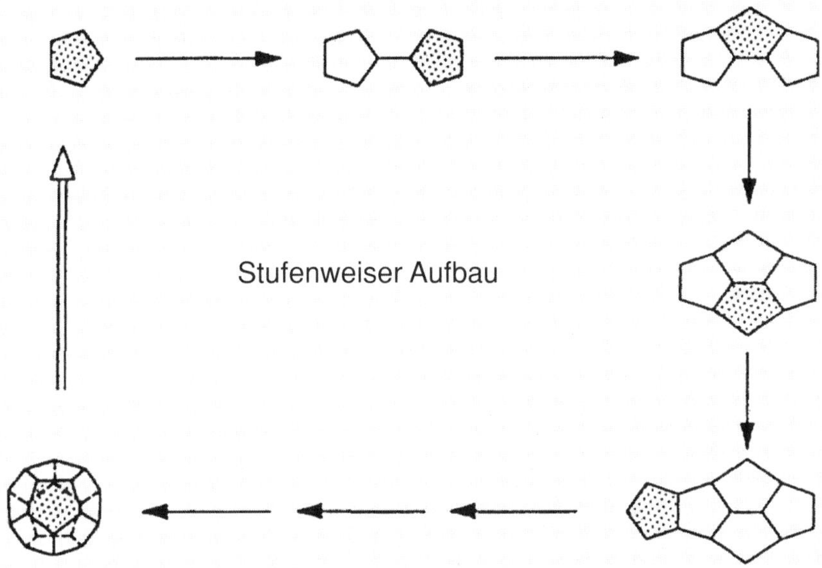

Abb. 75
Schema zur schrittweisen Synthese von Dodekahedran nach Paquette et al.

dran besitzt nur eine geringe Spannungsenergie (≈ 9 kJ/mol). Die Schwierigkeiten bestehen vielmehr darin, daß jeder einzelne Schritt unter strenger stereochemischer Kontrolle verlaufen muß, denn die 20 (CH)-Einheiten müssen so zu Fünfringen verknüpft werden, daß sich die 20 Wasserstoff-Atome auf der Außenseite des Polyeders befinden – kein leichtes Unterfangen.

Der Durchbruch gelang 1982 Leo Paquette et al.[118] Die Synthese umfaßt nicht weniger als 23 Hauptschritte, von denen jeder wiederum aus mehreren physikalischen Operationen wie Lösen, Erhitzen, Filtern und Kristallisieren besteht. Von der einfachen Ausgangsverbindung (Cyclopentadien) bis zum Dodekahedran müssen 22 andere Moleküle isoliert, gereinigt und zum Beispiel spektroskopisch charakterisiert werden.

Der eine oder andere mag es schon bemerkt haben: denkt man sich die 20 Wasserstoff-Atome von Dodekahedran, $C_{20}H_{20}$, abstrahiert, gelangt man zu Fulleren-20 (Dodekahedren). Demnach sollte es möglich sein, C_{20} und andere hochreaktive Kohlenstoff-Cluster durch Anlagerung von H-Atomen oder anderen einwertigen Radikalen an der Außenhaut zu stabilisieren. Man kann sich außerdem vorstellen, daß durch vollständige Dehydrierung von geeigneten Kohlenwasserstoffen die entsprechenden Fullerene präparativ zugänglich sein könnten.

Dodekahedran, $C_{20}H_{20}$, und C_{20}-Fulleren sind übrigens die einzigen bekannten organischen Verbindungen mit voller I_h-Symmetrie* (vgl. Abbildung 66, S. 165). Nicht weniger als 120 Symmetrieoperationen können daran vorgenommen werden. Die entsprechenden Symmetrieelemente sind mehrere Spiegelebenen und 2-, 3- und 5zählige Drehachsen.

Zum Schluß bleibt noch die Frage zu beantworten, welchen Sinn solche Synthesen machen. Für den Chemiker mag in erster Linie der ästhetische Reiz von «exotischen» Molekülen der Beweggrund sein, die Darstellung von ungewöhnlich gebauten Verbindungen zu planen und auszuführen. Ein wirtschaftlicher Nutzen steht so gut wie nie im Vordergrund des Interesses. Im Gegenteil, die Beschäftigung mit reizvollen Molekülen kostet den Steuerzahler vermutlich eine Menge Geld.

Dennoch sind solche Experimente keineswegs wertlos. Abgesehen davon, daß sich später vielleicht doch irgendwo überraschende Anwendungen ergeben könnten, besteht kein Zweifel daran, daß sie vielfältige neue Erfahrungen über molekulare Strukturen erbringen. Es müssen neuartige Syntheseverfahren und Reagenzien entwickelt werden, die für die gesamte Chemie, und auch für angrenzende Disziplinen, von großer Bedeutung sein können. Die ungewöhnlichen physikalischen und chemischen Eigenschaften von exotischen Molekülen – man denke nur an die Bindungsverhältnisse in den Platonischen Kohlenwasserstoffen – fördern unter anderem das Verständnis für die entsprechenden Eigenschaften «normaler» Ringsysteme, wie sie zum Beispiel in sehr vielen Naturstoffen vorliegen.

---

* Eines der sehr wenigen Beispiele für einen anorganischen Cluster mit der Gestalt eines regulären Dodekaeders ist das hydratisierte Proton bzw. Hydronium-Ion $(H_2O)_{20}\cdot H_3O^+$.

Es wäre nicht das erste Mal, daß sich zunächst nutzlos oder überflüssig erscheinende chemische Grundlagenforschung erst in Zukunft auszahlt!

Der Fulleren-Zoo

Das erste beständige Mitglied der Fulleren-Familie scheint C_{24} zu sein, was mit der Beobachtung in Einklang steht, daß Fulleren-22 ($N_6 = 1$) nicht existieren sollte[119] und daß der C_{20}-Dodekaeder der kleinste und aufgrund des völligen Fehlens von Sechsecken ($N_6 = 0$) wohl auch der instabilste Kohlenstoff-Käfig ist. Bucky-Riesen mit bis zu 960 C-Atomen sind mittlerweile massenspektrometrisch nachgewiesen worden (vgl. Farbtafel 4). Die Fullerene unterhalb von C_{60} und jenseits von C_{76} sind bisher kaum erforscht. Das liegt hauptsächlich an der ziemlich schlechten Ausbeute, mit denen diese Verbindungen beim Krätschmer-Huffman-Verfahren erzeugt werden. Man kennt jedoch die Sequenz der magischen Zahlen oder Schalengrößen der stabilen Fullerene C_n; es sind dies n = (20, 24, 28) 32, 36, 50, 56, 60, 70, 76, 78, 82, 84, 90, 96, 180, 240, 330, 420, 540, 720, 780 und 960.[120]

Beim Vergleich der magischen Zahlen mit den experimentellen Ergebnissen ist allerdings zu beachten, daß die geschlossenen Fulleren-Strukturen erst von 32 C-Atomen an deutlich stabiler sind als offene zweidimensionale Kohlenstoff-Analoga. C_{32} ist das kleinste Fulleren, das bei der Verdampfung von Graphit in nennenswerter Menge entsteht, und – wie Smalley gezeigt hat – gegen Photolyse einigermaßen stabil ist. Demnach könnte man also erst ab C_{32} von echten Fullerenen sprechen. Experimente mit Kohlenstoff-Überschallstrahlen haben in der Tat gezeigt, daß die kleinen geradzahligen ($n < 32$) und großen ungeradzahligen ($n > 27$) Cluster, sofern sie überhaupt gebildet werden, hochreaktiv und damit instabil sind. Die großen geradzahligen Moleküle ($n \geq 60$) sind dagegen praktisch inert. Sie entstehen bekanntlich aufgrund der Tendenz der kleineren Verbindungen, freie Valenzen zu reduzieren.

Die *Trennung von Ruß und Fullerit* gestaltet sich überraschend einfach. C_{60} und C_{70} sind beispielsweise – gemessen an Graphit – relativ leicht flüchtig, und Temperaturen zwischen 400 und 600 °C genügen, diese Moleküle aus dem Ruß auszutreiben, genauer gesagt, unter Inertgas-Atmosphäre zu sublimieren. Noch einfacher ist es, die Verbindungen durch organische Lösungsmittel aus dem Ruß zu extrahieren. Die Fullerene sind nämlich, als einzige der bekannten Kohlenstoff-Modifikationen und im Unterschied zum Ruß, in unpolaren Flüssigkeiten relativ gut löslich (Benzol, Toluol, Hexan, CS_2). Läßt man das Lösungsmittel verdampfen, bilden sich die festen Fullerit-Kristalle mit hexagonaler Symmetrie, die in dünnen Plättchen braun und in dicken Schichten metallisch glänzend erscheinen (Abbildung 76).

Führt man die Extraktion unter hohem Druck und hoher Temperatur durch, kann man geringe Mengen an Fullerenen im Bereich bis zu etwa C_{330} gewinnen. Untersuchungen dieses Materials mit dem Raster-Tunnel-Mikroskop haben ergeben, daß diese Moleküle noch weitgehend kugelig rund sind. Wirkliche Riesen-Fullerene findet man hingegen in dem Ruß, der sich beim Krätschmer-Huffman-Verfahren direkt an den Graphit-Elektroden niederschlägt (Kohlenstoff-Röhrchen). Wir werden in einem späteren Kapitel darauf zurückkommen.

Abb. 76
Kristalle, bestehend aus C_{60}- und (etwa 15%) C_{70}-Molekülen, wie sie aus einer Benzol-Lösung gewachsen sind.

Zur *Trennung der Fullerene* wurde eine große Vielzahl an Methoden entwickelt (Abbildung 77). Gut reinigen lassen sie sich zum Beispiel durch Schwerkraft-Säulenchromatographie. Das zugrundeliegende Prinzip ist denkbar einfach: Schickt man eine Lösung der Fullerene (am besten ein Hexan/Toluol-Gemisch) durch eine senkrecht stehende Glasröhre, die mit feinkörnigem Aluminiumoxid-Granulat (Al_2O_3) gefüllt ist, wandern die Moleküle infolge unterschiedlicher Wechselwirkung mit dem Füllmaterial mit unterschiedlicher Geschwindigkeit nach unten und treten getrennt aus der Säule aus, kurz, die kleineren Fullerene sickern schneller durch die Trennsäule als die größeren. Auch Graphit hat sich als stationäre Phase (Trägermaterial) für C_{60}/C_{70}-Trennungen bewährt. Die verschiedenen reinen Fraktionen sind an ihrer Farbe zu erkennen (vgl. Farbtafel 5).

Die höheren Fullerene mit Molekulargewichten von 2400 g/mol (das entspricht C_{200}) und mehr können durch Hochleistungs-Flüssigkeits-Chromatographie (HPLC*) mit einer Vielzahl von Eluentien wie Toluol/Aceton, Toluol/Methanol, oder reinem CS_2 effizient getrennt werden. Bei dieser neuesten und wirkungsvollsten Technik der Flüssigkeits-Chromatographie wird die mobile Phase (Fulleren-Lösung) mit einem Druck von bis zu 500 bar (!) durch ein Stahlrohr von geringem Innendurchmesser (2 bis 5 mm) gepreßt, das mit einem sehr fein verteilten Träger (3 bis 10 µm) beschichtet ist. Die gelösten Stoffe werden – wiederum infolge unterschiedlicher Wechselwirkung mit dem Trägermaterial (Polystyrolgel, Silicagel) – aufgetrennt und verlassen das System durch einen Detektor. Die Detektorsignale werden von einem x,y-Schreiber aufgezeichnet und die dabei erhaltene Kurve (Chromatogramm) dazu benutzt, analytische Daten zu erhalten.

Die chromatographischen Trennverfahren sind jedoch sehr zeitaufwendig und damit relativ kostspielig. Ein erster Ausweg zeichnet sich durch eine Methode ab, bei der man das in Toluol gelöste Fulleren-Gemisch durch ein speziell aufbereitetes Aktivkohlefilter saugt. Auf diese Weise lassen sich in wenigen Minuten C_{60}, C_{70} und eine Reihe höherer Homologe in chromatographischer Reinheit grammweise abtrennen.[121]

* HPLC: High Pressure Liquid Chromatography = *Hochdruck*-Flüssigkeits-Chromatographie; man sagt aber (fälschlicherweise) *Hochleistungs*-Flüssigkeits-Chromatographie.

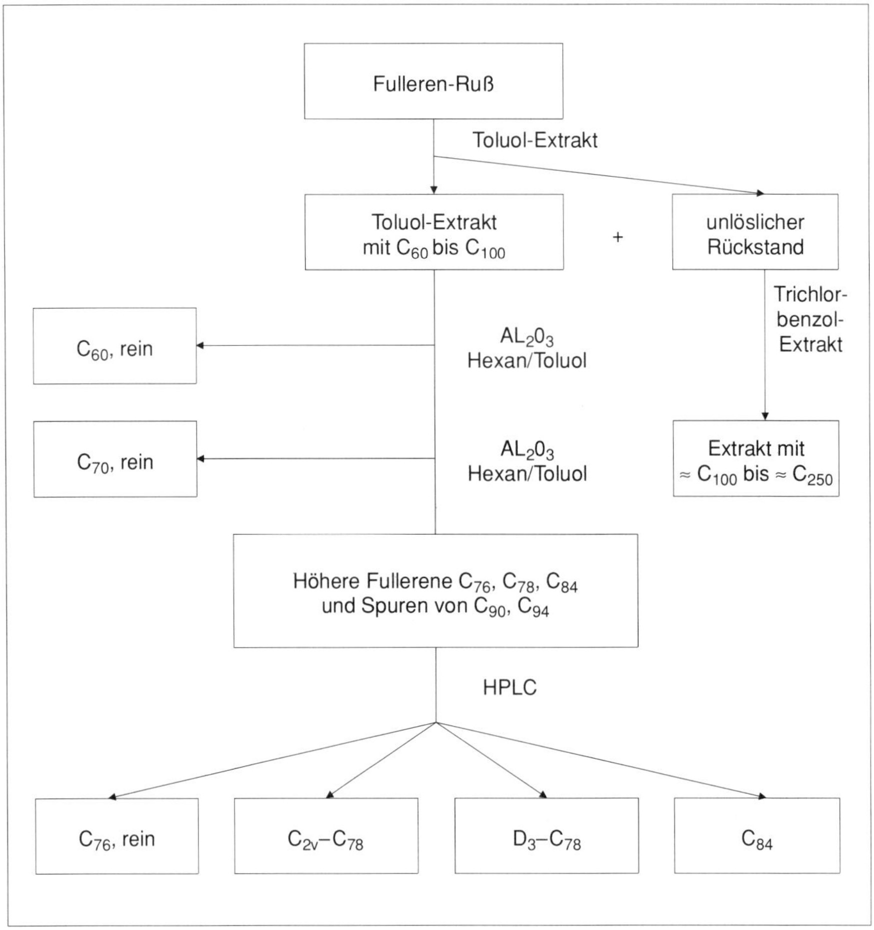

Abb. 77
Schema zur chromatographischen Trennung und Isolierung von Fullerenen.

Das Phänomen der Strukturisomerie

Die NMR-Spektroskopie zeigt, daß die größeren Fullerene in verschiedenen Strukturvarianten, sogenannten *Isomeren* vorkommen können. Beim C_{60}- und C_{70}-Cluster verlaufen die 12 fünf- und N_6 sechseckigen Kohlenstoff-Ringe ($N_6 = 20$ bzw. 25) in Bändern längs zu einer Molekülachse (Abbildung 78). Diese Moleküle sind also vergleichsweise einfach aufgebaut und besitzen daher eine hohe Symmetrie, C_{60} sogar die höchstmögliche Symmetrie im dreidimensionalen Euklidischen Raum (Punktgruppe I_h).

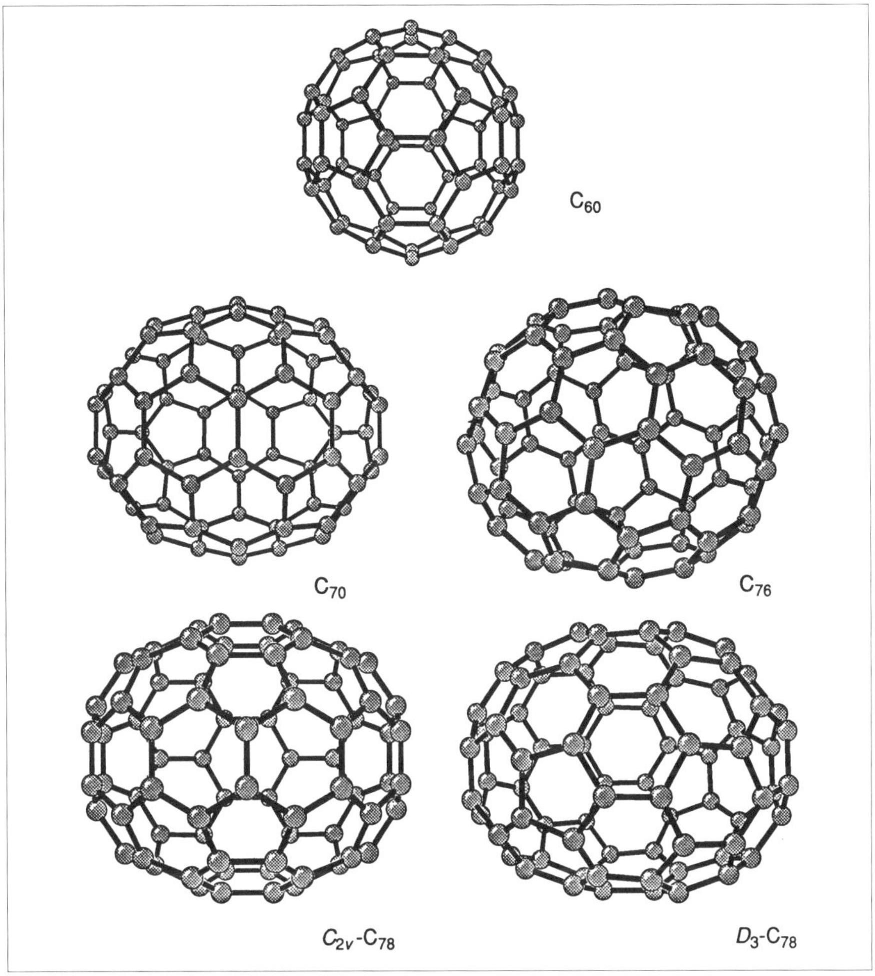

Abb. 78
Fulleren-Strukturen, aufgeklärt durch ^{13}C-NMR-Spektroskopie.

Der magische C_{76}-Cluster (N_6 = 28) hat hingegen einen weniger symmetrischen und damit komplizierteren Aufbau. Das äußert sich in einem ^{13}C-NMR-Spektrum mit 19 Linien nahezu gleicher Intensität (zur Erinnerung: C_{60} ein Peak, C_{70} fünf Peaks). Dieses Ergebnis steht in Einklang mit einer Fulleren-Struktur, die unter anderem von François Diederich aus mehreren tausend Möglichkeiten selektiert wurde.[122] Demnach schlängeln sich die Bänder mit den 12 Fünf- und 28 Sechsecken schräg um die Molekülachse, sind also – ähnlich der Doppelhelix der Desoxiribonucleinsäure (DNS) – spiralförmig um die Molekülachse aufgewickelt. Die Form des C_{76}-Clusters entspricht in etwa einem um die Längsachse verdrehten C_{70}-Rugbyball (Abbildung 78).

Damit ergibt sich eine *chirale Struktur*, so daß von C_{76} – je nach Schraubensinn – eine Links- und eine Rechtsform existieren (Punktgruppe D_2). Chiral gebaute Körper, respektive Moleküle, verhalten sich zueinander wie *Bild und Spiegelbild* und können deshalb, wie zum Beispiel unsere linke und rechte Hand, auf keine Art und Weise zur Deckung gebracht werden (griech. cheir = Hand). Der Chemiker spricht daher von Stereoisomeren, genauer gesagt, von *Enantiomeren.*

C_{76} ist das erste bekannte und isolierte Fulleren mit Spiegelbildisomerie. Die beiden chiralen Formen weisen eine verschiedene räumliche Anordnung ihrer Atome auf. Zu ihrer gegenseitigen Umwandlung müssen Atombindungen getrennt und neugebildet werden, so daß die zwischen ihnen vorhandene Energiebarriere ziemlich groß ist. Sie wandeln sich deshalb bei Raumtemperatur nicht ineinander um und sollten sich aus diesem Grund als stoffliche Individuen isolieren und charakterisieren lassen.

Zwei Enantiomere eines chiralen Moleküls haben grundsätzlich exakt spiegelbildliche Eigenschaften: Sie besitzen dieselbe Energie, dieselben Bindungslängen und -winkel und drehen die Ebene von polarisiertem Licht um denselben Betrag – allerdings, wegen der Spiegelsymmetrie, in entgegengesetzte Richtung (rechts- oder linksdrehend*). Enantiomere unterscheiden sich also nur in ihrer Wirkung auf linear polarisiertes Licht (*Optische Aktivität*). Sie drehen die Ebene von polarisiertem Licht um genau den gleichen Betrag, aber in entgegengesetzte Richtung. In allen anderen chemischen und physikalischen Eigenschaften stimmen die beiden Formen völlig überein und lassen sich daher mit den üblichen chemischen Methoden nicht trennen, wenn sie sich in einer achiralen Umgebung befinden. Hingegen verhalten sie sich in einem chiralen Medium (chirales Lösungsmittel) verschieden und können unter günstigen Umständen getrennt werden.

---

* Ein Enantiomer wird als *rechtsdrehend* [d- oder (+)-Form] definiert, wenn es im Polarimeter eine Drehung der Ebene des linear polarisierten Lichts im Uhrzeigersinn hervorruft. Erfolgt diese Rotation entgegen dem Uhrzeigersinn, so wird es als *linksdrehend* [l- oder (–)-Form] bezeichnet.

Außer den beiden Spiegelbildisomeren gibt es stets noch die *Racemform*, die ein Gemisch aus gleichen Teilen der Rechts- und Linksform ist. Der Name «Racemform» oder auch «Racemat» stammt von der Weinsäure (acidum racemicum), an der Louis Pasteur* im Jahre 1848 das Phänomen der Isomerie zum ersten Mal beobachtet hatte.

Die beiden C_{76}-Isomere werden bei der Fulleren-Synthese vermutlich im Verhältnis 1:1 gebildet (Racemat), weil die Wahrscheinlichkeit für die Bildung des einen oder anderen Enantiomers im allgemeinen gleich groß ist. Die Trennung des C_{76}-Racemats in die beiden asymmetrischen Helices ist sehr schwierig, gelang aber 1993 Joel Hawkins und seinen Mitarbeitern.

Für den C_{78}-Cluster sind theoretisch nicht weniger als 21 822 Isomere möglich! Diese gewaltige Anzahl läßt sich jedoch durch Anwendung des Gesetzes der isolierten Fünfecke (engl. isolated pentagon rule, IPR) drastisch reduzieren. Nach Kroto und Smalley sind ja nur solche Kohlenstoff-Cluster stabil, bei denen alle 12 Fünfringe vollständig von Sechsecken umschlossen werden, was zu Corannulen-Untereinheiten (vgl. Abbildung 43, S. 121) führt. Diese Regel liefert somit einen sicheren Wegweiser zur Identifizierung stabiler Fulleren-Strukturen. Demnach verbleiben theoretisch nur noch 5 Strukturen für C_{78}, 24 für C_{84} und 46 für C_{90}.

Experimentell zeigt sich, daß die Produktverteilung bei der Fulleren-Produktion sehr stark vom Verfahren abhängt.[123] Der von Diederich und Mitarbeitern durch elektrische Widerstandsheizung hergestellte Ruß enthält C_{60} (65%) und C_{70} (30%) als die beiden wichtigsten Komponenten und etwa 5% an höheren Fullerenen. Unter letzteren ist das chirale C_{76}-Molekül das wichtigste, gefolgt von C_{78} und C_{84}. Die C_{78}-Fraktion enthält zwei Isomere, C_{2v}–C_{78} und D_3–C_{78} (vgl. Abbildung 78, S. 185), welche getrennt und dann in reiner Form isoliert wurden. Daneben konnten nach Anreicherung auch geringe Mengen der höheren Fullerene C_{90} und C_{94} isoliert werden. Die Analyse der höheren Fulleren-Fraktionen hat ergeben, daß auch C_{96} in ähnlichen Mengen wie C_{90} und C_{94} vorhanden ist. C_{82} und C_{74} konnten lediglich massenspektrometrisch nachgewiesen werden.

* Louis Pasteur (1822 bis 1895), französischer Chemiker und Mikrobiologe; ab 1854 beschäftigte sich Pasteur mit der alkoholischen Gärung und entdeckte, daß sie stets von Mikroorganismen hervorgerufen wird und daß Erhitzen zur Abtötung der Mikroorganismen führt, daher die Bezeichnung «Pasteurisieren».

Die japanische Gruppe um Achiba hingegen erhielt bei der Rußproduktion im elektrischen Lichtbogen völlig unterschiedliche Ergebnisse. Diese Forscher isolierten eine beträchtliche Menge an C_{82} und führten ^{13}C-NMR-spektroskopisch den Nachweis, daß unter mehreren Isomeren ein C_2-symmetrisches C_{82}, das nicht weniger als 41 unabhängige Resonanzsignale zeigt, das häufigste ist. Neben den zwei C_{78}-Isomeren (C_{2v} bzw. D_3) konnten sie noch ein drittes isolieren. Dieses Isomer hat ebenfalls C_{2v}-Symmetrie und dominiert im Produktgemisch.

Diese signifikanten Unterschiede in der Produktverteilung in Abhängigkeit von den Herstellungsverfahren harren immer noch einer Erklärung. Es ist aber einleuchtend, daß eine Vielzahl von Parametern bei der Fulleren-Produktion eine entscheidende Rolle spielen, etwa die Dichte der Graphit-Elektroden und ihre Temperatur, der Temperaturgradient zwischen den Elektroden, der Druck, die Natur des Kühlgases (Helium, Argon) und zahlreiche weitere Faktoren. Diese Variablen beeinflussen sich gegenseitig, so daß eine effektive Kontrolle der Reaktionsbedingungen schwierig wird. Daraus geht hervor, daß weitere Herstellungsverfahren zu wieder anderen Produktverteilungen führen könnten, möglicherweise mit höheren Anteilen an den sehr großen Clustern mit mehr als 100 Kohlenstoff-Atomen, die bisher – wenn überhaupt – nur als Mischungen isoliert werden konnten.

Kohlenstoff-Röhrchen (Bucky-Tubes)

Neben den schon «klassischen», eher ballförmigen Fullerenen wurden weitere Formen gefunden. Eine besonders bizarre Variante entdeckte 1991 der Japaner Sumio Iijima[124] vom Fundamental Research Laboratory der NEC Corporation in Tsukuba, Japan. Im Zuge seiner C_{60}-Forschung stieß er eher zufällig auf eine neue, bis dahin unbekannte Art von reinem Kohlenstoff: stäbchenförmige Fasern in Form winziger Nadeln oder Röhren. Er zündete in einer mit Inertgas gefüllten Vakuumglocke (135 mbar He) einen Gleichstrom-Lichtbogen zwischen den Polen zweier Graphit-Elektroden und beobachtete, daß sich der verdampfende Kohlenstoff in Form von dünnen Stäbchen an der negativen Elektrode (Kathode) abscheidet. Offensichtlich spielen bei diesem Prozeß positive Ionen eine Rolle.

Bei genauerer Inspektion unter dem Elektronen-Mikroskop erweisen sich die schlauchförmigen *Nano-Röhrchen* oder *Bucky-Tubes*, wie die

Amerikaner sie nennen, als konzentrisch ineinander verschachtelte Fulleren-Zylinder (Abbildung 79). Die Durchmesser dieser Moleküle betragen zwischen 2 und 30 nm, wobei 2 bis 50 Zylinder ineinanderstecken; sie werden bis zu 10 µm lang. Ihre Wände bestehen aus einem «Maschendraht» von sechseckigen Graphit-Molekülen, sie wirken wie aufgerollte Bienenwaben. Spiralförmige Vernetzung innerhalb einer Hülse sorgt wiederum für Helizität. Die Enden der Röhrchen sind durch gewölbte «Abschlußkappen» verschlossen, die aus einem Netz von Kohlenstoff-Fünf- und Sechsecken bestehen, so daß auch bei diesen Strukturen keine freien Randbindungen verbleiben. Die Bucky-Tubes sind also echte Riesen-Fullerene!

Die dünnste Nadel besteht aus nur zwei Zylindern (Abbildung 79 links) im Abstand von 0.340 nm. Dieser Wert entspricht fast genau der Distanz zweier Ebenen in Graphit (0.335 nm). Das kleinste entdeckte

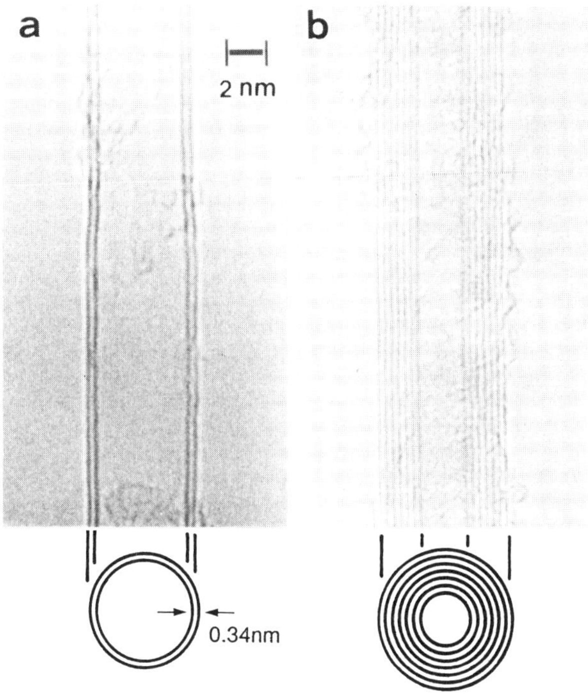

Abb. 79
Elektronenmikroskopische Aufnahme von zwei Kohlenstoff-Röhrchen («Bucky-Tubes») mit Skizzen der entsprechenden Querschnitte. Links eine Nadel mit zwei, rechts mit sieben Zylindern. Die Durchmesser betragen 5.5 nm beziehungsweise 6.5 nm. Der eingezeichnete Maßstab ist 2 nm lang.

Bucky-Tube ist das innerste Röhrchen einer der Nadeln (Abbildung 79 rechts); es hat einen Durchmesser von 2.20 nm, entsprechend einem Ring von etwa 30 Kohlenstoff-Sechsecken entlang des Mantelumfangs.

Inzwischen wurde das Lichtbogen-Verfahren derart verbessert, daß in einer quasi-kontinuierlichen Verdampfung an der Kathode quantitative Mengen an Bucky-Tubes abgeschieden werden können. Höhere Ausbeuten werden durch Katalyse mit Eisen oder Kobalt erzielt.

Das Besondere an den Kohlenstoff-Röhrchen sind ihre elektronischen und mechanischen Eigenschaften. Die meisten Nano-Tubes bilden Faserbündel (rund 50 µm im Durchmesser und etwa 1 cm lang) mit einer kabelähnlichen Filament-Struktur. Ein solches Bündel besteht aus etwa 100 Millionen dichtgepackten und parallel angeordneten Tubes. Ihr ketten- oder zylinderförmiger Aufbau spiegelt sich in der Anisotropie der elektrischen Eigenschaften wider: Je nach Durchmesser und Helizität (Links- oder Rechtsschraube), so zeigen theoretische Berechnungen, erwartet man Verbindungen mit Isolator-, Leiter- oder Halbleitercharakter. Die Idee, hieraus eindimensionale Quantendrähte zu erzeugen, fasziniert die Forschungsstrategen. Weiterhin, so wird erwartet, besitzen die Stäbchen die höchste Reißfestigkeit, die mit Kohlenstoff-Fasern zu erreichen ist. Dies eröffnet die Möglichkeit einer neuen, auf Kohlenstoff basierenden Material-Technologie (Kohlenstoff-Composite-Werkstoffe).

Iijima gelang es sogar, das Innere dieser Mikrotubuli mit Metallen wie Blei zu füllen[125], so daß eine weitere und ganz neue Art von metallischen, elektronischen oder magnetischen Werkstoffen denkbar wird. Dazu plazierte er einen Komplex von rund 100 Blei-Atomen auf der Außenseite der Kohlenstoff-Röhrchen. Stieg die Temperatur über 400 °C an, so schmolz das Blei an der Luft, die Röhrchen verloren ihre Verschlußkappen, und das flüssige Metall wurde durch Kapillarkräfte in die Tubuli hineingesaugt.[126] Falls sich Moleküle als Elektronenspender (Donatoren) in den Röhrchen plazieren lassen, könnten so vielleicht halbleitende wie volleitende eindimensionale Quantendrähte hergestellt werden. Ob diese Visionen eines Tages Realität werden, muß die Zukunft allerdings erst noch zeigen.

Hyper-Fullerene (Bucky-Onions)

Die Familie der Fullerene ist noch immer nicht vollständig. Die Anordnung der Bucky-Tubes zeigt, daß bei zylindrischen Fullerenen ein interessantes Einschlußphänomen auftritt: Im Inneren großer Fullerene befinden sich kleinere der Kohlenstoff-Cluster. Man sollte daher erwarten, daß es auch Strukturen gibt, die nach Art russischer Matrioschka-Puppe-inder-Puppe ineinander verschachtelt sind. Dabei würden größere Fullerene kleinere Artgenossen umschließen, die ihrerseits ein noch kleineres Fulleren beherbergen und so fort.

Tatsächlich konnte 1992 der Argentinier Daniel Ugarte an der École Polytechnique in Lausanne eine «Zwiebel» aus reinem Kohlenstoff erzeugen.[127] Er entdeckte, daß sich Fulleren-Ruß durch intensive Elektronenbestrahlung in zwiebelähnliche Strukturen umwandelt, in denen eine graphitähnliche Schale kugelförmig über die nächste gelagert ist (Abbildung 80). Ugarte erhielt die Probe, indem er zwischen zwei Graphit-Elektroden eine elektrische Bogenentladung brennen ließ und dann von einer Elektrode die oberste Schicht abkratzte.

Den Aufbau dieser sogenannten *Bucky-Onions* (engl. onion = Zwiebel) kann man gut verstehen, wenn man sie als konzentrische Graphit-

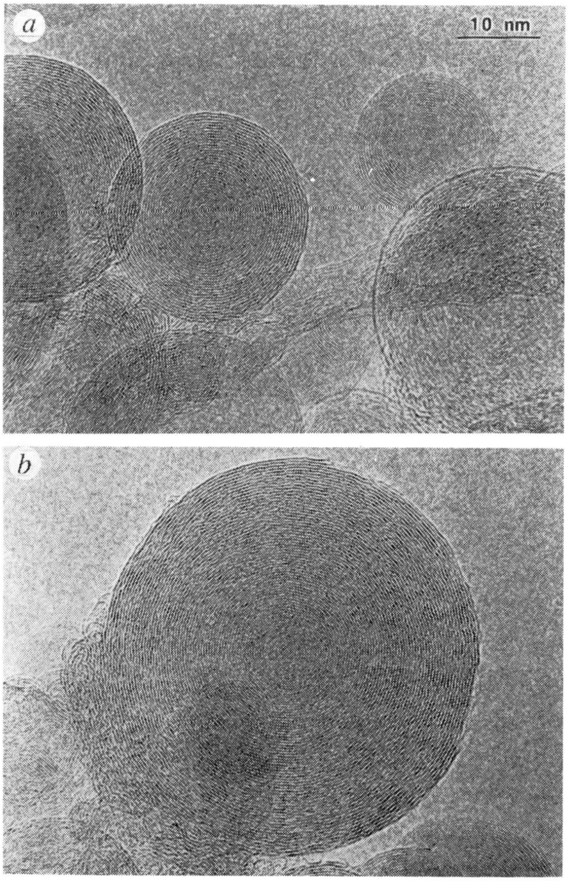

Abb. 80
Elektronenmikroskopische Aufnahme zwiebelförmiger Graphit-Partikel («Bucky-Onions»). Die dunklen Ringe verdeutlichen die Lage der Kohlenstoff-Atome. Die größten Cluster besitzen einen Durchmesser von etwa 50 nm und bestehen aus schätzungsweise 10^6 bis 10^7 Atomen.

Schalen mit der äußeren Form von Riesen-Fullerenen betrachtet. Die Zwiebel in Abbildung 80 b hat einen Durchmesser von etwa 50 nm, was ungefähr 70 Schalen und schätzungsweise 10^6 bis 10^7 Atomen entspricht. Bei sehr langen Bestrahlungszeiten fand Ugarte sogar Kügelchen mit Durchmessern von einigen Mikrometern. Dabei zeigte sich, daß die Kugelschalen der Zwiebeln sich aus Polyederstrukturen Schritt für Schritt mit zunehmender Dauer der Elektronenbestrahlung (100 A/cm^2) bilden. Der Abstand zwischen den Schalen (0.340 nm) ist wiederum nur geringfügig größer als die Distanz zweier Ebenen in Graphit (0.335 nm). Der Kern einer Zwiebel (Durchmesser 0.6 bis 1 nm) hat in etwa die Größe eines C_{60}-Moleküls!

Mit einem hochauflösenden Elektronen-Mikroskop stieß Sumio Iijima, Entdecker der Bucky-Tubes, bereits 1980 auf zwiebelartige Kohlenstoff-Teilchen.[128] Abbildung 81 zeigt eine der Aufnahmen. Man erkennt ganz deutlich konzentrische Graphit-Schalen von polyedrischer Struktur. Die dunklen Linien entsprechen einer Schale, die etwa vier bis fünf Atome dick ist, entsprechend einer Wandstärke von etwa 0.2 nm. Iijima zufolge bestehen diese Mikropartikel aus einer Reihe von ineinandergeschachtelten ikosaedrischen Schrauben, die sich aus sp^2-hybridisierten Kohlen-

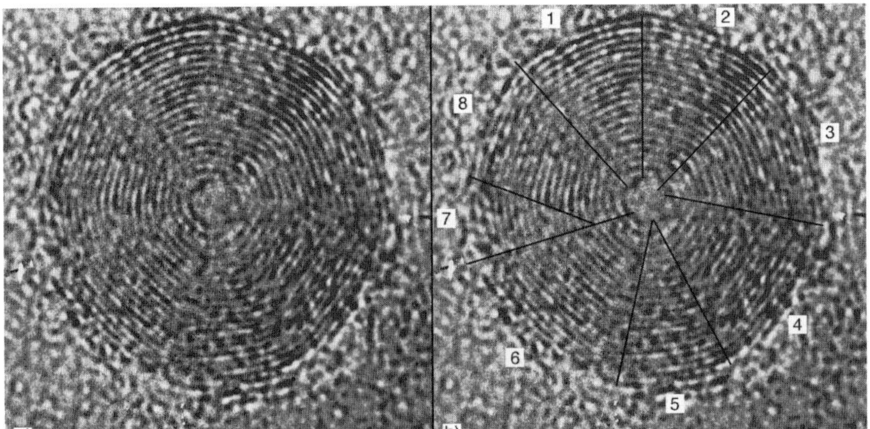

Abb. 81
Elektronenmikroskopische Aufnahme eines der von Iijima bereits 1980 entdeckten zwiebelartigen Kohlenstoff-Partikel; a und b zeigen die gleiche Aufnahme, in b sind lediglich zur Verdeutlichung der polyedrischen Graphit-Struktur Hilfslinien eingezeichnet. Oberflächlich erscheint die «Zwiebel» rund; eine genaue Analyse der Aufnahme zeigt jedoch, daß ihr Umriß polygonal ist. Der Balken entspricht 2 nm.

stoff-Atomen zusammensetzen. Sie vereinen damit zwei wesentliche und hochsymmetrische Strukturen: die Helix und das Ikosaeder. Nach einem Vorschlag von Curl und Smalley nennt man diese Gebilde auch «Hyper-Fullerene»[129].

Die Eigenschaften der Onions oder Hyper-Fullerene sind ebenso wie die der Nano-Röhrchen noch weitgehend unbekannt, aber auch diese Verbindungen könnten auf vielfältige Art chemisch modifiziert werden. Wie es scheint, ist das Element Kohlenstoff ein hervorragender Baustein für atomare Mikroarchitekturen – Richard Buckminster Fuller hätte seine Freude daran gehabt.

Zum Schluß wollen wir uns noch einige Eigenschaften von Hyper-Fullerenen ansehen, die auf Computerberechnungen von Eiji Osawa beruhen (Osawa hatte 1970 das «Superbenzol» C_{60} postuliert).[130] Verschiedene Kombinationen von Fullerenen wurden verwendet, um zwei- und dreifach geschichtete Hyper-Fullerene mit ikosaedrischer I_h-Symmetrie zu simulieren, unter anderem $C_{60}@C_{180}$, $C_{60}@C_{240}$, $C_{60}@C_{240}@C_{540}$, $C_{60}@C_{540}$ und $C_{60}@_{C240}@C_{540}$. Hierbei symbolisiert das Zeichen «@» ein Fulleren, das ein kleineres Familienmitglied umschließt, das seinerseits ein noch kleineres Fulleren beherbergt und so weiter. In Farbtafel 6 ist eine dieser russischen Fulleren-Puppen dargestellt.

Im kleinsten berechneten Hyper-Fulleren, $C_{60}@C_{180}$, beträgt der Zwischenraum 0.27 nm. Dieser geringe Abstand bewirkt eine hohe Van der Waals-Abstoßung der beiden Bälle. Das Supermolekül ist daher um rund 660 kJ/mol destabilisiert im Vergleich zu den isolierten Clustern. Im Gegensatz dazu ist $C_{60}@C_{540}$ um 83 kJ/mol stabiler als die getrennten Fullerene. Dieses Ergebnis läßt vermuten, so Osawa, daß Hyper-Fullerene instabiler seien als die freien Fullerene.

Interessant ist auch die Frage, wie frei sich die Bälle innerhalb eines Hyper-Fullerens bewegen können. In $C_{60}@C_{240}$ beispielsweise kann C_{60} entlang einer 5zähligen Drehachse rotieren. Berechnungen zufolge muß bei jeder Drehung um 36° eine geringe Energiebarriere von etwa 4.6 kJ/mol überwunden werden (Abbildung 82). Die Rotation von C_{60} in diesem Hyper-Fulleren sollte daher bei Raumtemperatur nicht behindert sein.

Ein ganz anderes Ergebnis erhält man, wenn in $C_{60}@_{C240}@C_{540}$ die Rotation des mittleren Fullerens simuliert wird. In diesem Fall beträgt die Energiebarriere für jede Drehung um 36° bereits 123 kJ/mol. Gleichzeitig

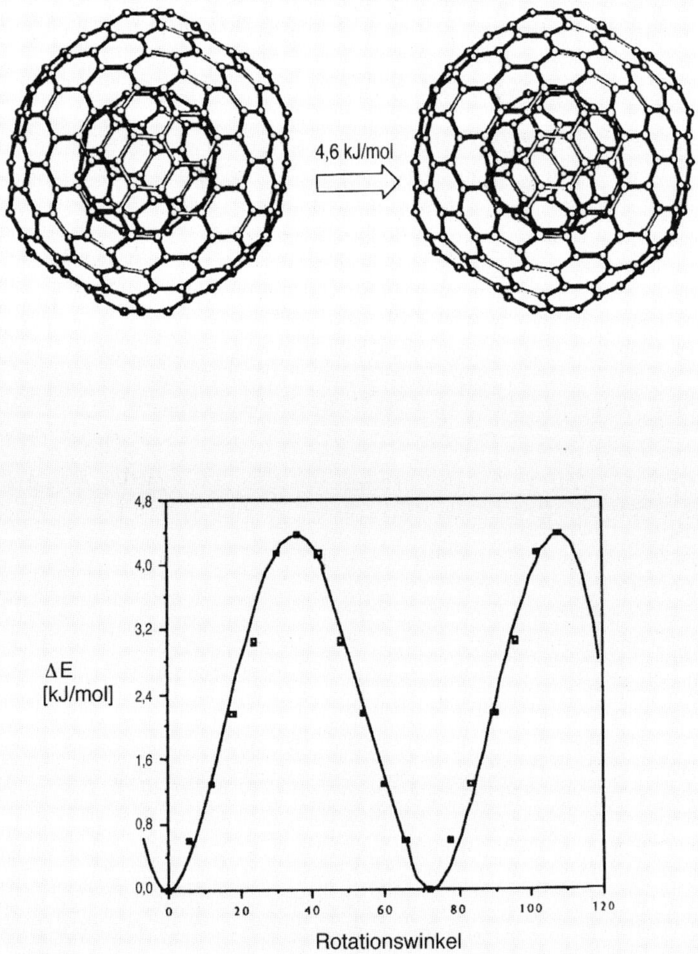

Abb. 82
Rotation von C_{60} in C_{60}@C_{240} entlang einer 5zähligen Drehachse; das Diagramm zeigt die Änderung der Energie in Abhängigkeit vom Rotationswinkel.

nimmt der Abstand zwischen den beiden äußeren Fullerenen um etwa 15% zu. Dabei wird C_{240} komprimiert, während C_{540} sich aufbläht und eine rundere Form annimmt.

Die Computersimulationen von Osawa lassen zwei wichtige Schlußfolgerungen zu. Zum einen sollte sich nur der C_{60}-Kern eines Hyper-Fullerens infolge seiner einzigartig runden Form nahezu ungehindert bewegen können, zum anderen müßten die Rotationen größerer Fullerene aufgrund ihrer zunehmend polygonalen (eckigen) Strukturen stark behindert sein.

Kapitel 7
Fullerenähnliche Mikroarchitekturen

Von Bor, dem linken Periodennachbarn des Kohlenstoffs, kennt man heute mindestens sechs verschiedene allotrope Modifikationen, aber nur von dreien ist die Struktur vollständig aufgeklärt. Bei allen dreien tritt als charakteristische Struktureinheit ein Ikosaeder aus Bor-Atomen auf. Jedes Bor-Atom ist im B_{12}-Ikosaeder durch Mehrzentrenbindungen* an fünf B-Atome gebunden, so daß insgesamt 12 reguläre Fünfecke gebildet werden.

Die thermodynamisch stabilste Modifikation ist das *ß-rhomboedrische Bor*. Der Bauplan dieses 1957 entdeckten Allotrops hat mit dem Strukturprinzip der Fullerene, trotz der unterschiedlichen Bindungsart, eine bemerkenswerte Ähnlichkeit: Die Atome bilden 12 fünfeckige und 20 sechseckige Bor-Ringe, die ihrerseits zu einem geschlossenen Käfig angeordnet sind – exakt in Form eines Fußballs.[131] Im Inneren des aus 60 B-Atomen aufgebauten Polyeders befinden sich noch 24 weitere Atome.

Das ß-rhomboedrische Bor sollte man freilich nicht als «Fußball-Molekül» ansprechen, vielmehr ist das gekappte Bor-Ikosaeder Teil eines riesigen Netzwerkes aus Atomen, genau wie in Diamant keine tetraedrischen C_4-Moleküle vorliegen.

Auch das im Periodensystem unterhalb vom Kohlenstoff stehende Silicium zeigt fullerenähnliche Polyederstrukturen. Kohlenstoff-Verbindungen mit den analogen Silicium-Verbindungen zu vergleichen, ist eine beliebte Beschäftigung der Chemiker. Sie scheitern allerdings häufig daran, daß es in diesem Zusammenhang interessante Silicium-Verbindungen

* Durch Mehrzentrenbindungen sucht das Bor den Umstand zu kompensieren, daß es weniger Valenz-Elektronen als zur Verfügung stehende Atomorbitale besitzt.

noch nicht gibt. Diese Situation hat sich seit 1985 entscheidend verändert. So konnte durch Laser-Verdampfung von reinem Silicium eine ganz neue Familie von Silicium-Molekülen mit bis zu 100 Atomen massenspektrometrisch nachgewiesen werden. Die Stabilität der Silicium-Cluster variiert deutlich mit ihrer Größe; vor allem für Si_4, Si_6, Si_{13}, Si_{19}, Si_{21}, Si_{23}, Si_{25}, Si_{33}, Si_{39}, Si_{45} und Si_{60} (*magische Zahlen*) wird experimentell eine im Vergleich zu den übrigen Clustern deutlich verringerte Reaktivität beobachtet.[132] Es liegt nahe, dieses Verhalten der Cluster auf spezielle Strukturen zurückzuführen, die besonders wenige freie Silicium-Valenzen besitzen.

Die Cluster mit 5 bis 10 Silicium-Atomen bilden geschlossene Käfig-Verbindungen, zum Beispiel Si_6 ein Oktaeder, wobei der Aufbau durch Addition jeweils zusätzlicher flächenüberbrückender Atome erfolgt. Si_{13} weist exakt die Zahl von Atomen auf, die zum Bau eines Ikosaeders mit einem zentralen Atom benötigt werden. Si_{19} und Si_{23} werden bei zusätzlichen abgeschlossenen Überdeckungen von Teilflächen dieses Ikosaeders erhalten. Für Si_{39} und Si_{45} wird anhand theoretischer Berechnungen ein Stabilitätsoptimum erwartet. Si_{39} sollte eine torusartige Struktur aufweisen, die aus sechs übereinandergestapelten, planaren Si_6-Ringen mit drei zusätzlichen Silicium-Atomen an der Torusspitze besteht (Abbildung 83). Die Ähnlichkeit mit den schlauchförmigen Bucky-Tubes ist unübersehbar. Für Si_{45} hat Richard Smalley 1989 eine komplizierte Polyederstruktur aus Fünf- und Sechsecken vorgeschlagen, die sofort an Fulleren erinnert. Doch welche Gestalt mag der Si_{60}-Cluster haben? Ist Si_{60} ein Analogon zu C_{60}? Der Si_{60}-Cluster besteht, ganz im Gegensatz zu C_{60}, aus sechs übereinandergestapelten, planaren bicyclischen Si_{10}-Einheiten (Abbildung 84).

Abb. 83
Strukturvorschlag für Si_{39}.

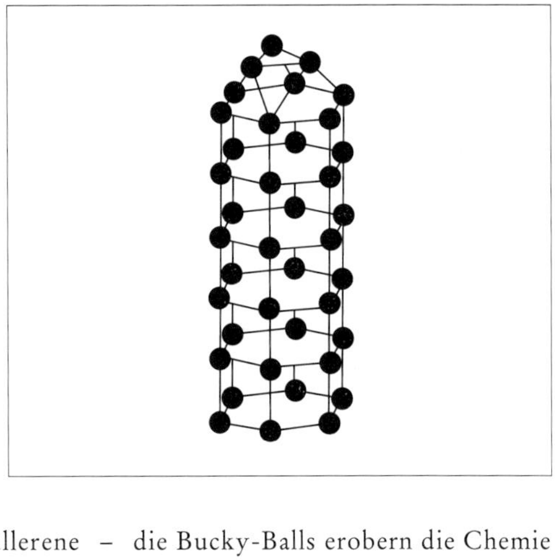

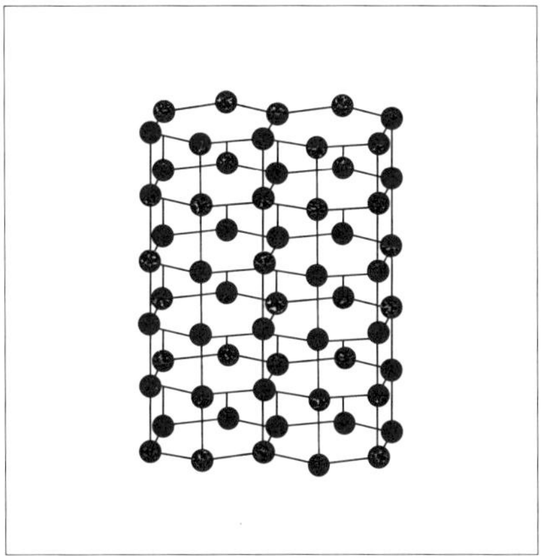

Abb. 84
Strukturvorschlag für Si_{60}.

In makroskopischer Menge konnten alle diese Silicium-Moleküle noch nicht hergestellt werden. Die Ergebnisse der modernen Cluster-Forschung geben aber Anlaß zu der Spekulation, daß auch Silicium-Verbindungen mit höherer Symmetrie zugänglich sein sollten. Ein ähnlicher Erfolg wie bei den Fullerenen wird nicht mehr ganz ausgeschlossen.

Bis vor kurzem hat man auch geglaubt, Kohlenstoff sei die einzige Substanz, die zylindrische oder zwiebelförmige Strukturen bildet. Wie Wissenschaftler um Reshef Tenne[133] am Weizmann-Institut in Rehovot (Israel) 1992 herausgefunden haben, sind auch andere aus Schichten aufgebaute Materialien dazu in der Lage, ähnlich geschlossene Fulleren-Strukturen zu bilden. Mit einem Elektronen-Mikroskop entdeckten die Forscher polyedrische und zylindrische Kristalle aus Wolframdisulfid, WS_2, mit Größen von weniger als 10 nm bis zu mehr als 100 nm (Abbildung 85). Der käfigähnliche Charakter dieser Partikel konnte inzwischen bestätigt werden.

Tenne und Mitarbeiter beschäftigten sich mit der Herstellung dünner WS_2-Filme, die als Materialien in der Photovoltaik geeignet sein könnten. Diese Filme entstehen, wenn man dünne Wolfram-Filme in einer Schwefelwasserstoff-Atmosphäre (H_2S) auf etwa 1000 °C erhitzt. Der kleinste beobachtete WS_2-Zylinder besteht aus vier Zwiebelschalen mit einem Durchmesser von 4 nm.

Das Wolframdisulfid hat mit Graphit ein gemeinsames Merkmal: So wie Graphit aus ebenen Kohlenstoff-Schichten aufgebaut ist, besteht WS_2 aus Schwefel- und Wolfram-Schichten, wobei jeweils zwei Lagen Schwefel und eine Lage Wolfram ein S–W–S-«Sandwich» bilden (Abbildung 86).

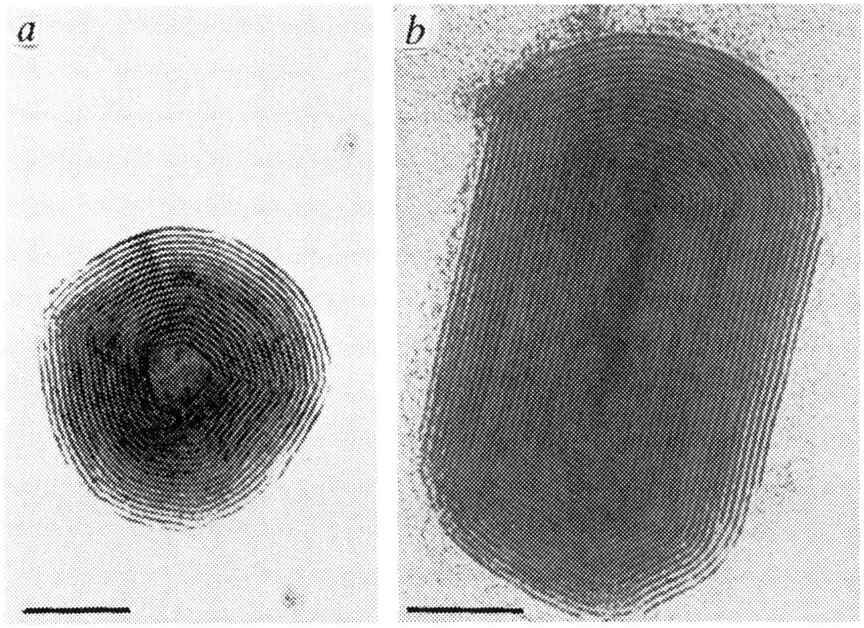

Abb. 85
Kristalle von Wolframdisulfid, WS_2, unter dem Elektronen-Mikroskop.

Die Forscher vermuten, daß die Tendenz, geschlossene Strukturen zu bilden, aus dem Bestreben nach Absättigung der freien Randbindungen folgt. Denkbar ist aber auch eine solchen geschichteten Strukturen eigene Instabilität, wenn sie zum Beispiel bei hohen Temperaturen oder durch Bestrahlung mit Elektronen beschädigt werden, oder wenn sie unvollständig ausgebildet sind. Sollte sich diese Erklärung bestätigen, so wäre jeder Stoff, der ebene Schichtstrukturen bildet, ein Kandidat für fullerenähnliche Formen.

Eine ebenfalls vollkommen neue Klasse von Kohlenstoff-Clustern entdeckte 1992 eine Arbeitsgruppe um A. Castleman[134] an der Pennsylvania State University (Pennsylvania/USA). Es handelt sich um polyedrische Käfig-Verbindungen, in denen eine Anzahl Metall- und Kohlenstoff-Atome durch konjugierte Doppelbindungen miteinander verknüpft sind. Der Hauptvertreter dieser sogenannten *Metall-Carbohedrene* (MET-CAR) ist ein ungewöhnlich stabiler Cluster, der aus 8 Titan- und 12 Kohlenstoff-Atomen besteht, die zusammen 12 Fünfringe bilden, wobei jeder Ring 2 Titan- und 3 Kohlenstoff-Atome enthält (Abbildung 87). Die

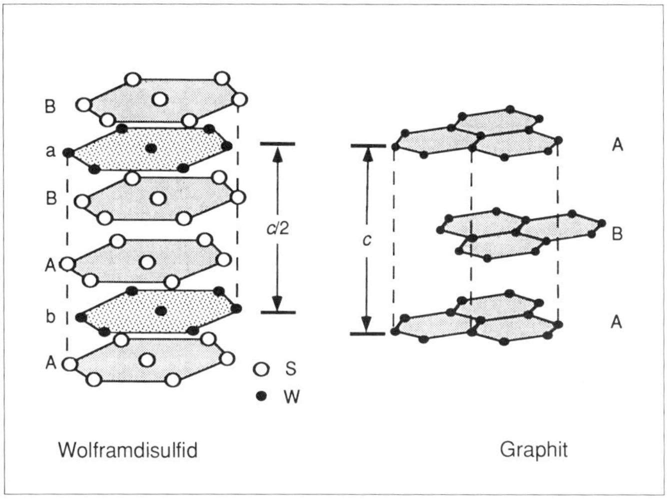

Abb. 86
Schichtebenen in Wolframdisulfid und Graphit.

Synthese des Ti_8C_{12}-Moleküls gelang durch Reaktion von elementarem Titan mit gasförmigen Kohlenwasserstoffen wie Methan, Ethen, Ethin (Acetylen) oder Benzol. Sie ist vor allem deswegen beeindruckend, weil Ti_8C_{12} in Gestalt eines Dodekaeders auftritt und damit dieselbe Symmetrie besitzt wie C_{20}-Fulleren oder Dodekahedran $C_{20}H_{20}$ (Punktgruppe I_h). In jeder planaren Anordnung hätte der Cluster wiederum zahlreiche freie Valenzen, er wäre hochreaktiv und würde rasch zerstört.

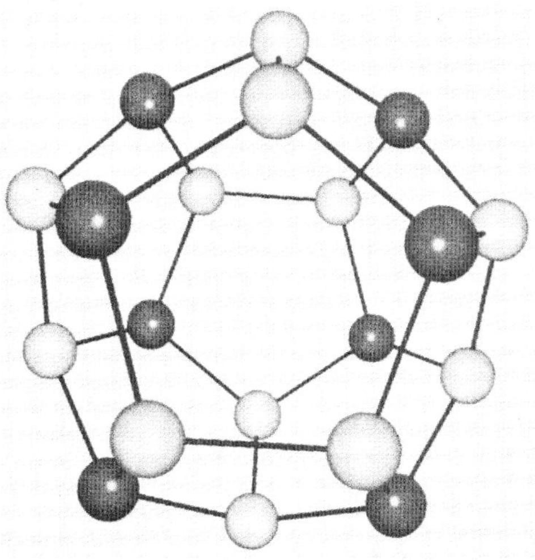

Abb. 87
Pentagonal dodekaedrische Struktur von Ti_8C_{12}. Jedes Titan-Atom (dunkle Kugeln) ist mit drei Kohlenstoff-Atomen (helle Bälle) verbunden.

Andere Titan-Carbohedrene wie Ti_7C_{13}, Ti_6C_{14} und Ti_5C_{15} können ebenfalls einen Dodekaeder bilden. Mit steigender Anzahl von Kohlenstoff-Atomen werden diese Strukturen jedoch zunehmend instabil, da mindestens drei der 12 Fünfringe direkt aneinandergrenzen müssen, wobei jeder nur ein Metallatom enthalten könnte oder überhaupt keines. Es ist aber eher unwahrscheinlich, daß ein Metallatom die Spannung in den Fünfringen verringern und den Cluster stabilisieren kann. Die Verbindungen sind daher äußerst reaktiv und nur im Massenspektrometer nachweisbar. Sie gehen Folgereaktionen mit den Kohlenwasserstoffen ein, um stabilere Produkte wie Ti_8C_{12} zu bilden.

Die erwähnten Beispiele für «fullerenige» Mikroarchitekturen spiegeln zugleich – vom Bor abgesehen – den Stand der Cluster-Forschung wider, deren Ziel es ist, die physikalischen und chemischen Eigenschaften kleinster Materiestücke zu erforschen und zu verstehen. Von einer technologischen Verwertung solcher Gebilde ist man aber noch weit entfernt.

Kapitel 8
Chemie der Fullerene

Neben Synthese, Extraktion und Trennung untersuchen die Forscher natürlich auch die chemischen Eigenschaften der Fullerene. Es wurden bereits Tausende neuer Moleküle geschaffen, die als Bestandteil einen oder mehrere C_{60}- oder auch C_{70}-Bälle enthalten. Diese Synthesen dienen vorläufig dazu, die Vielfalt der Verbindungen kennenzulernen, ohne daß mögliche Anwendungen das Ziel sind.

Für den Chemiker ist es überraschend, daß die Fullerene trotz ihrer Stabilisierung durch Resonanzeffekte sehr reaktionsfreudige Verbindungen sind. In elektrochemischen Experimenten reagieren C_{60} und C_{70} als starke Oxidationsmittel, sie lassen sich also leicht reduzieren. In organischen Lösungsmitteln wie Toluol oder Benzol konnte die reversible Aufnahme von bis zu sechs (!) Elektronen nachgewiesen werden[135]:

$$C_{60} \leftrightarrow C_{60}^{1-} \leftrightarrow C_{60}^{2-} \leftrightarrow C_{60}^{3-} \leftrightarrow C_{60}^{4-} \leftrightarrow C_{60}^{5-} \leftrightarrow C_{60}^{6-}.$$

Alle diese C_{60}-Anionen sind im Gegensatz zu anderen mehrfach negativ geladenen Molekülen erstaunlich stabil.

Fullerene sind also elektronenarm, das heißt, ihre *Elektronenaffinität* ist hoch, und Berechnungen sagten voraus, daß nicht nur C_{60}^{1-}, sondern auch C_{60}^{2-} einem gebundenem Zustand entspricht. Tatsächlich gelang es, beide Ionen in der Gasphase durch Elektronenanlagerung an C_{60} herzustellen. Dieser Befund ist insofern bemerkenswert, als *freie* Anionen, also solche ohne stabilisierende Wechselwirkung mit positiven Gegenionen, nur selten eine endliche Lebensdauer haben. Erst bei freiem C_{60}^{3-} wird die Coulomb-Abstoßung zwischen den Elektronen so groß, daß spontan ein Zerfall erfolgt. Demgegenüber sind positiv geladene Kationen wie C_{60}^{1+},

C_{60}^{2+} oder C_{60}^{3+} aufgrund der hohen Elektronegativität von C_{60} äußerst instabil. Fullerene lassen sich deshalb nur mit extrem starken Säuren, zum Beispiel der *Magischen Säure**, zu Fullerenium-Ionen oxidieren.

Infolge ihrer hohen Elektronenaffinität reagieren C_{60}, C_{70} und möglicherweise auch die höheren Kohlenstoff-Cluster bevorzugt mit elektronenabgebenden oder nucleophilen** Substanzen wie Metalle, Metall-Komplexe oder reduzierende Stoffe, die wie zum Beispiel Stickstoff-Verbindungen über ein freies Elektronenpaar verfügen (Elektronendonatoren). Beispiele für diese Reaktionen sind radikalische und nucleophile Additionen. Bei stärkerem anionischem Charakter (reduzierte Fullerene) sind Additionsreaktionen auch mit elektrophilen*** Reagenzien möglich. Erfolgreich wurden unter anderem Hydrierungen zu Fulleranen und Halogenierungen sowie die Synthese verschiedener anorganischer und organischer Komplex- und Koordinationsverbindungen durchgeführt.

Auch photochemisch sind Fullerene sehr reaktiv, wodurch auf elegante Weise neue Verbindungen gewonnen werden können. Diederich et al.[136] haben entdeckt, daß sich C_{60} bei Einwirkung von Licht und Sauerstoff zersetzt. Es ist sogar einer der effizientesten Photosensibilisatoren für die Erzeugung von sogenanntem «angeregten» Sauerstoff: im Verein mit gewöhnlichem Tageslicht überführt es diesen in den extrem reaktiven Singulett-Zustand ($^1O_2$). In dieser Form**** wird er beispielsweise in der organischen Synthese für Additionen an Doppelbindungen eingesetzt.[137] Aufgrund dieser Eigenschaft könnte C_{60} Eingang in die Photochemie finden, die auf dem Gebiet der Synthese von Feinchemikalien oder Pharmazeutika eine Rolle spielt. Neuere Untersuchungen haben jedoch ergeben, daß bei Bestrahlung auch die Stabilität von C_{60} begrenzt ist. Außerdem ist man in der Wahl des Lösungsmittels stark beschränkt.

Die Eigenschaft der Photosensibilisierung von C_{60} zeigt, daß dieses Molekül sehr leicht durch Licht angeregt wird und diese Energie auf

* Die *Magische Säure* entsteht durch Reaktion von Antimon(V)-fluorid, SbF_5, mit Fluorsulfonsäure, HSO_3F.

** Stellt ein Teilchen ein Elektronenpaar zur Bildung einer neuen Atombindung zur Verfügung, so verhält es sich *nucleophil*, da es ein positiv polarisiertes anderes Atom angreift (nucleus lat. = Kern; nucleophil wörtlich «kernliebend»).

*** *Elektrophil* = elektronensuchend; elektrophile Teilchen besitzen eine Elektronenlücke.

**** Von $^1O_2$-Sensibilisatoren ist bekannt, daß sie potentiell cancerogen wirken.

andere Moleküle übertragen kann. Umgekehrt ist es auch möglich, daß andere durch Licht angeregte Moleküle ihre Energie an C_{60} abgeben. Damit könnten sich Anwendungen für Fulleren auf dem Gebiet der Photovoltaik ergeben. Das Prinzip dieser Technik ist leicht zu durchschauen: Durch den photovoltaischen Effekt, den das einfallende Sonnenlicht im Halbleitermaterial einer Solarzelle anregt, läßt sich die Kraft der Sonne direkt in Strom umwandeln. Bei Du Pont in Wilmington (USA) wurden bereits photoleitende Filme aus Polyvinylcarbazol, dotiert mit einer C_{60}/C_{70}-Mischung hergestellt. Die Eigenschaften dieses Materials sollen vergleichbar sein mit den besten zur Zeit kommerziell erhältlichen Photoleitern. Derartige Abbildungselemente lassen sich auch für den Aufbau von Fotokopiergeräten verwenden. Rank Xerox (USA) hat dazu bereits mehrere Fulleren-Patente eingereicht.

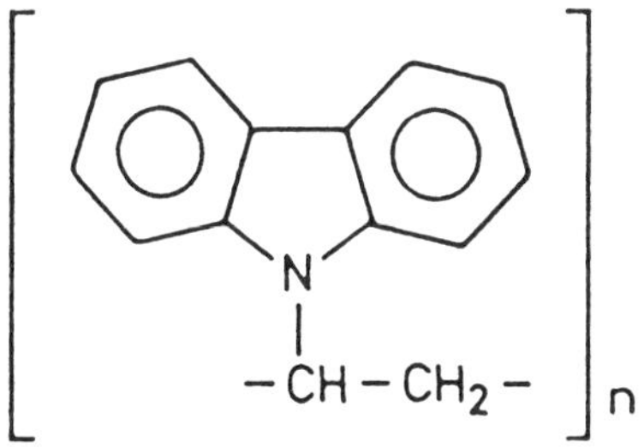

Abb. 88
Polyvinylcarbazol.

Außerdem entdeckte eine Arbeitsgruppe an der Rockefeller University in New York, daß künstliche Membranen, die mit C_{70} gefüllt sind, einen sehr effizienten Ladungstransport von der einen Seite zur anderen ermöglichen.[138] Dies könnte ein wichtiger Schritt beim Aufbau einer künstlichen Photosyntheseanlage sein. Zielsetzung ist die Nutzung der Sonnenenergie für die katalytische Zerlegung von Wasser in Wasserstoff und Sauerstoff. Wasserstoff, der aus dem fast unerschöpflichen Wasservorrat der Erde gewonnen werden kann, besitzt als Energieträger große Bedeutung. Er läßt sich ohne Energieverluste über lange Zeiträume speichern. Zudem kann er auf einfache Weise transportiert und zur Gewinnung von thermischer, mechanischer und elektrischer Energie – etwa in

Wasserstoffmotoren und Brennstoffzellen – genutzt werden (Stichwort: solare Wasserstoffenergiewirtschaft).

Der zentrale Prozeß *einer künstlichen Photosyntheseanlage* ist der lichtinduzierte Transport von Elektronen durch eine Membran. Es konnte gezeigt werden, daß Fulleren-70 sowohl als Photosensibilisierer als auch als Vermittler für den Elektronentransport durch eine Lipid-Doppelschicht dienen kann. Die dabei erreichte Photostromdichte ist 40mal größer als die der bisher bekannten Systeme, wobei gleichzeitig die Lebensdauer und Effektivität des neuen Systems um ein bis drei Größenordnungen höher sind.

Nach dieser kurzen Vorbereitung wollen wir jetzt die Fulleren-Chemie und einige ihre Anwendungspotentiale systematisch angehen. Grundsätzlich ergeben sich vier unterschiedliche Möglichkeiten, die Verbindungen zu modifizieren. Einmal kann man in den bereits erwähnten *Additionsreaktionen* Atome oder Moleküle an die Außenhaut der Fullerene andocken und damit ihre Reaktivität hervorheben. Zweitens sollten sich die Kohlenstoff-Atome durch andere Elemente ersetzen lassen, das heißt, es können *Hetero-Fullerene* entstehen. Außerdem sollte es gelingen, nach Art der Bucky-Onions oder Hyper-Fullerene Fremdsubstanzen in den Käfig einzuarbeiten (*endohedrale Verbindungen*, Symbol @). Der Hohlraum von C_{60} ist so groß, daß zum Beispiel fast jedes der 92 natürlichen Elemente darin Platz fände; man kann sich ein «fullerenisiertes Periodensystem» vorstellen. Schließlich und endlich ist der Einbau von Atomen oder Molekülen in die Lücken zwischen den einzelnen Bällen im Kristallgitter (*exohedrale Fullerene*) denkbar.

Alle diese Möglichkeiten sind auch bereits erfolgreich erprobt worden. Beispiele für diese zum Teil ganz neue Art, Chemie zu betreiben, werden wir im folgenden kennenlernen.

Additionen an die Käfigschale

In erster Linie interessiert den Chemiker, Fullerene durch Anlagerung von Fremdsubstanzen in drei Dimensionen zu modifizieren und eine «runde» präparative Fulleren-Chemie zu entwickeln. Additionsreaktionen ermöglichen es, durch Aufbrechen der Doppelbindungen viele verschiedene Reste an die Käfigaußenhaut zu binden. Auf diese Weise lassen sich Derivate, oder wie manche auch sagen «Hairy-Balls», herstellen, in denen die Eigenschaften der Fullerene mit denen anderer Stoffklassen kombiniert sind.[139] Das weite Feld der bekannten Organischen Chemie öffnet sich damit auch für die Kohlenstoff-Bälle.

Häufig wird von den Wissenschaftlern der Vergleich mit der Entdeckung des Benzols bemüht, die einen ganzen Zweig der Chemie begründete. Da bei den Fullerenen statt 6 nun 60, 70 oder sogar noch mehr Anknüpfungspunkte für funktionelle Gruppen vorhanden sind, ergibt sich eine schier unübersehbare Zahl von Möglichkeiten der Derivatisierung und Funktionalisierung.

Das erste wohl definierte Addukt ist der von Hawkins et al. dargestellte Osmiumtetroxid-Komplex (vgl. Abbildung 18, S. 54). Dessen Kristallstrukturanalyse lieferte den endgültigen Beweis für die hochsymmetrische Fußballstruktur von C_{60}. Die O–Os–O-Einheit addierte dabei (regioselektiv) ausschließlich an eine Doppelbindung, die zwei anellierten (benachbarten) Sechsringen des Fulleren-Gerüstes gemeinsam ist (6–6-Bindung). Auch viele andere Metalle, Metall-Komplexe und Elektronendonatoren wie Sauerstoff greifen ausnahmslos Sechsring/Sechsring-Doppelbindungen an. Es bilden sich durch 1,2-Addition geschlossene, 6–6-ringüberbrückte Fulleren-Derivate (Abbildung 89). Reaktionen an den längeren Sechsring/Fünfring-Bindungen finden nicht statt.[140]

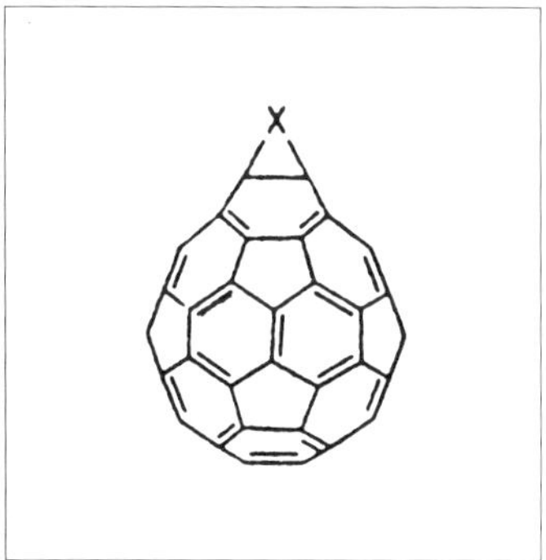

Abb. 89
Durch 1,2-Addition gebildetes 6-6-ringüberbrücktes Fulleren-Derivat (X = Elektronendonator).

Die Anknüpfung von Atomen oder Molekülen an die Fulleren-Oberfläche verläuft allerdings nicht immer so glatt. Der Angriff der Reagenzien muß so gesteuert werden, daß nur die interessierenden Kohlenstoff-Zentren betroffen sind. Problem hierbei ist die Existenz zahlreicher Angriffsstellen an der Cluster-Oberfläche; C_{60} zum Beispiel hat 30 «hungrige» Doppelbindungen. Die Folge sind Selektivitätsprobleme. So führt zum

Beispiel die Addition von Wasserstoff (*Birch-Reduktion* mit Lithium in flüssigem Ammoniak) zu $C_{60}H_{36}$, das ein Gemisch vieler verschiedener Isomere ist. Eine Trennung oder Charakterisierung der Produkte scheint aufgrund ihrer sehr ähnlichen Eigenschaften nahezu aussichtslos.

Für die Addition von maximal 36 Wasserstoff-Atomen gibt es übrigens eine einfache Erklärung.[141] Sie gründet auf der Erfahrung, daß bei der Reduktion von Polyenen nur konjugierte Doppelbindungen angegriffen werden: Das Hydrierungsprodukt $C_{60}H_{36}$ muß 12 isolierte Doppelbindungen enthalten (pro Fünfring eine), das heißt, es können höchstens (60 – 2 × 12 =) 36 C-Atome von C_{60} hydriert werden. Das vollständig hydrierte Fulleran $C_{60}H_{60}$ («Fussel-Ball») wartet deshalb noch immer auf seine Darstellung. Berechnungen zufolge sollte das Isomer mit 60 nach außen gerichteten oder *exo*-ständigen H-Atomen außerordentlich gespannt sein (Spannungsenergie über 800 (!) kJ/mol), während das Energieminimum einer Struktur entspricht, bei der 10 Wasserstoff-Atome nach innen weisen (*endo*-ständige H-Atome). Alle Versuche, ein solches «exo-endo»-Fulleran herzustellen, blieben bisher ohne Erfolg.

Unter eher akademischen Bedingungen gelang unterdessen die Synthese der bromierten Addukte $C_{60}Br_2$, $C_{60}Br_4$, $C_{60}Br_6$ (Abbildung 90) und $C_{60}Br_8$, sowie in Abwesenheit eines Lösungsmittels für die (C_{60} + Br_2)-Reaktion auch $C_{60}Br_{24}$. Die Röntgenstrukturanalyse zeigt, daß die 24 Brom-

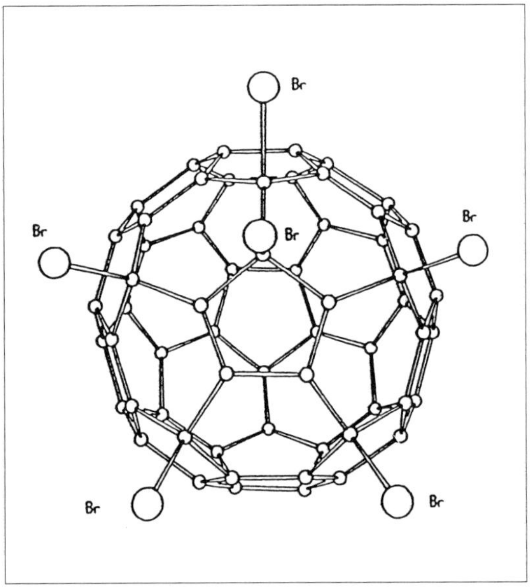

Abb. 90
Molekularstruktur von $C_{60}Br_6$.

Atome den Kohlenstoff-Ball gänzlich einhüllen und somit die verbleibenden 18 (der ursprünglich 30) C=C-Doppelbindungen vor einem Angriff weiterer Brom-Atome abschirmen. Chlor ist reaktionsfähiger als Brom. Die Chlorierung liefert deshalb unmittelbar Fullerene, die im Mittel 24 Chlor-Atome enthalten ($C_{60}Cl_{24}$).

In $C_{60}Br_8$, $C_{60}Br_{24}$ und allen chlorierten Verbindungen bewirken die voluminösen Halogene allerdings eine starke Verzerrung der Fulleren-Oberfläche und beeinflussen daher die Konformation der hexagonalen und pentagonalen Ringe. Als Folge davon ist die Halogenierung reversibel: Bei etwa 150 bis 200 °C spalten die Verbindungen das Halogen quantitativ wieder ab und bilden den unzersetzten Kohlenstoff-Cluster zurück.

Vollständig halogenierte Fullerene sind also, wenn überhaupt, nur mit den sehr kleinen Fluor-Atomen zugänglich. Tatsächlich gelang es 1991 britischen Chemikern um Harold Kroto, in einem 10 mg-Experiment nach zwölf Tagen Reaktionsdauer den Bucky-Ball vollständig zu fluorinieren.[142] Von dem neu geschaffenen Stoff $C_{60}F_{60}$ erwartete man eine besondere chemische Resistenz und ungewöhnliche physikalische Eigenschaften. Es sollte sich eine Art kugelförmiges «Superteflon», das «weltbeste Schmiermittel»[143], entwickeln lassen (Teflon = Polytetrafluorethen …–CF_2–CF_2–…). Es stellte sich jedoch schon bald heraus, daß fluorinierte Fullerene $C_{60}F_n$ stark luft- und wasserempfindlich sind und sich unter Bildung von höchst aggressiver Flußsäure (HF) zersetzen. Damit war der Traum von den «Teflonbällen» zunächst einmal ausgeträumt.

Doch 1993 haben Chemiker in den Forschungslaboratorien von Du Pont einen Weg gefunden, wie man die Fulleren-Oberfläche mit einer Fluorschicht bedecken kann: durch Umsetzung von C_{60} mit Trifluormethyliodid, CF_3I. Dabei werden bis zu 14 Trifluormethylgruppen am C_{60} verankert.[144] Die Verbindung $C_{60}(CF_3)_{14}$ ist thermisch bis über 200 °C stabil und wird von wäßriger Schwefelsäure und Natronlauge nicht verändert. Ob sich daraus ein marktfähiges Produkt entwickeln läßt – diese Frage ließen die Forscher unbeantwortet. Denn Kenner der Materie sind mit ihren voreiligen Prophezeiungen zurückhaltend geworden.

Die große Neigung der Fullerene zu radikalischen Additionen wird zur Herstellung von hochvernetzten Polymeren ausgenutzt. Von der Polymerisation von Fullerenen und Fulleren-Derivaten verspricht man sich Materialien (Kunststoffe) mit neuen interessanten Eigenschaften. Es wurden unter anderem Polymere und Polyester auf der Basis von C_{60}-Urethanen und -Estern hergestellt.

Außerdem zeigten Untersuchungen von Fullerit mit hochauflösender Elektronen-Mikroskopie, daß es unter den C_{60}-Bällen durch das UV-Licht einer Quecksilberlampe auch zu direkter radikalischer Polymerisation kommen kann. Dabei scheinen sich jeweils benachbarte Fulleren-Käfige wechselseitig aufzubrechen, so daß schließlich eine röhrenförmige Struktur entsteht.[145] Dadurch ändert sich dessen Löslichkeit in organischen Lösungsmitteln rapide. Unbelichtete C_{60}-Filme lösen sich innerhalb weniger Sekunden in Toluol, während belichtete Filme selbst mehrstündiges Erhitzen in Toluol unbeschadet überstehen. Im Massenspektrum fanden die Forscher Kohlenstoff-Komplexe mit bis zu zwanzig Käfigmolekülen.

Inzwischen ist es auch gelungen, Fullerene an Naturstoffe zu koppeln (Peptide, Fette, Kohlenhydrate) und wasserlösliche Derivate herzustellen. Letzeres ist eine wichtige Voraussetzung für biologische Aktivität. Wie Experimente von F. Wudl[146] von der University of California in Santa Barbara nahelegen, hemmt ein wasserlösliches C_{60}-Derivat* die Vermehrung der Immunschwächeviren HIV 1 und HIV 2, indem es, bedingt durch Größe und Form des Fullerens, das aktive Zentrum eines für die Vermehrung des Erregers unerläßlichen Enzyms, der Protease, blockiert.

Wie erste Laborversuche zeigen, beeinträchtigt die Fulleren-Verbindung die Vermehrung des Aids-Erregers sowohl bei akut als auch bei chronisch infizierten Zellen. Im Gegensatz dazu ist der bekannteste AIDS-Wirkstoff, das Azidothymidin (AZT), nur bei akut infizierten Zellen wirksam. Seine Wirkung beruht auf der Hemmung der reversen Transkriptase (RNS-abhängige DNS-Polymerase). Damit wird die zur Replikation von Retroviren erforderliche Umschreibung der genetischen Information von RNS in DNS blockiert.

Allerdings hemmt das Fulleren die Protease erst bei einer 1000fach höheren Konzentration als die meisten bislang erprobten Proteaseblokker. Diese haben gegenüber dem Fulleren jedoch einen schwerwiegenden Nachteil: Sie sind in Wasser nur wenig löslich und werden daher vom Organismus auch nur schwer aufgenommen.

Zwar sind diese ersten Ergebnisse über die Wirksamkeit des Fullerens gegen das AIDS-Virus sehr ermutigend. Ob sich aber hinter diesen Stu-

---

* Bis(phenetylamino-succinat), BSBAD-C_{60}.

dien tatsächlich ein bedeutendes Anwendungsgebiet verbirgt, müssen weitere Untersuchungen erst noch zeigen.

Hetero-Fullerene

Bei der Substitution einzelner Kohlenstoff-Atome in den Gerüsten der Fullerene durch andere Elemente entstehen Derivate, die man als *Hetero-Fullerene* bezeichnet. Die Symmetrie und elektronische Struktur der Moleküle werden dadurch allerdings gebrochen. Die weitaus größte Bedeutung besitzen die Bor-Kohlenstoff-Cluster. Beispielsweise werden bei der Laser-Verdampfung eines Graphit/Bornitrid-Gemisches (C/BN) C-Atome des C_{60}-Polyeders durch Bor-Atome ersetzt, wobei Verbindungen wie $C_{59}B$, $C_{58}B_2$ und $C_{56}B_4$ entstehen.[147] In solch einem «Dopey-Ball» zeigen nun die Bor-Atome die normale Chemie von Bor-Verbindungen. So bindet etwa jedes Bor-Atom als Elektronenpaar-Akzeptor (Lewis-Säure) ein Molekül Ammoniak (NH_3) über dessen freies Elektronenpaar (Lewis-Base). Damit schlagen die Bor-Fulleren-Cluster eine Brücke zu den seit 1962/63 bekannten *Carbaboranen* wie CB_5H_9, $C_2B_4H_8$, $C_3B_3H_7$ und $C_4B_2H_6$. Berechnungen zufolge sollte sogar ein C–B–N-Fußball der Zusammensetzung $C_{12}B_{24}N_{24}$ (Abbildung 91) ähnlich stabil sein wie Fulleren-60. Das Problem dürfte aber in der Darstellung dieser Verbindung liegen, die wohl nur über eine gezielte chemische Synthese zu erhalten ist.

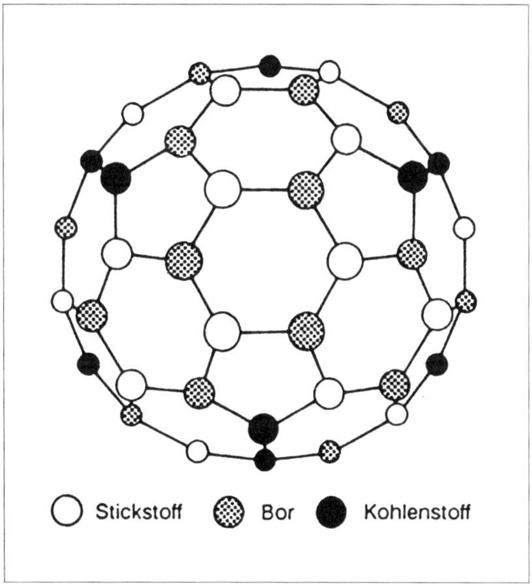

Abb. 91
Hypothetische Struktur für $C_{12}B_{24}N_{24}$.

Endohedrale Verbindungen

Die perfekte Leere des zum Beispiel 0.71 nm großen Hohlraums von C_{60} mit Fremdsubstanzen zu füllen, gelang mit einer breiten Palette von Atomen. Selbst so Schwergewichte wie Uran (U) oder Lanthan (La) sind schon in einen Fulleren-Container eingesperrt worden. Sind die Atome einmal physikalisch inhaftiert, so werden sie durch eine hohe Energiebarriere am Verlassen ihres Gefängnisses gehindert. Derartige Einschluß- oder *endohedrale* Verbindungen (Symbol @) bilden eine vollkommen neue Klasse von Materialien mit interessanten Eigenschaften.

Bisher sind zwei fundamental verschiedene Prinzipien zur Realisierung endohedraler Fulleren-Komplexe beschritten worden: Man kann entweder bei der Fulleren-Produktion das einzuschließende Element dem zu verdampfenden Graphit beimengen und den Kohlenstoff-Cluster um das Atom herumwachsen lassen oder das Atom nachträglich in den Fulleren-Käfig hineinschießen.

So gelang es Smalley und Mitarbeitern in einigen Fällen schon 1985, durch Laser-Verdampfung von mit Metalloxiden imprägniertem Graphit endohedrale Metall-Fullerene $Me@C_n$ (mit Me = La, Sc, Ni, K, Cs und n = 60, 70, 74, 82) herzustellen und massenspektrometrisch zu detektieren. $La@C_{82}$ konnte dann 1991 als erste endohedrale Verbindung in präparativen Mengen isoliert werden. Es scheint hierbei eine echte, auf Elektronenaustausch basierende, nach innen gerichtete chemische Bindung vorzuliegen. Es bilden sich salzartige $Me^{2+}@C_n^{2-}$-Komplexe, beispielsweise $La^{2+}@C_{82}^{2-}$, wobei das «dritte» Elektron im Käfighohlraum delokalisiert ist, oder $Me^{3+}@C_n^{3-}$-Ionen. Die experimentellen Untersuchungen haben sogar ergeben, daß $La@C_{60}$ stabiler ist als der reine Kohlenstoff-Cluster.[148] Mittlerweile sind auch stabile Dimetallo-Fullerene, das heißt mehrfach dotierte Einschlußkomplexe von zwei und drei Atomen nachgewiesen worden, beispielsweise $Y_2@C_{80}$, $La_2@C_{82}$ und $Sc_3@C_{82}$.

Man kann das einzuschließende Element aber auch mit dem Kühlgas bereitstellen. In dieser Weise konnten amerikanische Chemiker die Verbindung $Fe@C_{60}$ herstellen, indem sie dem Helium gasförmiges Eisenpentacarbonyl, $Fe(CO)_5$, zumischten.[149] Der Kristall $Fe@C_{60}$ erwies sich als außerordentlich hart. Allerdings wurde bei dieser Methode das kubisch-flächenzentrierte Gitter von C_{60} modifiziert, es entstand eine völlig überraschende Struktur: helikale Anordnungen, ähnlich der DNS-Doppelhelix. Das neue Material, die Forscher nannten es *Rhon-*

dite, ist extrem korrosionsbeständig und hat eine Abriebfestigkeit, die dreimal so hoch ist wie die von Hartmetall-Legierungen aus Chrom, Kobalt und Wolfram.

Die zweite Variante zur Herstellung endohedraler Verbindungen, das Eindringen in ein intaktes Fulleren, wurde zunächst an der TU Berlin[150] und später in zahlreichen anderen Laboratorien verwirklicht. Es konnte gezeigt werden, daß die Edelgase Helium und Neon in C_{60} (oder C_{70}) eingebaut werden, wenn hochbeschleunigte C_{60}^{+}-Ionen durch eine stationäre Edelgas-Atmosphäre geschossen werden. Es bilden sich endohedrale Fulleren-Edelgas-Komplexe wie $He@C_{60}^{+}$, $He@C_{70}^{+}$ und $Ne@C_{60}^{+}$, bei denen das Edelgas in den Innenraum des Fullerens eingedrungen sein muß, ohne daß die Käfige zerstört wurden. Es wird vermutet, daß bei der Inkorporation von He eine oder mehrere Bindungen des Fullerens gebrochen werden und dadurch ein temporäres Fenster entsteht, welches das Eindringen des Heliums in den Käfig erlaubt. Allerdings dürfte es sich hierbei eher um ein Gefangensein als um eine chemische Bindung des Edelgases handeln. Ganz anders sieht das Ergebnis mit größeren Stoßgasen wie Argon oder Wasserstoff aus. Hier erfolgt eine Fragmentierung der Cluster durch C_n-Abspaltung ($n = 2$, 4 und 6).

Die meisten endohedralen Metall-Fullerene sind in Toluol oder Pyridin löslich und können heute mit diesen Lösungsmitteln extrahiert und in geringen Mengen gewonnen werden. Unterdessen deuten die inzwischen erzielten Untersuchungsergebnisse darauf hin, daß sich nicht, wie ursprünglich angenommen, jedes Atom oder Molekül, das vom Durchmesser her zum Beispiel in C_{60} hineinpassen würde, auch dahin hineinpraktizieren läßt. Ein stabiler Einschlußkomplex scheint sich nur zu bilden, wenn zwischen den Elektronenwolken von *Wirt* (Fulleren) und *Gast* (Fremdsubstanz) gewisse Verträglichkeiten bestehen.[151]

Welche technischen Anwendungen könnte es für endohedrale Fulleren-Komplexe geben? Der Einbau von redoxaktiven Metallatomen (Schwermetallionen) baut ein elektrisches Potentialgefälle zwischen dem Inneren und der Hülle der Fullerene auf (z.B. $La^{2+}@C_{82}^{2-}$). In Zusammenhang mit der Beobachtung, daß C_{60} bis zu sechs Elektronen aufnehmen und auch wieder abgeben kann, werden endohedrale Verbindungen als Elektrodenmaterial für Batterien und Akkumulatoren diskutiert. Die erreichbaren Ladungsspeicherdichten für C_{60} liegen heute bei 804 Coulomb pro Gramm (C/g) bzw. 1028 Coulomb pro Kubikzentimeter

(C/cm^3); im Vergleich dazu: Bleiakku 807 C/g bzw. 7712 C/cm^3. Im Volumenvergleich, der zum Beispiel bei Anwendungen in Elektrofahrzeugen ausschlaggebend ist, schneidet C_{60} also siebenmal schlechter ab als Blei.

Die Fragen der Langzeitstabilität, Wiederaufladbarkeit und der maximal erreichbaren Leistungsdichten sind bisher noch nicht ausreichend untersucht. In jedem Fall würden solche Fulleren-Materialien auf die Konkurrenz der bereits existierenden Polymere treffen, wobei sie unter Umständen im Vergleich zu diesen eine höhere Stabilität aufweisen könnten. Ebenso wie bei den Polymeren stünde einem technischen Einsatz aber das Problem der prinzipiell geringeren Leistungsdichte im Vergleich zu herkömmlichen Batterien auf Metallbasis gegenüber.

Besonders intensiv wird darüber spekuliert, daß sich im Rahmen medizinischer Anwendungen Fullerene als mikroskopisch kleine Transportbehälter für pharmazeutische Wirkstoffe oder radioaktive Isotope in die Blutbahn des menschlichen Körpers injizieren ließen, wo sie die Wirkstoffe gezielt an den Ort eines Krankheitsherdes transportieren könnten. Dem stehen aber zwei große Hindernisse entgegen. Zum einen herrschen bei der Fulleren-Herstellung Temperaturen von mehreren tausend Grad. Von Medikamenten bleibt da nichts übrig, außer Ruß. Zum anderen ist zum Beispiel der Hohlraum von C_{60} für die meisten Wirkstoffe viel zu klein. Geeignete Fullerene müßten aus mehreren hundert C-Atomen bestehen, sie treten aber im Fulleren-Ruß nicht in nennenswerten Mengen auf. Außerdem ist es auch sehr zweifelhaft, ob eine solche Verpackung Vorteile böte. Die Käfigstruktur ist nämlich so stabil, daß ein Wirkstoff, einmal eingeschlossen, kaum wieder freigesetzt werden kann. Es existieren bisher keine Ideen, wie sich ohne den Kollaps der Struktur «Fenster» schaffen ließen, um den Eintritt von Molekülen und deren Wiederaustritt am Zielort im Körper zu erlauben. Darüber hinaus liegen, wie bereits erwähnt, noch keine Kenntnisse über das toxische Potential der Fullerene vor.

Auch die Verwendung der Fullerene als Trägermaterial von radioaktiven Isotopen in der Nuklearmedizin erscheint wenig wahrscheinlich, wenn man die Schwierigkeiten bei der Herstellung endohedraler Fullerene bedenkt. Außerdem verlangt die Kurzlebigkeit der medizinisch verwendeten Isotope eine schnelle Produktion und Aufarbeitung der Verbindungen. Beides scheint mit Fullerenen nicht gegeben.[152]

Exohedrale Komplexe

Kristallines Fulleren-60 ist, im Gegensatz zum metallisch leitenden Graphit und zum isolierenden Diamant, ein direkter n-Typ-Halbleiter (Leitfähigkeit etwa 10^{-7} S/cm) mit einer verhältnismäßig niedrigen Bandlücke von nur rund 200 kJ/mol (Diamant 525, Silicium 105 kJ/mol). Dadurch, daß die Kohlenstoff-Bälle auch innerhalb der Kristallstruktur nahezu frei in sämtliche Richtungen rotieren können, besteht eine gewisse Ähnlichkeit zu amorphem Silicium, aus dem sich Solarzellen herstellen lassen. Diese Eigenschaften lassen, auch wenn ihre Bedeutung noch genauer erforscht werden muß, einen ganz neuen Typ von Halbleitern erwarten.

Großes Aufsehen erregte 1991 die Entdeckung von R. C. Haddon und Mitarbeitern von den AT & T Bell Laboratorien in Murray Hill (New Jersey), daß die elektrische Leitfähigkeit von C_{60} um mehrere Größenordnungen erhöht werden kann, wenn man einen dünnen C_{60}-Film mit dem Element Kalium (K) als Elektronenspender bedampft.[153] Mit zunehmender Dotierung erhöhte sich die Leitfähigkeit, um für die Zusammensetzung K_3C_{60} («Kalium-Buckid») ein Maximum von 500 S/cm zu erreichen. Dies ist ein Wert, der auch typisch für n-dotierte «metallisch leitfähige Polymere»[154] ist. Bei weiterer Dotierung reduziert sich die Leitfähigkeit und bei voller Dotierung (K_6C_{60}) ist sie wieder sehr gering. Diese Eigenschaftsänderung läßt sich mit bloßem Auge bei der Dotierung dünner C_{60}-Filme an einer Farbänderung von gelb nach grauschwarz mit steigendem Dotierungsgrad verfolgen.

Das Dotieren mit Fremdatomen führt allerdings nicht zu einer endohedralen Metall-Fulleren-Verbindung, sondern die «Gäste» werden *exohedral*, das heißt außerhalb des Kohlenstoff-Käfigs in die zwischen den einzelnen Bällen unbesetzten Tetraeder- und Oktaederlücken des flächenzentriert-kubischen Gitter eingebaut. Solche kristallinen Gittereinschlußverbindungen bezeichnet man auch als *Clathrate*. Die Alkaliatome befinden sich zum Beispiel in den tetraedrischen Gitterlücken zwischen den C_{60}-Molekülen, die untereinander in Berührung bleiben, so daß die besetzten π-Orbitale der C-Atome weiterhin überlappen können. Diese Elemente geben wie in einem anorganischen Salz (KCl) ihr einzelnes Valenz-Elektron an freie Zustände des C_{60}-Leitungsbandes ab[155], wodurch die elektrische Leitfähigkeit ansteigt. Dadurch bekommen die Verbindungen eine polare Struktur: $K^+C_{60}^-$. Bei drei K^+-Gegenionen pro C_{60} ist das Leitungsband gerade halb gefüllt, und man beobachtet maximale Leitfähigkeit. Dagegen ist bei K_6C_{60} das Leitungsband vollständig gefüllt, so daß die Leitfähigkeit verschwindet.

Bei Graphit und zahlreichen konjugierten Polymeren ist neben n-Dotierung auch p-Dotierung möglich. In vielen Laboratorien versucht man deshalb, Fullerene mit Elektronenakzeptoren herzustellen. In diesem Fall würde das Valenzband teilweise entleert werden. Es ist aber noch völlig offen, ob das gelingen wird.

Charakteristisch für diese exohedralen Fulleren-Verbindungen oder *Fulleride* ist die stufenweise Einlagerung des Reaktionspartners in das Gitter: Bei der Dotierung mit Alkalimetallen (A) treten zum Beispiel neben der undotierten Phase drei weitere Phasen auf, nämlich A_3C_{60}, A_4C_{60} und A_6C_{60}. Dabei ändert sich die Struktur von C_{60} nur wenig. Das kubisch-flächenzentrierte Gitter geht durch die Einlagerung der Alkalimetalle in ein kubisch-raumzentriertes Gitter über (Abbildung 92). Jedes C_{60} ist zum Beispiel von 24 K-Atomen und jedes K-Atom tetraedrisch von 4 C_{60}-Molekülen umgeben (vgl. Farbtafel 7). Um so mehr überrascht es, daß durch die Dotierung mit Alkalimetallen die freie Rotation der C_{60}-Bälle im Gitter bereits bei Raumtemperatur aufgehoben ist.

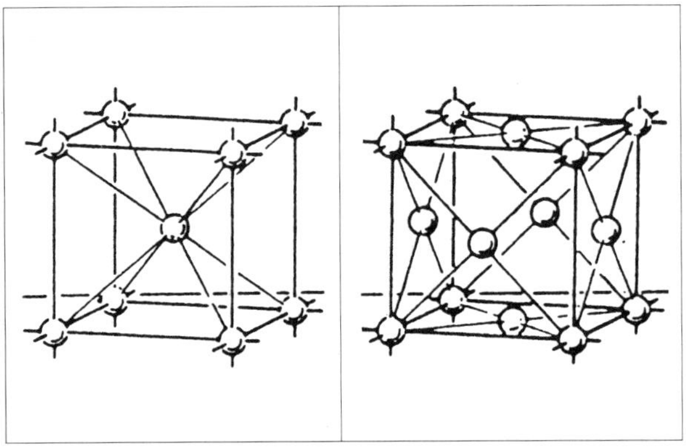

Abb. 92
Kubisch-raumzentrierte (links) und -flächenzentrierte (rechts) Elementarzelle.

Das n-dotierte Kalium-Buckid, K_3C_{60}, erwies sich als eine stabile, kristallographisch geordnete Verbindung mit einer äußerst interessanten Eigenschaft: Sie besitzt metallischen Charakter und verliert bei Temperaturen unterhalb von minus 253.85 °C (19.3 Kelvin) jeglichen Widerstand für elektrischen Strom, sie geht also plötzlich in den supraleitenden Zustand über.[156] Im Vergleich dazu: Kalium-dotiertes Graphit, KC_8, wird erst bei einer Sprungtemperatur (T_c) von minus 272.6 °C (0.55 K) supraleitend[157], etwa ein halbes Grad über dem absoluten Nullpunkt der Temperatur (minus 273.15 °C bzw. 0 Kelvin).

Die analoge Rubidium-Verbindung Rb_3C_{60} besitzt mit T_c = 28 K eine noch höhere Sprungtemperatur der Supraleitung. Mit anderen Alkali- oder Erdalkalimetallen (Cs, Ca, Sr, Ba) wurden sogar noch höhere Übergangstemperaturen erzielt. Die bisher höchste Sprungtemperatur liegt bei T_c = 48 K und wurde von Forschern der amerikanischen Firma Allied-Signal (Morristown, New York) in der Rubidium-Thallium-Verbindung $RbTl_2C_{60}$ gefunden.[158] Meldungen über Supraleitung in Iod-dotierten Proben mit T_c = 60 K haben sich unterdessen als falsch erwiesen.

Damit etablieren diese exohedralen Metall-Fulleren-Komplexe eine neue Klasse von Hochtemperatur-Supraleitern (HTSL). Die Sprungtemperaturen sind schon heute weit höher als die anderer bekannter molekularer Supraleiter, sie werden nur noch von den 1986 durch die deutschen Nobelpreisträger Alex Müller und Georg Bednorz entdeckten oxidischen Keramiken auf Cupratbasis übertroffen, welche T_c-Werte bis etwa 125 K ($Tl_2Ba_2Ca_2Cu_3O_{10}$) aufweisen.

Supraleiter lassen den elektrischen Strom ohne Widerstand und damit frei von Energieverlusten passieren* – durch Transport und Speicherung geht bei gewöhnlichen Leitern ein erheblicher Teil der eingesetzten Strommenge verloren. Hier sieht man sofort den riesigen Vorteil der Supraleiter: Ein Supraleiter benötigt für den Dauerbetrieb keine weitere Energiezufuhr mehr, da der Strom verlustfrei «ewig» fließt. Energie wird hier nur beim Anschalten benötigt.

Setzt der Effekt der Supraleitung erst wenige Grade oberhalb des absoluten Temperatur-Nullpunktes ein, so müssen die Leiter sehr aufwendig mit flüssigem Helium gekühlt werden. Aus diesem Grund gelten die Cuprat-Hochtemperatur-Supraleiter, die schon oberhalb

* Eine Erklärung für das 1911 von dem niederländischen Physiker Heike Kamerlingh-Onnes entdeckte Phänomen der Supraleitung lieferten 1957 die amerikanischen Physiker John Bardeen, Leon Cooper und John Schrieffer (Phys. Rev. Lett. 108, S. 1175). Nach ihrer (BCS-) Theorie vermitteln die Schwingungen des Kristallgitters unterhalb einer materialspezifischen kritischen Temperatur (T_c) eine anziehende Kraft zwischen je zwei Elektronen mit entgegengesetztem Spin («Drehung um die eigene Achse») und Impuls. Die Elektronen «kondensieren» zu sogenannten *Cooper-Paaren*, die sich prinzipiell im Zustand niedrigster Energie befinden und nicht mehr an den Gitterbausteinen gestreut werden. Dadurch verschwindet der elektrische Widerstand.

der Siedetemperatur von flüssigem Stickstoff (77 K) arbeiten, als technische Sensation. Gegenüber Helium ist flüssiger Stickstoff nicht nur leichter handhabbar und etwa 100mal billiger, er ist auch unbegrenzt vorhanden (mit 78 Vol.-% ist Stickstoff das häufigste Element der Erdatmosphäre).

Dieses enorme Potential, gepaart mit der Perspektive einer Supraleitung bei Raumtemperatur, die nicht mehr wie früher für unmöglich gehalten wird*, hat weltweit zu einer gewaltigen Forschungs- und Entwicklungsaktivität geführt. Insbesondere die Japaner entwerfen phantastische Zukunftsszenarien, in denen Schwebebahnen, Schiffe, Energiespeicher, Brennstoffzellen und Stromkabel die Welt entscheidend mitgestalten könnten.

Da sich tiefe Temperaturen bis hinab zu etwa minus 253 °C (20 K) relativ leicht realisieren lassen, kommt den supraleitenden Alkali-Fullerenen auch technisches Interesse zu. Dies gilt um so mehr, als sie in mancherlei Hinsicht den weltweit favorisierten Cupraten sogar überlegen sind, so vor allem durch ihre höhere Isotropie – gleicher Stromtransport in alle drei (!) Raumrichtungen – und größere Ausdehnung (Kohärenzlänge) der für die Supraleitung verantwortlichen Elektronen- bzw. Cooper-Paare. Dadurch lassen sich wesentlich höhere Stromdichten erzeugen. Auf dünne Flächen aufgedampft und entsprechend dotiert, könnten so supraleitende mikroelektronische Bauteile gefertigt werden. Eine denkbare Anwendung ist die Verdrahtung von Halbleiterelementen auf einem Rechnerchip durch supraleitende C_{60}-Filme. Dadurch könnten unter anderem die starken Wärmeverluste abgesenkt werden, die in einem Personal Computer durch einen Ventilator abgeführt werden. Die Bauteile könnten auch erheblich höhere Rechnergeschwindigkeiten ermöglichen.

Zahlreiche Forschergruppen sind dabei, die Fullerene mit verschiedenen Metallen zu bestücken, in der Hoffnung, damit die Rekordleistungen der keramischen HTSL zu übertreffen. Doch vorerst sind die aus Fulleriden aufgebauten Supraleiter für den praktischen Einsatz noch nicht geeignet. Die dotierten C_{60}-Supraleiter sind, bedingt durch die Reaktivität der Alkalimetalle (K, Rb, Cs), außerordentlich instabil, sie sind wasserempfindlich und entzünden sich explosionsartig an der Luft. Undotierte

* Französische Forscher erzielten 1993 mit einer Kupferverbindung schon bei minus 23 °C Supraleitung (Science, 17.12.1993); der Nachteil: die Verbindung zersetzt sich an der Luft.

Fullerene hingegen sind an der Luft stabil. Alle Experimente können daher nur im Vakuum oder in einer Edelgas-Atmosphäre durchgeführt werden. Eine technische Anwendung dieser Substanzen scheint daher sehr zweifelhaft. Dennoch oder gerade deshalb wird auf diesem Gebiet sehr intensiv geforscht. Der Grund liegt zum einen darin, daß sich an den relativ einfachen und überschaubaren Fulleren-Verbindungen die supraleitenden Eigenschaften besser und eindeutiger studieren lassen als zum Beispiel an den komplizierten keramischen Oxid-Supraleitern. Zum anderen hat sich gezeigt, daß ähnlich empfindliche, dotierte konjugierte Polymere in der Technik schließlich doch angewandt werden konnten.

Ein anderes hochinteressantes Phänomen entdeckten 1991 Physiker von der New Yorker State University.[159] An C_{60}-TDAE, einer exohedralen Verbindung zwischen C_{60} und Tetrakis(dimethylamino)ethylen, $C_2N_4(CH_3)_8$, beobachteten die Forscher *Ferromagnetismus*, also jene attraktive Eigenschaft, die man von einem Stabmagneten her kennt. Werner Heisenberg hatte 1928 vorausgesagt, daß Ferromagnetismus nur bei schweren Elementen wie Metallen auftreten könne. Es sollte also ausgeschlossen sein, daß organische Substanzen, die aus leichten Elementen bestehen, ferromagnetische Eigenschaften haben. Vergeblich wurde immer wieder versucht, diese Behauptung zu widerlegen. Mit der Herstellung von C_{60}-TDAE scheint das nun gelungen zu sein. Es ist die erste ferromagnetische Substanz, die kein Metall enthält, sondern nur aus den leichten Elementen Kohlenstoff, Stickstoff und Wasserstoff besteht (Abbildung 93). Eine Erklärung dafür gibt es noch nicht.

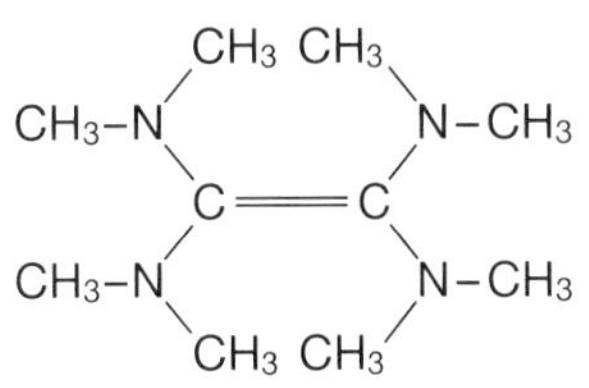

Abb. 93
Das Molekül TDAE: Tetrakis(dimethylamino)-ethylen, $C_2N_4(CH_3)_8$.

Außer den Elementen Eisen, Nickel und Kobalt besitzen nur wenige Stoffe, besonders Legierungen, ferromagnetische Eigenschaften. Ein äußeres Magnetfeld ruft in diesen Materialien eine innere Magnetisierung mit gleicher Feldrichtung hervor. Ferromagnetismus entsteht, wenn die magnetischen Einzelmomente (Spin- oder Eigendrehimpulsvektoren) von vielen Elektronen parallelgerichtet sind. Dann addieren sich die Magnetfelder der einzelnen Elektronen zu einem starken resultierenden Kollektivmagnetismus. Das von außen angelegte Feld wird dadurch verstärkt.

Erhitzt man einen Magneten, so gibt es eine bestimmte Temperatur, den Curie-Punkt T_C, bei der der Magnetismus plötzlich verschwindet. Beim Abkühlen unter die Curie-Temperatur taucht er plötzlich wieder auf. Bei Eisen beträgt T_C zum Beispiel 744 °C. Ein weiteres Kennzeichen von Ferromagneten ist ihre Remanenz. Das ist diejenige Magnetisierung, die bleibt, selbst wenn man das äußere Feld abschaltet. Daher haben die häufig als Dauermagneten bezeichneten Materialien viele technische Anwendungen, z.B. in Elektromotoren oder Tonbändern, gefunden.

Das ferromagnetische Verhalten des C_{60}-TDAE-Komplexes ist allerdings nur eine Laborkuriosität, eine technische Anwendungsmöglichkeit erscheint äußerst unwahrscheinlich, da zum einen die Curie-Temperatur mit minus 257.05 °C (16.1 K) viel zu niedrig ist und zum anderen keine magnetische Remanenz vorliegt. Man erwartet, daß exohedrale Fulleren-Verbindungen mit wesentlich höheren Übergangstemperaturen gefunden werden.

In die relativ großen, wohldefinierten Tetraeder- und Oktaederlücken des fcc-Gitters von C_{60} lassen sich exohedral auch eine ganze Reihe von Gasen, zum Beispiel molekularer Sauerstoff, Stickstoff, Ammoniak, Kohlendioxid und Edelgase, oder auch Lösungsmittelmoleküle wie Toluol, Hexan und Ether einlagern. Im Temperaturbereich zwischen 20 und 450 °C konnte eine reversible Aufnahme und Abgabe der Gasmoleküle beobachtet werden. C_{60} wurde deshalb als ein Gasspeicher oder auch als Mittel zur Gastrennung vorgeschlagen.

Neuere Untersuchungen haben jedoch gezeigt, daß die erreichbaren Speicherdichten und maximalen Trennkoeffizienten viel zu gering sind, als daß sich eine mögliche Anwendung für C_{60} realisieren ließe. Zudem sind die Bindungskräfte der Gase an den C_{60}-Kristall so schwach, daß keine Differenzierung zwischen verschiedenen Gassorten erfolgt. Eine Eignung als Gasseparator wird damit zumindest für Fulleren-60 ausgeschlossen.[160]

Kapitel 9
Schlußbetrachtung und Ausblick

Weshalb die Fullerene sowohl auf den Forscher als auch auf den Laien eine so große Faszination ausüben, ist leicht zu erklären. Zum Teil ist die Euphorie sicherlich auf den «Schock» zurückzuführen, daß ein alter Bekannter, der Kohlenstoff, der wichtigste Grundstoff irdischen Lebens, lange Zeit ein großes Geheimnis bewahrt hat. Vor der Entdeckung von Fulleren durch Smalley und Kroto (1985) dachte die Wissenschaft, das Element Kohlenstoff sei verstanden. Aber dann zeigte sich, daß man überhaupt nichts verstanden hatte. In Wirklichkeit ist der flache Graphit, wie man ihn aus den Lehrbüchern kennt, nur der abstrakte Grenzfall einer einzigen Struktur. Es wurden völlig neue, auf dem Element Kohlenstoff beruhende Strukturen entdeckt. Sie reichen vom hochsymmetrischen C_{60}, das die Form eines Fußballs hat, über das chirale, doppelt-helikale Fulleren C_{76} und röhrenförmige Kohlenstoff-Fasern bis hin zu dreidimensionalen Kohlenstoff-Netzwerken.

Es deutet aber einiges darauf hin, daß das «Bucky-Fieber» mehr als eine intellektuelle Krise der Chemie ist. Zum einen gibt es mit dem C_{60}-Molekül zum ersten Mal in der Chemiegeschichte eine Verbindung, deren räumlichen Aufbau sich jeder, aber auch wirklich jeder vorstellen kann. Zum anderen sind die Fullerene die Kinder reiner Grundlagenforschung. Ihre unerwartete und leichte Geburt, ihre Jugend, die noch frei ist von jedem schlechten Ruf, und ihre reizvollen Formen sind weitere Merkmale, die gewiß dazu beigetragen haben, daß die «*Moleküle zum Kugeln*»[161] seit 1990 die am intensivsten untersuchten Objekte in der Chemie sind.

Nachdem es Krätschmer und Huffman gelungen war, größere Mengen von Fullerenen auf sensationell einfache Weise herzustellen (1990), überschlugen sich in aller Welt die Hypothesen hinsichtlich der Anwendbarkeit dieser Stoffe. Beispiele hierfür sind der Einsatz dieser Verbindungen als Katalysatoren, als NLO-Material, als Halb- oder Supraleiter in der Mikroelektronik, die Verwendung der Fullerene in leichtgewichtigen Batterien, zur Herstellung diamantartiger Schichten oder als Ausgangsmaterial für neuartige Polymere und allgemein chemische Derivate.

Mit diesen Materialien sind inzwischen eine Reihe hochinteressanter Experimente durchgeführt und wichtige erste Erkenntnisse gesammelt worden. Wenn auch für das C_{60}-Molekül und die aus ihm aufgebauten Verbindungen bereits umfangreiche Untersuchungsergebnisse vorliegen, so muß die Fulleren-Forschung insgesamt doch eher als im Anfang begriffen betrachtet werden.

Nur wenige Familienmitglieder konnten bisher mit physikalischen Methoden eingehend charakterisiert werden. Das liegt hauptsächlich an der ziemlich schlechten Ausbeute, mit denen die höheren Homologe wie C_{76}, C_{78}, C_{84} und C_{90} beim Krätschmer-Huffman-Verfahren entstehen. Aufbau und Eigenschaften dieser Verbindungen sind daher noch weitgehend unbekannt. Präparation, Trennung und Ermittlung ihrer Struktur dürften noch längere Zeit ein spannendes Forschungsthema bleiben. Das gleiche gilt für die Bucky-Tubes und die zwiebelähnlichen Bucky-Onions (Hyper-Fullerene).

Was die chemischen Eigenschaften von Fulleren anbelangt, gehen die Meinungen weit auseinander. Zum einen gibt es Spekulationen, daß sie eine neue Ära der Organischen Chemie begründen. So läßt sich die Euphorie des Mitentdeckers Richard Smalley nachvollziehen, als er sagte: «*Wenn ich morgens aufwache und an Fullerene denke, ist es mir, als sei das Benzol neu erfunden worden.*» Zum anderen gibt es vorsichtigere Einschätzungen, wonach diese Stoffe auf absehbare Zeit nur in Form von Spezialchemikalien eine Rolle spielen werden. Ganz allgemein besteht aber Übereinstimmung darin, daß die chemische Modifizierung von Fullerenen wahrscheinlich zu ihrem bedeutendsten Einsatzgebiet führen wird.

Große Erwartungen hegt ein Großteil der Forscher bezüglich der Eigenschaften der endohedralen, also der im Innenraum dotierten Fullerene. Obwohl die Entwicklung hier sehr langsam voranschreitet und noch kein etabliertes Verfahren zur Herstellung makroskopischer Mengen existiert, ist die wissenschaftliche Attraktivität dieses Gebietes so groß, daß weltweit eine kaum überschaubare Zahl von Forschergruppen daran arbeitet. Ob mit diesen Substanzen jemals Anwendungen realisiert werden können und ob es jemals gelingt, größere Mengen herzustellen, ist jedoch völlig offen. Ähnliches läßt sich auch für die Hetero-Fullerene sagen.

Einige interessante Ergebnisse deuten darauf hin, daß Fullerene vielleicht als Trägermaterial für Katalysatoren, wie man sie zum Beispiel beim Haber-Bosch-Verfahren zur Synthese von Ammoniak benötigt, eingesetzt werden können. Oder sie zeigen, daß Fullerene nach Dotierung mit Alkali- oder Erdalkalimetallen in den supraleitenden Zustand übergehen. Allerdings setzt eine mögliche technische Verwertung dieser exohedralen Komplexe voraus, daß die außerordentlich hohe Empfindlichkeit dieser Materialien gegenüber Luft und Wasser durch geeignete Passivierung ausgeschaltet wird.

Die stellenweise euphorischen Erwartungen, die an den Einsatz der «Wundermoleküle» geknüpft werden, haben schon mehrfach einer eher nüchternen Betrachtung weichen müssen. Von einer «neuen Ära der Chemie» bleibt da zunächst wenig übrig. Sicherlich besitzt Fulleren ein großes Innovationspotential. Synthese und Charakterisierung von Alkalimetall-dotierten Fullerenen, die Supraleitfähigkeit zeigen, die Darstellung eines organischen Ferromagneten auf Fulleren-Basis und die Umwandlung von Fulleren in Diamant sind nur die Spitze eines Eisbergs mit hohem technologischem Potential. Aus heutiger Sicht wird es aber noch einige Jahre intensiver Forschungs- und Entwicklungsarbeit bedürfen, bis sich marktfähige Produkte herauskristallisieren. Die hier angesprochenen Themen werden voraussichtlich noch längere Zeit für die Forschung ergiebig bleiben.

Eine Entwicklung, die sich jetzt schon abzeichnet, ist ein verstärkt systematisches und vor allem interdisziplinäres Vorgehen bei der Suche nach neuen (polymeren) Kohlenstoff-Modifikationen. Das könnte zu einer wesentlichen Vertiefung der grundlegenden Kenntnisse über die aus Kohlenstoff aufgebaute Materie führen und völlig neue Perspektiven für technologische Entwicklungen bieten.

Zwei Schwerpunkte künftiger Entwicklungen sind absehbar: Zum einen die Optimierung von Herstellungsverfahren, um auch höhere Fullerene unter kontrollierten Bedingungen und in größeren Mengen aus billigen Rohstoffen wie Erdöl oder Kohle zu erzeugen. Die Fulleren-Chemie wird um so rascher an Bedeutung zunehmen, je eher es gelingt, die im Vergleich zu Ethylen, Propylen oder Benzol nach wie vor hohen Herstellungskosten zu senken. Zum anderen kann man davon ausgehen, daß die Erforschung von Methoden zur Darstellung endohedraler Fullerene, die sich als molekulare Transportbehälter eignen, das heißt, eine gesteuerte und reversible Freisetzung ihrer «Häftlinge» ermöglichen, eines der entwicklungsträchtigsten Gebiete der Fulleren-Chemie sein wird und einige spektakuläre Entdeckungen zu erwarten sind. Das gilt sowohl für das grundlegende Verständnis neuartiger Molekülstrukturen als auch für den Bereich der anwendungsbezogenen Materialwissenschaften.

Es ist allerdings völlig offen, ob auch nur einer der in diesem Buch geschilderten Entwicklungsansätze wirklich zu einer neuen Innovation führen wird. Vieles ist noch zu frisch, um endgültig eingeordnet oder abschließend beurteilt zu werden. Nur eines scheint gewiß: Für die zukünftigen Roboter der Nanotechnologie dürften die Bucky-Balls die optimale «Pille» zum Kicken sein.

Anhang

Verzeichnis benutzter Abkürzungen

Allgemeine

a	Abkürzung für lateinisch annus = Jahr
Å	Ångström, veraltete Einheit für atomare Länge (1 Å = 10^{-10} Meter)
Abb.	Abbildung
Bd.	Band
BMFT	Bundesministerium für Forschung und Technologie
bzw.	beziehungsweise
C	Coulomb, Einheit für Ladung (Elektrizitätsmenge)
ca.	circa
cm	Zentimeter
engl.	englisch
et al. (et alii)	und andere (Mitarbeiter, Kollegen)
ETH	Eidgenössische Technische Hochschule (Schweiz)
eV	Elektronenvolt, atomare Einheit für Energie (1 eV = $1.602 \cdot 10^{-19}$ Joule)
µm	Mikrometer (1 µm = 10^{-6} Meter)
frz.	französisch
g	Gramm
griech.	griechisch
h	Stunde
HTSL	Hochtemperatur-Supraleiter
IR	Infrarot (-licht)
IUPAC	International Union of Pure and Applied Chemistry (Internationale Vereinigung für Reine und Angewandte Chemie)
J	Joule, Einheit für Energie
K	Kelvin, Einheit für Temperatur (0 K = minus 273.15 Grad Celsius)
kg	Kilogramm
kJ	Kilojoule
lat.	lateinisch
Lit.	Literatur
m	Meter
Mio	Million/en
MIT	Massachusetts Institute of Technology (Cambridge/USA)
mm	Millimeter
MPI	Max-Planck-Institut
NLO	Nichtlineare Optik
nm	Nanometer, Einheit für Länge (1 nm = 10^{-9} Meter)
NMR	Nuclear Magnetic Resonance (kernmagnetische Resonanz/-Spektroskopie)
°C	Grad Celsius, veraltete Einheit für Temperatur (minus 273.15 °C = 0 Kelvin)
ppm	parts per million (Teile auf eine Million; 1 ppm = 10^{-6})

PSE	Periodisches System der Elemente
REM	Raster-Elektronen-Mikroskop/ie
RTM	Raster-Tunnel-Mikroskop/ie
s	Sekunde
S.	Seite
t	Tonne/n
TH	Technische Hochschule
TU	Technische Universität
UCLA	University of California at Los Angeles (USA)
usw.	und so weiter
UV	Ultraviolett (-licht)
v. Chr.	vor Christus
z.B.	zum Beispiel

Literatur (Zeitungen, Zeitschriften)

Adv. Mater.	Advanced Materials
Adv. Phys.	Advanced Physics
Angew. Chem.	Angewandte Chemie
Astrophys. J.	Astrophysical Journal
bdw	Bild der Wissenschaft
Chem. Ind.	Chemische Industrie
Chem. Phys.	Chemical Physics
Chem. Phys. Lett.	Chemical Physics Letters
Chem. Rev.	Chemical Review
Chem.-Ing.-Tech.	Chemie Ingenieur Technik
ChiuZ	Chemie in unserer Zeit
CR	Chemische Rundschau
F.A.Z.	Frankfurter Allgemeine Zeitung
J. Am. Chem. Soc.	Journal of the American Chemical Society
J. Chem. Phys.	Journal of Chemical Physics
J. Chem. Soc. Chem. Commun.	Journal of the Chemical Society, Chemical Communication
J. Crystal Growth	Journal of Crystal Growth
J. Org. Chem.	Journal of Organic Chemistry
J. Phys. Chem.	Journal of Physical Chemistry
MPG-Spiegel	Zeitschrift der Max-Planck-Gesellschaft e.V.
Naturwiss.	Naturwissenschaften
NR	Naturwissenschaftliche Rundschau
PhiuZ	Physik in unserer Zeit
Proc. Acad. Sci. USSR	Proceedings of the Academy of Science of the USSR
SpdWiss	Spektrum der Wissenschaft
Theoret. Chim. Acta	Theoretica Chimica Acta
Z. f. Phys.	Zeitschrift für Physik
Z. Naturforschg.	Zeitschrift für Naturforschung
Zeitschr. Chemie	Zeitschrift für Chemie

Quellenverzeichnis

1 H. Kroto, Angew. Chem. 104 (1992), S. 113.
2 H. Kroto, Angew. Chem. 104 (1992), S. 113.
3 Der Spiegel 7/1991, S. 216.
4 Science 254 (1991), S. 1705.
5 H. Kroto, Angew. Chem. 104 (1992), S. 113.
6 G. Collin, M. Zander, Chem.-Ing.-Tech. 63 (1991), S. 539.
7 Briefwechsel zwischen J.J. Berzelius und F. Wöhler, hrsg. von O. Wallach, Bd. I, Leipzig 1901, S. 206.
8 H. Günther, ChiuZ 8 (1974), Nr. 2, S. 45.
9 W. F. Libby et al., Science 105 (1947), S. 1, Science 109 (1949), S. 227, Science 110 (1949), S. 678 und Science 113 (1951), S. 111.
10 A. F. Hollemann, E. Wiberg, Lehrbuch der Anorganischen Chemie, Walter de Gruyter, Berlin 1976, S. 494.
11 M. Schmidt, ChiuZ 7 (1973), S. 11 sowie Angew. Chem. 85 (1973), S.474.
12 W. Krätschmer, L. D. Lamb, K. Fostiropoulos, D. Huffman, Nature 347 (1990), S. 354.
12a L. F. Fieser, M. Fieser, Organische Chemie, Weinheim 1979, 2. Auflage, S.674 ff. Zur Spannungsenergie von C_{60} vgl. R. C. Aaddon, Science 261 (1993), S. 1545.
12b W. Krätschmer, K. Fostiropoulos, PhiuZ 23 (1992), Nr. 3, S. 105.
13 W. Krätschmer, in: Horizonte – Wie weit reicht unsere Erkenntnis heute? S. Hirzel, Wissenschaftliche Verlagsgesellschaft, Stuttgart 1993, S. 181.
14 J. M. Hawkins, A. Meyer, T. A. Lewis, S. Loren, F. J. Hollander, Science 252 (1991), S. 312.
15 H. Rietschel, J. Fink, AGF-Jahresheft 1993, S. 14.
16 W. I. F. David, R. M. Ibberson, J. C. Mattewman, K. Prassides, T. J. S. Dennis, J. P. Hare, H. W. Kroto, D. R. M. Walton, Nature 353 (1991), S. 147.
17 R. Eastmond, T. R. Johnson, D. R. M. Walton, Tetrahedron 28 (1972), S. 4591, 4601 und 5221.
18 N. N. Greenwood, A. Earnshaw, Chemie der Elemente, VCH Verlagsgesellschaft mbH, Weinheim 1988, S. 341.
19 Y. Rubin, M. Kahr, C. B. Knobler, F. Diederich, C. L. Wilkins, J. Am. Chem. Soc. 113 (1991), S. 495.
20 F. Diederich, Y. Rubin, Angew. Chem. 104 (1992), S. 1123.
21 C. Keller, NR 44 (1991), Nr. 10, S. 392.
22 C. Keller, NR 44 (1991), Nr. 10, S. 392.
23 R. Hoffmann, SpdWiss 4/1993, S. 69.
24 F. Diederich, Y. Rubin, Angew. Chem. 104 (1992), S. 1123.
25 R. H. Baughman, H. Eckhardt, M. Kertesz, J. Chem. Phys. 87 (1987), S. 6687.
26 F. P. Bundy, J. Chem. Phys. 38 (1963), S. 618 und 631; hinsichtlich neuer Erkenntnisse siehe F. P. Bundy, Physica A 156 (1989), S. 169.

27 A. F. Hollemann, E. Wiberg, Lehrbuch der Anorganischen Chemie, Walter de Gruyter, Berlin 1976, S. 499.
28 F. P. Bundy, H. T. Hall, H. M. Strong, R. H. Wentorf, Nature 167 (1955), S. 51.
29 Ullmanns Encyklopädie der technischen Chemie, Verlag Chemie, Weinheim, 4. Auflage, Band 15, S. 148.
30 H. Tracy Hall et al., Nature 365 (1993), S. 19. Zu Methoden zur Erzeugung hoher Drücke siehe: K. J. Range, ChiuZ 10 (1976), Nr. 6, S. 180.
31 S. Amari, E. Anders, A. Virag, E. Zinner, Nature 345 (1990), S. 238.
32 R. S. Ruoff, A. L. Ruoff, Nature 350 (1991), S. 663.
33 S. J. Duclos, K. Brister, R. C. Haddon, A. R. Kortan, F. A. Thiel, Nature 351 (1991), S. 380.
34 P. W. Stephens, L. Mihaly, P. L. Lee, R. L. Whetten, S. M. Huang, R. Kaner, F. Diederich, K. Holczer, Nature 351 (1991), S. 632.
35 H. Kroto, Angew. Chem. 104 (1992), S. 113.
36 M. N. Regueiro, P. Moncean, J. L. Hodeau, Nature 355 (1992), S. 237; M. N. Regueiro, Adv. Mater. 4 (1992), S. 438.
37 A. S. Koch, K. C. Khemani, F. Wudl, J. Org. Chem. 56 (1991), S. 4543.
38 G. Peters, M. Jansen, Angew. Chem. 104 (1992), S. 240.
39 R. Meilunas, R. P. H. Chang, S. Liu, M. Kappes, Nature 354 (1991), S. 271.
40 VDI-Technologieanalyse Fullerene 7/1993, VDI-Technologiezentrum Düsseldorf.
41 M. Boeckh, Die Zeit (Wissen) vom 8. Januar 1993, S. 29.
42 CR Nr. 3 vom 21. Januar 1994, S. 6.
43 U. Heinrich, Toxic and Carcinogenic Effects of Solid Particles in the Respiratory Tract, 4th International Inhalation Symposium, Hannover, März 1993.
44 Degussa-Firmenschrift «Was ist Ruß?», Frankfurt/M. 1985.
45 Degussa-Firmenschrift «Was ist Ruß?», Frankfurt/M. 1985.
46 J. Kuhn, PhiuZ 23 (1992), Nr. 2, S. 84; R. F. Curl, R. E. Smalley, SpdWiss 12/1991, S. 88.
47 H. Kroto, Science 242 (1988), S. 1139.
48 Q. L. Zhang, S. C. O'Brien, J. R. Heath, Y. Liu, R. F. Curl, H. W. Kroto, R. E. Smalley, J. Phys. Chem. 90 (1986), Nr. 4, S. 525.
49 M. Frenklach, L. B. Ebert, J. Phys. Chem. 92 (1988), S. 561; L. B. Ebert, Science 247 (1990), S. 1468.
50 P. Gerhardt, S. Löffler, K. H. Homann, Chem. Phys. Lett. 137 (1987), S. 306.
51 A. Budzinski, Chem. Ind. 4/92, S. 52.
52 J. B. Howard, J. T. McKinnon, Y. Makarovsky, A. L. Lafleur, M. E. Johnson, Nature 352 (1991), S. 139.
53 R. F. Curl, R. E. Smalley, SpdWiss 12/1991, S. 88.
54 VDI-Technologieanalyse Fullerene 7/1993, VDI-Technologiezentrum Düsseldorf.
55 P. R. Buseck, S. J. Zipurskij, R. Hettich, Science 257 (1992), S. 215 sowie I. Amato, Science 257 (1992), S. 167.
56 Parmenides, Über das Sein, z.B. Reclam 1981.
57 R. Boyle, The Sceptical Chymist, in: The works of the Honourable Robert Boyle, 5 Bde., Hrsg. Th. Bird, London 1774.
58 T. P. Martin, Angew. Chem. 98 (1986), Nr. 3, S. 197.
59 T. P. Martin, J. Chem. Phys. 81 (1984), S. 4426.
60 E. W. Becker, K. Bier, W. Henkes, Z. f. Phys. 146 (1956), S. 333.
61 T. G. Dietz, M. A. Duncan, D. E. Powers, R. E. Smalley, J. Chem. Phys. 74 (1981), S. 6511.
62 T. P. Martin, Angew. Chem. 98 (1986), Nr. 3, S. 197.
63 W. Wefelmeier, Z. f. Physik 107 (1937), S. 332.

64 W. Finkelnburg, Einführung in die Atomphysik, Springer-Verlag, Berlin 1976, S. 273.
65 O. Hahn, F. Strassmann, J. Mattauch, H. Ewald, Naturwiss. 36 (1942), S. 541 sowie Z. f. Phys. 120 (1943), S. 598.
66 H. Hintenberger, E. Dörnenburg, Z. Naturforschg. 14a (1959), S. 765.
67 H. Hintenberger, J. Franzen, K. D. Schuy, Z. Naturforschg. 18a (1963), S. 1236.
68 D. E. H. Jones (Pseudonym *Daedalus*), New Scientist 32 (1966), S. 245.
69 E. Osawa, Kagaku (Kyoto) 25 (1970), S. 854 (japanisch).
70 D. A. Bochvar, E. G. Gal'pern, Proc. Acad. Sci. USSR 209 (1973), S. 239.
71 R. A. Davidson, Theoret. Chim. Acta 58 (1981), S. 193; A. D. J. Haymet, Chem. Phys. Lett. 122 (1985), S. 421.
72 UCLA-Dissertationen: R. H. Jacobson (1986), Y. Xiong (1987), D. Loguerico (1988) und D. Shen (1990).
73 E. A. Rohlfing, D. M. Cox, A. Kaldor, J. Chem. Phys. 81 (1984), Nr. 7, S. 3322.
74 D. M. Cox, D. J. Trevor, K. C. Reichmann, A. J. Kaldor, J. Am. Chem. Soc. 108 (1986), S. 2457 sowie J. Chem. Phys. 88 (1988), S. 1588.
75 L. A. Bloomfield, M. E. Geusic, R. R. Freeman, W. L. Brown, Chem. Phys. Lett. 121 (1985), S. 33.
76 H. Kroto, Angew. Chem. 104 (1992), S. 113.
77 R. F. Curl, R. E. Smalley, Scientific American, 10/1991, S. 32.
78 H. W. Kroto, J. R. Heath, S. C. O'Brien, R. F. Curl, R. E. Smalley, Nature 318 (1985), S. 162.
79 G. Taubes, Science 253 (1991), S. 1476.
80 H. W. Kroto, A. W. Allaf, S. P. Balm, Chem. Rev. 91 (1991), S. 1213.
81 R. F. Curl, R. E. Smalley, Scientific American, 10/1991, S. 32.
82 S. C. O'Brien, J. R. Heath, R. F. Curl, R. E. Smalley, J. Chem. Phys. 88 (1988), S. 220.
83 J. R. Heath, S. C. O'Brien, Q. Zhang, Y. Liu, R. F. Curl, H. W. Kroto, F. K. Tittel, R. E. Smalley, J. Am. Chem. Soc. 107 (1985), S. 7779.
84 R. E. Smalley et al., J. Phys. Chem. 95 (1991), S. 7564.
85 W. R. Creasy, J. T. Brenna, Chem. Phys. 126 (1988), S. 453 sowie J. Chem. Phys. 92 (1990), S. 2269.
86 Z. C. Wu, D. A. Jelski, T. F. George, Chem. Phys. Lett. 137 (1987), S. 291; D. E. Weeks, W. G. Harter, Chem. Phys. Lett. 144 (1988), S. 366.
87 S. Larsson, A. Volosov, A. Rosén, Chem. Phys. Lett. 137 (1987), S. 501.
88 D. R. Huffman, Adv. Phys. 26 (1977), S. 129; G. H. Herbig, Astrophys. J. 196 (1975), S. 129.
89 D. R. Huffman, Physics Today, 11/1991, S. 22; W. Krätschmer, K. Fostiropoulos, D. R. Huffman, in: Dusty Objects in the Universe, Hrsg. E. Bussoletti, A. A. Vittone, Kluwer, Dordrecht, 1990; W. Krätschmer, K. Fostiropoulos, D. R. Huffman, Chem. Phys. Lett. 170 (1990), S. 167 sowie Nature 347 (1990), S. 354.
90 W. Krätschmer, in: Horizonte – Wie weit reicht unsere Erkenntnis heute? S. Hirzel, Wissenschaftliche Verlagsgesellschaft, Stuttgart 1993, S. 185.
91 K. Fostiropoulos, Dissertation Universität Heidelberg, 1992.
92 W. Krätschmer, K. Fostiropoulos, D. R. Huffman, Nature 347 (1990), S. 354.
93 R. Taylor, J. P. Hare, A. K. Abdul-Sada, H. W. Kroto, J. Chem. Soc. Chem. Commun. (1990), S. 1423.
94 R. F. Curl, R. E. Smalley, Scientific American, 10/1991, S. 32.
95 H. Kroto, Angew. Chem. 104 (1992), S. 131.
96 F.A.Z. (Feuilleton) vom 4. Juli 1983.

97 R. B. Fuller, Inventions – The Patented Works of Buckminster Fuller, St. Martin's, New York 1983.
98 A. C. Edmondson, A Fuller Explanation – The Synergetic Geometry of R. Buckminster Fuller, Birkhäuser Verlag, Boston 1987.
99 R. B. Fuller, Konkrete Utopie, Econ Verlag, Düsseldorf und Wien 1974.
100 R. B. Fuller, Erziehungsindustrie, Hrsg. J. Krausse, Projekte und Modelle 4, Edition Voltaire, Berlin 1970.
101 Vgl. F. Vögtle, Reizvolle Moleküle der Organischen Chemie, Teubner-Studienbücher Chemie, Stuttgart 1989.
102 H. Daiber, F.A.Z. Magazin (704) vom 27.08.1993, S. 18.
103 Platon, Das Gastmahl (Symposion), Kap. 14, 15.
104 Platon, Sämtliche Werke VI. Phaidros. Theaitetos. Insel-Verlag, Frankfurt/Main 1991.
105 Platon, Sämtliche WerkeVIII. Philebos. Timaios. Kritias. Insel-Verlag, Frankfurt/Main 1991.
106 Platon, Timaios, ebd.
107 T. Mayer-Kuckuk, Der gebrochene Spiegel: Symmetrie, Symmetriebrechung und Ordnung in der Natur, Birkhäuser Verlag, Basel 1989.
108 H. Weyl, Symmetry, Princeton University Press, Princeton 1952.
109 W. Pauli, C. G. Jung, Naturerklärung und Psyche, Zürich 1952.
110 Friedrich Schiller, Über das Schöne und die Kunst, Schriften zur Ästhetik, München 1984.
111 H. Genz, U. Deker, bdw 23 (1986), S. 56.
112 F. A. Cotton, G. Wilkinson, Anorganische Chemie, Verlag Chemie, Weinheim, 4. Aufl., S. 29.
113 H. B. Kagan, Organische Stereochemie, Georg Thieme Verlag, Stuttgart 1977, S. 70 ff.
114 bdw 1/1994, S. 68.
115 G. Maier, S. Pfriem, U. Schäfer, R. Matusch, Angew. Chem. 90 (1978), S. 551 und 552.
116 W. Grahn, ChiuZ 15 (1981), Nr. 2, S. 52.
117 P. E. Eaton, T. W. Cole, J. Am. Chem. Soc. 86 (1964), S. 3157.
118 L. A. Paquette, R. J. Ternasky, D. W. Balogh, J. Am. Chem. Soc. 104 (1982), S. 4503.
119 P. W. Fowler, J. I. Steer, J. Chem. Soc. Chem. Commun. 1987, S. 1403.
120 P. W. Fowler, Chem. Phys. Lett. 131 (1986), S. 444.
121 W. A. Scrivens, P. V. Bedworth, J. M. Tour, J. Am. Chem. Soc. 114 (1992), S. 7917.
122 R. Ettl, I. Chao, F. Diederich, R. L. Whetten, Nature 353 (1991), S. 149.
123 F. Diederich, Y. Rubin, Angew. Chem. 104 (1992), S. 1140.
124 S. Iijima, Nature 354 (1991), S. 56, Nature 356 (1992), S. 776 und Phys. Rev. Lett. 69 (1992), S. 3100.
125 S. Iijima, Nature 354 (1991), S. 56.
126 P. M. Ajayan, S. Iijima, Nature 361 (1993), S. 333.
127 D. Ugarte, Nature 359 (1992), S. 707.
128 S. Iijima, J. Crystal Growth 50 (1980), S. 675.
129 R. F. Curl, R. E. Smalley, Scientific American, 10/1991, S. 32.
130 E. Osawa, M. Yoshida, Fullerene Science & Technology 1 (1993), S. 55.
131 P. Paetzold, ChiuZ 9 (1975), S. 67.
132 C. Zybill, Angew. Chem. 104 (1992), S. 180.
133 R. Tenne, L. Margulis, M. Genut, G. Hodes, Nature 360 (1992), S. 444 sowie Adv. Mater. 5 (1993), S. 386.
134 B. C. Guo, K. P. Kerns, A. W. Castleman, Science 255 (1992), S. 1411.
135 Q. Xie, E. Perez-Cordero, L. Echegoyen, J. Am Chem. Soc. 114 (1992), S. 3978.
136 F. Diederich et al., J. Phys. Chem. 95 (1991), S. 11.

137 Zur Darstellung und Anwendung von Singulett-Sauerstoff: W. Adam, ChiuZ 15 (1981), Nr. 6, S. 190 sowie ChiuZ 16 (1982), Nr. 5, S. 169.
138 K. C. Hwang, D. J. Mauzerall, J. Am. Chem. Soc. 114 (1992), S. 2277 und Nature 361 (1993), S. 138.
139 A. Hirsch, Angew. Chem. 105 (1993), Nr. 8, S. 1189.
140 H. Schwarz, Angew. Chem. 104 (1992), S. 301.
141 R. E. Smalley et al., J. Phys. Chem. 94 (1990), S. 8634.
142 J. H. Holloway, E. G. Hoppe, R. Taylor, G. J. Langley, A. G. Avent, T. J. Dennis, J. P. Hare, H. W. Kroto, D. R. M. Walton, J. Chem. Soc. Chem. Commun. 14 (1991), S. 966.
143 R. F. Curl, R. E. Smalley, SpdWiss 12/1991, S. 88.
144 P. J. Fagan et al., Science 262 (1993), S. 404.
145 S. Wang, P. Buseck, Chem. Phys. Lett. 182 (1991), S. 1.
146 F. Wudl et al., J. Am. Chem. Soc. 115 (1993), S. 6506, 6510.
147 F. Diederich, R. L. Whetten, Angew. Chem. 103 (1991), S. 695.
148 H.W. Kroto et al., J. Am. Chem. Soc. 107 (1985), S. 7779.
149 T. Peadeep et al., J. Am. Chem. Soc. 114 (1992), S. 2272.
150 T. Weiske et al., Angew. Chem. 103 (1991), S. 898.
151 W. Krätschmer, K. Fostiropoulos, PhiuZ 23 (1992), S. 105.
152 H.-U. ter Meer, bdw 3/94, S. 48.
153 R. C. Haddon et al., Nature 350 (1991), S. 320.
154 K. Menke, S. Roth, ChiuZ 20 (1986), S. 1, 33.
155 J. Fink, E. Sohmen, Phys. Bl. 48 (1992), S. 11.
156 A. F. Hebard et al., Nature 350 (1991), S. 600.
157 N. B. Hannay et al., Phys. Rev. Lett. 14 (1965), S. 225.
158 Z. Iqbal et al., Science 254 (1991), S. 826.
159 P. M. Allemand et al., Science 253 (1991), S. 301.
160 H.-U. ter Meer, Hoechst High Chem Magazin 14/1993, S. 49.
161 Die Zeit (Wissen) vom 11.12.1992, Nr. 51, S. 38.

Weiterführende Literatur

W. Edward Billups, Marco A. Ciufolini: Buckminsterfullerenes. VCH Publishers, Inc., New York 1993.

Richard Buckminster Fuller: Konkrete Utopie. Econ Verlag, Düsseldorf und Wien 1974.

Konstantinos Fostiropoulos: C_{60} – Eine neue Form des Kohlenstoffs. Dissertation Ruprecht-Karls-Universität Heidelberg 1992.

Karl L. Kompa: Laser-Chemie – Anwendungen des Lasers in Chemie und Materialwissenschaften. Friedrich Vieweg & Sohn Verlagsgesellschaft mbH, Wiesbaden 1993.

Djuro Koruga, Stuart Hameroff, Jim Withers, Raoul Loutfy, Malur Sundareshan: Fullerene C_{60} – History, Physics, Nanotechnology. Elsevier Science, Amsterdam 1993.

Harold W. Kroto, John E. Fischer, David E. Cox: The Fullerenes. Pergamon Press Ltd, Oxford (GB) 1993.

Tiberiu Roman: Reguläre und halbreguläre Polyeder. Verlag Harri Deutsch, Thun und Frankfurt am Main 1987.

Ju. A. Saskin: Ecken, Flächen, Kanten. Verlag Harri Deutsch, Thun und Frankfurt am Main 1989.

Günter Schmid (Hrsg.): Clusters & Colloids – From Theory to Applications. VCH Verlagsgesellschaft mbH, Weinheim 1994.

Dirk Steinborn: Symmetrie und Struktur in der Chemie. VCH Verlagsgesellschaft mbH, Weinheim 1992.

Bildnachweis

Abb. 1a-b:
Henninger-Franck: *Lehrbuch der Chemie für Gymnasien*, Stuttgart 1968, S. 92.
© Ernst Klett Schulbuchverlag GmbH.

Abb. 2:
© Historia-Photo, Kulturgeschichtliches Bildarchiv, Hamburg.

Abb. 3, 26:
Holleman-Wiberg: *Lehrbuch der Anorganischen Chemie*, Walter de Gruyter & Co, Berlin 1985, S. 62, 704.

Abb. 4:
H.R. Christen: *Grundlagen der Organischen Chemie*, Verlag Moritz Diesterweg GmbH & Co, Frankfurt am Main 1985, S. 25.

Abb. 5a-b, 6b, 7a-c:
E. Breitmaier, G. Jung: *Organische Chemie I*, Georg Thieme Verlag, Stuttgart 1986, S. 9, 11, 12, 13.

Abb. 6a ,8, 11:
H.P. Latscha, H.A. Klein: *Organische Chemie*, Springer-Verlag, Berlin, Heidelberg 1982, S. 16, 19, 13.

Abb. 9, 10:
Bild der Wissenschaft, 1972, S. 583. Deutsche Verlags-Anstalt GmbH, Stuttgart.

13a-b:
N.N. Greenwood, A. Earnshaw: *Chemie der Elemente*, VCH Verlagsgesellschaft, Weinheim 1988, S 339.
© Elsevier Science Ltd., Kidlington.

Abb. 14:
D. Koruga et al.: *Fullerene C_{60}*, Elsevier Science Publishers B.V., Amsterdam 1993, S. 80.

Abb. 15a-c:
E. Osawa et al.: Fullerene Science and Technologie 1, 1993, S. 62.

Abb. 16, 59, 61, 92:
W. Borchardt-Ott: *Kristallographie*, Springer-Verlag, Berlin, Heidelberg 1987, S. 49, 56, 82.

Abb. 17:
I.V. Hertel et al.: *Freie C_{60}-«Cluster»: Grundlagenforschung an einem faszinierenden neuen Molekül*, Physikalische Blätter 48, 1992, Nr. 2, S. 91.

Abb. 18:
J.M. Hawkins et al.: Science 252, 1991, S. 312.

Abb. 19:
W. Krätschmer et al.: Physik in unserer Zeit 23, 1992, S. 105.

Abb. 20-25:
F. Diederich, Y. Rubin: *Strategien zum Aufbau molekularer und polymerer Kohlenstoffallotrope*, Angewandte Chemie 104, 1992, S. 1123 ff.

Abb. 28:
K. Heime: Physik in unserer Zeit 24, 1993, S. 126.

Abb. 29:
Ibach-Lüth: *Festkörperphysik*, Springer Verlag, Berlin, Heidelberg 1990, S. 287.

Abb. 30, 34:
G. Kühner: Was ist Ruß? (Degussa-Firmenschrift), 1985, S. 16, 19.

Abb. 31, 32a-b:
H.J. Haepp: *Abgasentstehung im Otto- und Dieselmotor*, Physik in unserer Zeit 18, 1987, Nr. 6, S. 167.

Abb. 35:
H.W. Kroto: Science 242, 1988, S. 1139.
© 1988 by the AAAS.

Abb. 36:
T.P. Martin: *Chemie mit Clusterstrahlen - von Atomen zum Festkörper*, Angewandte Chemie 98, 1986, Nr. 3, S. 197.

Abb. 37, 39:
M.A. Duncan, D.H. Rouvray: *Mikrocluster*, Spektrum der Wissenschaft, 1990, Nr. 2, S. 64, 65.

Abb. 40:
K.H. Meiwes-Broer, H.O. Lutz: *Cluster - zwischen Atom und Festkörper*, Physikalische Blätter 47, 1991, Nr. 4, S. 284.

Abb. 41:
G. Wilke et al. (Hg.): *Horizonte - Wie weit reicht unsere Erkenntnis heute?*, Edition Universitas, S. Hirzel, Wissenschaftliche Verlagsgesellschaft, Stuttgart 1993, S. 23.

Abb. 42:
G. Emig: Chemie in unserer Zeit 21, 1987, S. 128.

Abb. 44:
E.A. Rohlfing et al.: J. Chem. Phys. 81, 1984, S. 3322.

Abb. 45, 55:
A.C. Edmondson: *A Fuller Explanation*, Birkhäuser, Boston, 1987.

Abb. 46, 67:
P.S. Stevens: *Formen in der Natur*, R. Oldenbourg Verlag GmbH, München 1988, S. 37, 18.

Abb. 47:
S.C. O'Brien et al: Chem. Phys. 88, 1988, S. 220.

Abb. 48-51, 76:
© Max-Planck-Institut Heidelberg.

Abb. 52:
H.W. Kroto: Angewandte Chemie 104, 1992, S. 130.

Abb. 53:
Z. Salina et al.: Theochem 61, 1989, S. 169.

Abb. 58, 66:
W. Grahn: *Platonische Kohlenwasserstoffe*, Chemie in unserer Zeit 15, 1981, Nr. 2, S. 52.

Abb. 60:
H.B. Kagan: *Organische Stereochemie*, Georg Thieme Verlag, Stuttgart 1977, S. 75.

Abb. 62, 63:
H.G. Zachmann: *Mathematik für Chemiker*, VCH Verlagsgesellschaft, Weinheim 1981, S. 544, 547.

Abb. 64, 65:
Cotton, Wilkinson: *Anorganische Chemie*, VCH Verlagsgesellschaft, Weinheim 1982, S. 45. © John Wiley & Sons Ltd., Chichester.

Abb. 69, 74, 75:
F. Vögtle: *Reizvolle Moleküle der Organischen Chemie*, B.G. Teubner, Stuttgart 1989, S. 99, 47.

Abb. 70, 91:
C. Keller: Naturwissenschaftliche Rundschau 46, 1993, Nr. 4, S. 137, 134.

Abb. 72:
R. Hoffmann: *Die Chemie zwischen Natur und Ideal*, Spektrum der Wissenschaft, 1993, Nr. 4, S. 74-75.

Abb. 73:
Beyer, Walter: *Lehrbuch der Organischen Chemie*, S. Hirzel, Wissenschaftliche Verlagsgesellschaft, Stuttgart 1984, S. 623.

Abb. 78:
W.E. Billups, M.A. Ciufolini: *Buckminsterfullerenes*, VCH Publishers Inc., New York 1993, S. 67.

Abb 79:
S. Iijima: *Helical microtubules of graphitic carbon*, Nature 354, 1991, S. 56. © 1991 Macmillan Magazines Limited.

Abb. 80:
D. Ugarte: *Curling and closure of graphitic networks under electron-beam irradiation*, Nature 359, 1992, S. 708. © 1992 Macmillan Magazines Limited.

Abb. 81:
S. Iijima: J. Cryst. Growth 5, 1980, S. 675.

Abb. 82:
E. Osawa et al.: Fullerene Science and Technology 1, 1993, S. 68.

Abb. 83:
J.C. Phillips: J. Chem. Phys. 83, 1985, S. 3330.

Abb. 84:
D.A. Jelski et al.: J. Cluster Sci. 1, 1990, S. 143.

Abb. 85, 86:
R. Tenne et al.: *Polyhedral and cylindrical structures of tungsten disulphide*, Nature: 360, 1992, S. 445. © 1992 Macmillan Magazines Limited.

Abb. 87:
B.C. Guo et al.: *$Ti_8C_{12}^+$-Metallo-Carbohedrenes: A New Calss of Molecular Clusters?*, Science 255, 1992, S. 1412. © 1988 by the AAAS.

Abb. 89:
A. Hirsch: Angewandte Chemie 105, 1993, S. 1189.

Abb. 90:
R. Taylor, D.R.M. Walton: *The Chemistry of fullerenes*, Nature 363, 1993, S. 690. © 1993 Macmillan Magazines Limited.

Farbteil:

Tafel 1, 5, 8-10:
© Hoechst AG, Frankfurt am Main.

Tafel 2:
Forscher bauen Diamanten Atom für Atom, Illustrierte Wissenschaft, 1992, Nr. 1, S. 49. © Bonnier Publications A/S, Norderstedt.

Tafel 3:
© Fraunhofer-Gesellschaft, München. Photo von Peter Hendricks.

Tafel 4:
R.F. Curl, R.E. Smalley: *Fullerene*, Spektrum der Wissenschaft, 1991, Nr. 12, S. 92-93. © Spektrum der Wissenschaft Verlagsgesellschaft mbH, Heidelberg.

Tafel 6:
R.F. Curl, R.E Smalley: *Fullerene*, Spektrum der Wissenschaft, 1991, Nr. 12, S. 89. © R.E. Smalley, Houston.

Tafel 7:
© Kernforschungszentrum Karlsruhe, Institut für Nukleare Festkörperphysik.

Index